普通高等教育"十三五"精品教材

工程制图基础教程

董培蓓　赵涛　张五金　主　编

天津大学出版社
TIANJIN UNIVERSITY PRESS

内容简介

本书是为满足高等院校、高等工程专科学校以及成人教育教学时的制图教学需要,根据最新颁布的《技术制图》《机械制图》及有关国家标准,本着内容通俗易懂、简明扼要的原则编写的,也可供自学者学习参考。

本书共分 10 章,包括工程制图基本知识、正投影基础、基本立体及其表面交线的投影、轴测图、组合体的视图、图样画法、标准件与常用件、零件图、装配图、计算机辅助绘图等内容。

本书与天津大学出版社同时出版的《工程制图基础习题集》配套使用。

图书在版编目(CIP)数据

工程制图基础教程/董培蓓,赵涛,张五金主编
.一天津:天津大学出版社,2017.7(2023.9重印)
普通高等教育"十三五"精品教材
ISBN 978-7-5618-5861-5

Ⅰ.①工… Ⅱ.①董…②赵…③张… Ⅲ.①工程制图—高等学校—教材 Ⅳ.①TB23

中国版本图书馆 CIP 数据核字(2017)第 141160 号

出版发行	天津大学出版社
地　址	天津市卫津路 92 号天津大学内(邮编:300072)
电　话	发行部:022-27403647
网　址	publish.tju.edu.cn
印　刷	廊坊市海涛印刷有限公司
经　销	全国各地新华书店
开　本	787mm×1092mm
印　张	20.5
字　数	556 千
版　次	2017 年 7 月第 1 版
印　次	2023 年 9 月第 4 次
定　价	42.00 元

前　　言

本书是根据最新颁布的《技术制图》《机械制图》及有关国家标准,以加强对学生综合素质及创新能力的培养为出发点,遵循"少而精""简而明"的原则编写。在编写过程中,力求使所编教材内容针对性、实用性强,体系结构新颖。为配合教材的使用,同时编写了《工程制图基础习题集》一书同时出版。

本书具有以下特点。

①精简了点、线、面投影的度量问题及综合图解部分的内容,使点、线、面的投影与体的投影紧密结合,从而达到学以致用、省时高效的目的。

②教材着重手工草图、仪器图和计算机绘图三种绘图能力的综合培养,以达到培养学生综合的图形处理能力与动手能力。

③教材所选图例尽量结合工程实际与专业要求。本书全部采用我国最新颁布的技术制图与机械制图国家标准;书末列出必要的附录,供读者学习标准规范、查阅标准件及有关参考数据使用。

本书可作为高等院校、高等工程专科学校以及成人教育通用的制图教材,也可供读者自学。

本书由董培蓓、赵涛、张五金主编。参加编写的有:张五金(第1、4章)、董培蓓(第2、3章)、李硕(第5章)、王睿(第6章)、张静(第7章)、赵涛(第8、9章)、郝龙(第10章)。

由于编者水平有限,恳请广大读者对本书存在的缺点和欠妥之处提出批评指正。

编　者

2017年2月

目　　录

第1章 工程制图基本知识

工程图样是设计者设计意图的具体体现,是工程界交流信息的共同语言,具有严格的规范性。掌握制图的基本知识与技能,是正确绘制和阅读工程图样的基础。本章简要介绍国家标准《技术制图》和《机械制图》中对图纸幅面、格式、比例、字体、图线和尺寸标注等有关规定,并介绍几何作图基本方法及平面图形的绘制与尺寸标注等内容。

1.1 国家标准《技术制图》和《机械制图》中的若干基本规定

国家标准机构依据国际标准化组织(ISO)制定的国际标准,结合我国具体情况,制订并颁布出相应的一系列国家标准,简称"国标",代号"GB"。"GB/T"表示该国家标准为推荐性国标。

标准的编号和名称介绍如下:

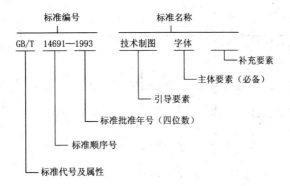

本节就图纸幅面和格式、标题栏、比例、字体、图线、尺寸标注等制图国标的有关规定作简要介绍,其他标准将在后面有关章节中叙述。对于《技术制图》标准中还未制定、颁布的制图基础部分的内容,本书仍沿用《机械制图》标准。

1.1.1 图纸幅面和格式(GB/T 14689—2008)

1.图纸幅面尺寸

绘制图样时,应优先采用表1-1中规定的图纸基本幅面尺寸。

各号图纸基本幅面尺寸如图1-1所示。沿某一号幅面的长边对折,即为某号的下一号幅面大小。必要时,也允许选用规定的加长幅面。这些幅面的尺寸由基本幅面的短边成整数倍增加后得出。图中粗实线幅面为第一选择,细实线幅面为第二选择,细虚线幅面为第三选择。

表 1-1　图纸基本幅面尺寸

幅面代号		A0	A1	A2	A3	A4
$B \times L$		841×1 189	594×841	420×594	297×420	210×297
周边尺寸	a	25				
	c	10			5	
	e	20		10		

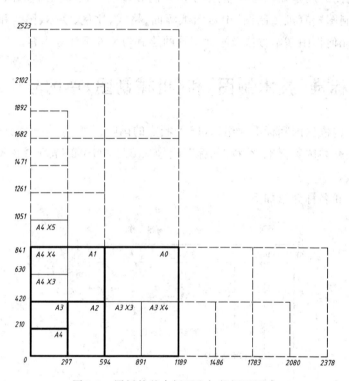

图 1-1　图纸的基本幅面和加长幅面尺寸

2.图框格式

在图样上必须用粗实线画出图框线。图框的格式分不留装订边和留有装订边两种,分别如图 1-2 和图 1-3 所示,周尺寸 a、c、e 按表 1-1 的规定。但同一产品的图样只能采用一种格式。加长幅面的图框尺寸,按比所选用的基本幅面大一号的图框尺寸确定。教学中推荐使用不留装订边的图框格式。

3.标题栏的方位

标题栏应位于图纸的右下角或下方,如图 1-2 和图 1-3 所示。此时看图的方向应与标题栏中的文字方向一致。学校作业用标题栏的外框是粗实线,里边是细实线,其右边线和底边线应与图框线重合。

1.1.2　标题栏及明细栏(GB/T 10609.1—2008)

每一张图样上都必须画出标题栏。标题栏反映了一张图样的综合信息,是图样的重要

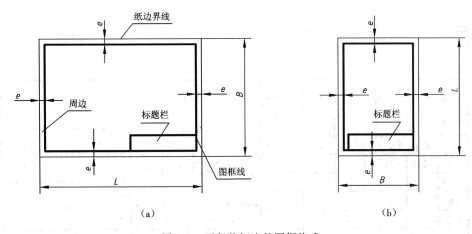

图 1-2　不留装订边的图框格式

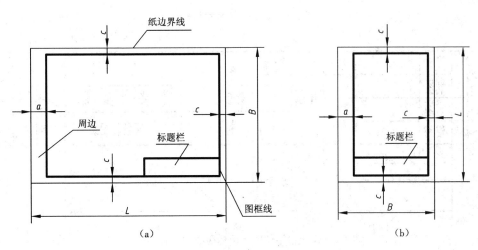

图 1-3　留有装订边的图框格式

组成部分。GB/T 10609.1—2008 对标题栏的内容、格式与尺寸作了规定,如图 1-4 所示。学校制图作业中零件图的标题栏推荐采用图 1-5 所示的格式和尺寸。装配图的标题栏及明细栏推荐采用图 1-6 所示的格式和尺寸。

1.1.3　比例(GB/T 14690—1993)

1.比例

图样中图形与实物相应要素的线性尺寸之比称为比例。比值为 1 的比例为原值比例,即 1∶1;比值大于 1 的比例为放大比例,如 2∶1;比值小于 1 的比例为缩小比例,如 1∶2。

2.比例的种类及系列

GB/T 14690—1993《技术制图　比例》规定了比例的种类及系列,见表 1-2。

当设计中需按比例绘制图样时,应从表 1-2 规定的系列中选取适当的比例。最好选用原值比例;根据机件的大小和复杂程度也可以选取放大或缩小的比例。图形无论放大或缩小,标注尺寸时必须标注机件的实际尺寸,如图 1-7 所示。对同一机件的各个视图应采用相

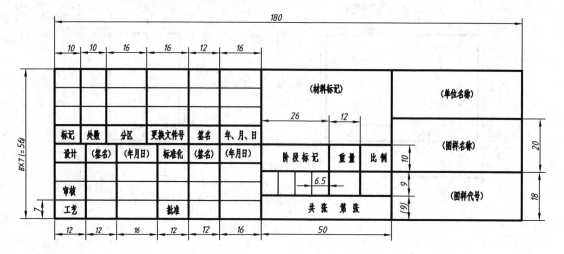

图 1-4　标题栏的尺寸与格式

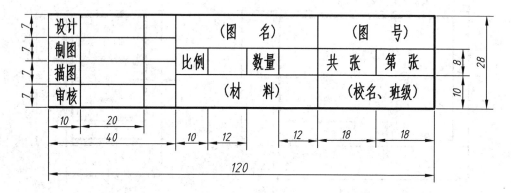

图 1-5　作业中零件图所用标题栏的尺寸与格式

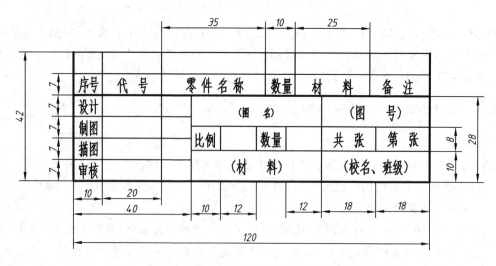

图 1-6　作业中装配图所用标题栏及明细表的尺寸与格式

4

同的比例,当机件某部位上有较小或较复杂的结构需要用不同的比例绘制时,则必须另行标注,如图 1-8 所示,图中 2:1 应理解为该局部放大图与实物之比的比例。

表 1-2　比例的种类及系列

种类	比例					
	优先选取		允许选取			
原值比例	1:1					
放大比例	5:1　　2:1		4:1	2.5:1		
	$5 \times 10^n:1$　$2 \times 10^n:1$　$1 \times 10^n:1$		$4 \times 10^n:1$	$2.5 \times 10^n:1$		
缩小比例	1:2　　1:5　　1:10		1:1.5	1:2.5　　1:3	1:4	1:6
	$1:2 \times 10^n$　$1:5 \times 10^n$　$1:1 \times 10^n$		$1:1.5 \times 10^n$	$1:2.5 \times 10^n$　$1:3 \times 10^n$	$1:4 \times 10^n$	$1:6 \times 10^n$

注:n 为正整数。

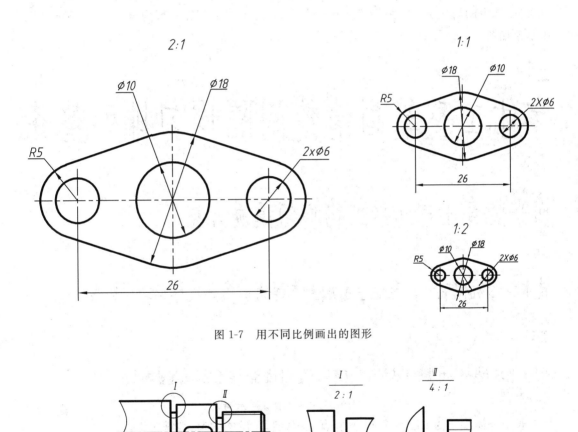

图 1-7　用不同比例画出的图形

图 1-8　比例的另行标注

3.比例的标注方法

比例的符号应以":"表示。比例的表示方法如 1:1、1:500、20:1 等。比例一般应标注在

标题栏中的比例栏内。必要时可在视图名称的下方或右侧标注比例，例如

$$\frac{I}{2:1} \qquad \frac{A}{1:100} \qquad \frac{B-B}{2.5:1} \qquad \underline{平面图} \quad 1:10$$

1.1.4　字体(GB/T 14691—1993)

字体是指图样中汉字、字母和数字的书写形式，图样中书写的字体必须做到字体工整、笔画清楚、间隔均匀、排列整齐。字体的号数，即字体的高度，用 h 表示，字体的公称尺寸系列为：1.8、2.5、3.5、5、7、10、14、20(单位均为 mm)。如需要书写更大的字，其字体高度应按 $\sqrt{2}$ 的比率递增。

1.汉字

汉字应写成长仿宋体字，并应采用中华人民共和国国务院正式公布推行的《汉字简化方案》中规定的简化字。汉字的字高不应小于 3.5 mm。其字宽一般为 $h/\sqrt{2}$。长仿宋体汉字示例如图 1-9 所示。

10号字

字体工整笔画清楚间隔均匀排列整齐

7号字

横平竖直注意起落结构均匀填满方格

5号字

技术制图机械电子汽车航空船舶土木建筑矿山井坑港口纺织服装

3.5号字

螺纹齿轮端子接线设计描图审核材料学校班级标题栏图框销子轴承螺母减速器球阀

图 1-9　长仿宋体汉字示例

长仿宋体汉字的书写要领：横平竖直、注意起落、结构均匀、填满字格。

2.字母及数字

字母及数字有直体和斜体、A 型和 B 型之分。斜体字字头向右倾斜，与水平基准线成 $75°$；A 型字体的笔画宽度为字高(h)的十四分之一；B 型字体的笔画宽度为字高(h)的十分之一。常用字母和数字的字型结构示例如下。

A 型拉丁字母大写斜体示例：

ABCDEFGHIJKLMNOPQRSTUVWXYZ

A 型拉丁字母小写斜体示例：

abcdefghijklmnopqrstuvwxyz

A 型斜体数字示例：

0123456789

I II III IV V VI VII VIII IX X

A 型斜体小写希腊字母示例：

α β γ δ ε ζ η θ ι κ λ μ ν

ξ ο π ρ σ τ υ φ χ ψ ω

3. 综合应用规定

用作分数、指数、极限偏差、脚注等的字母及数字，一般应采用小一号的字体。综合应用示例如下：

$$10Js(\pm 0.003) \qquad M24\text{-}6h \qquad \phi 25\frac{H6}{m5} \qquad \frac{II}{2:1} \qquad \frac{A\frown}{5:1}$$

1.1.5 图线(GB/T 4457.4—2002)

1. 图线及应用

图线是起点和终点间以任何方式连接的一种几何图形，形状可以是直线或曲线、连续线或不连续线。工程图样中常用的图线见表 1-3。各种线型在图样上的应用如图 1-10 所示。

所有线型的宽度(d)系列为：0.13、0.18、0.25、0.35、0.5、0.7、1、1.4、2(单位均为 mm)。一般粗实线宜在 0.5～2 mm 选取，应尽量保证在图样中不出现宽度小于 0.18 mm 的图线。

表 1-3　图线名称、线型及应用

代码 NO	名称	线型	一般应用
01.2	粗实线	———	可见棱边线、可见轮廓线、相贯线、螺纹牙顶线、螺纹长度终止线、齿顶圆(线)、表格图、剖切符号用线等
01.1	细实线	———	过渡线、尺寸线、尺寸界线、剖面线、指引线和基准线、重合断面的轮廓线、短中心线、螺纹牙底线、表示平面的对角线等
01.1	波浪线	～～	断裂处的边界线、视图和剖视图的分界线
01.1	双折线	／＼／	断裂处的边界线
02.1	细虚线	- - - -	不可见轮廓线、不可见棱边线
04.1	细点画线	— · — ·	轴线、对称中心线、分度圆(线)、孔系分布的中心线、剖切线
05.1	细双点画线	— ·· — ··	相邻辅助零件的轮廓线、可动零件的极限位置的轮廓线、成形前轮廓线、剖切面前的结构轮廓线、轨迹线、中断线等

注:1.表中粗、细线的宽度比率为 2:1。

2.代码中的前两位数字表示基本线型,最后一位数字表示线宽种类,其中"1"表示细,"2"表示粗。

3.波浪线和双折线在同一张图中一般采用一种。

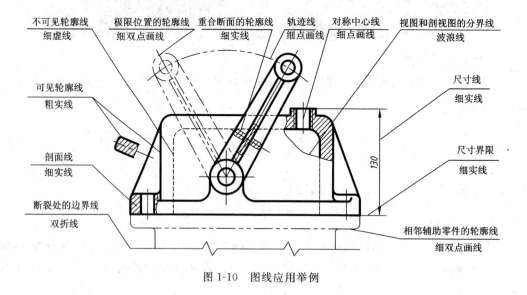

图 1-10　图线应用举例

2.图线尺寸

在同一图样中,同类图线的宽度应一致。细虚线、细点画线、细双点画线的线段长度和间隔如图 1-11 所示。

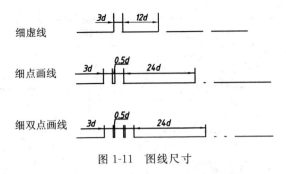

图 1-11　图线尺寸

3.绘制图线的注意事项

绘制图线的注意事项见表 1-4。

表 1-4　绘制图线的注意事项

注意事项	图例	
	正确	错误
绘制细点画线的要求:以画相交,以画为始尾,超出图形轮廓 2～5 mm。在较小的图形上绘制细点画线或细双点画线有困难时,可用细实线代替		
当某些图线重合时,应按粗实线、细虚线、细点画线的顺序,只画前面的一种图线		
当细虚线相交或细虚线与其他图线相交时,应以短画相交,不留空隙		

9

注意事项	图例	
	正确	错误
当细虚线是粗实线的延长线时,衔接处要留出空隙,以表示两种图线的分界	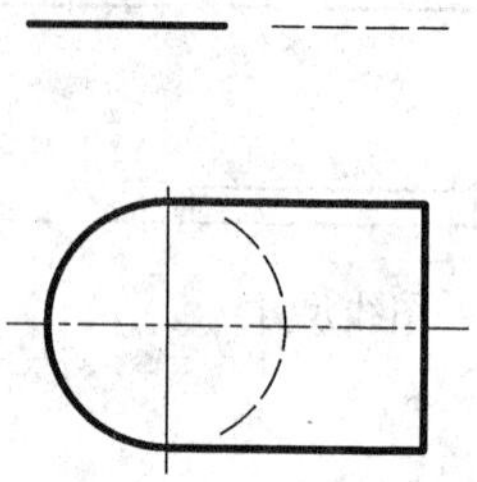	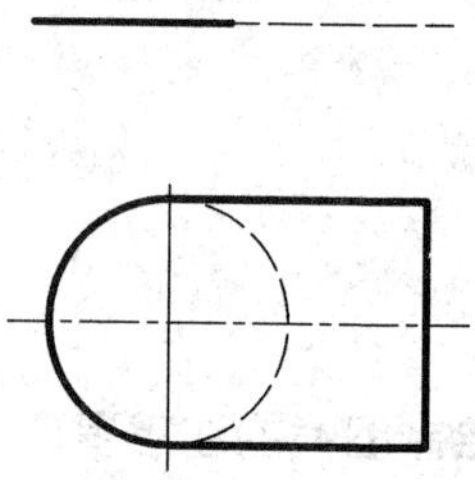

1.1.6 尺寸注法(GB/T 4458.4—2003)

图形只能表达机件的形状,而机件的大小还必须通过标注尺寸才能确定。标注尺寸是一项极为重要的工作,必须认真细致、一丝不苟。如果尺寸有遗漏或错误,都会给生产带来困难和损失。

一张完整的图样,其尺寸标注应正确、完整、清晰、合理。本节仅介绍国标"尺寸注法"(GB/T 4458.4—2003)中的有关如何正确标注尺寸的若干规定。有些内容将在后面的有关章节中讲述,其他内容可查阅国标。

1.基本规定

①图样上所标注的尺寸数值是零件的真实大小,与图形大小及绘制的准确度无关。

②图样中的尺寸一般以毫米为单位,当以毫米(mm)为单位时,不需注明计量单位代号或名称。若采用其他单位,则必须标注相应计量单位或名称(如 m、35°30′等)。

③零件的每一个尺寸在图样中一般只标注一次,并应标注在反映该结构最清晰的视图上。

④图样中所注尺寸是该零件最后完工时的尺寸,否则应另加说明。

2.尺寸组成

一个完整的尺寸,应包含尺寸界线、尺寸线、尺寸线终端和尺寸数字四个基本要素。

(1)尺寸界线

尺寸界线用细实线绘制,如图 1-12 所示。尺寸界线一般是图形轮廓线、轴线或对称中心线的延长线,超出尺寸线终端 2～3 mm。也可直接用轮廓线、轴线或对称中心线作尺寸界线。尺寸界线一般与尺寸线垂直,必要时允许倾斜。

(2)尺寸线

尺寸线用细实线绘制,如图 1-12 所示。尺寸线必须单独画出,不能与其他图线重合或在其延长线上;标注线性尺寸时,尺寸线必须与所标注的线段平行;相同方向的各尺寸线的间距要均匀,间隔应大于 5 mm,以便注写尺寸数字和有关符号;标注尺寸时,应尽量避免尺寸线之间及尺寸界线之间相交,如图 1-13(a)中的 7、50、28、20 为错误标注;相互平行的尺寸,小尺寸应在里即靠近图形,大尺寸应在外即依次等距离地平行外移,如图 1-13(a)中的 28、20 为错误标注。尺寸线正确标注如图 1-13(b)所示。

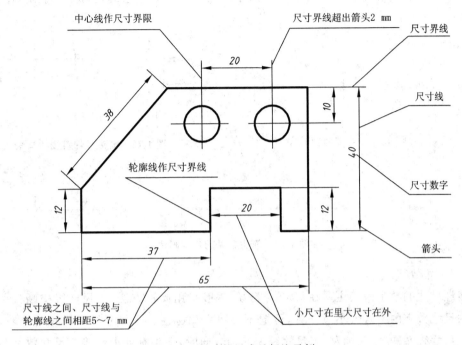

图 1-12　尺寸的组成及标注示例

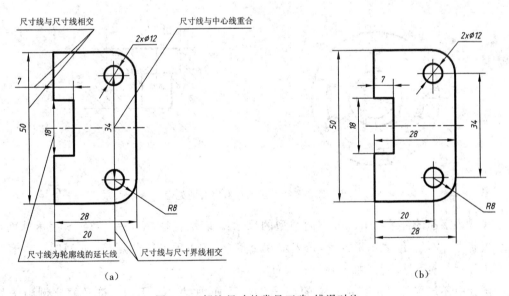

（a）　　　　　　　　　　　　　　　（b）

图 1-13　标注尺寸的常见正确、错误对比

（3）尺寸线终端

尺寸线终端有两种形式,箭头或细斜线,如图 1-14 所示。箭头适用于各种类型的图形,箭头尖端与尺寸界线接触,不得超出也不得离开,如图 1-14(a)所示;当尺寸线终端采用斜

线形式时,尺寸线与尺寸界线必须相互垂直,如图 1-14(b)所示。当尺寸线与尺寸界线垂直时,同一图样中只能采用一种尺寸线终端形式。

细斜线的方向和箭头画法如图 1-15 所示。图 1-16 为尺寸线终端常见的错误画法。

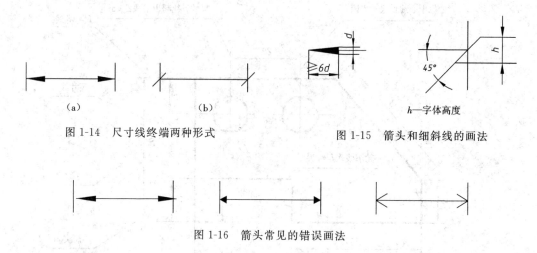

（a）　　　　　（b）

图 1-14　尺寸线终端两种形式

h—字体高度

图 1-15　箭头和细斜线的画法

图 1-16　箭头常见的错误画法

（4）尺寸数字

线性尺寸的数字一般注写在尺寸线上方(一般采用此种方法)或尺寸线中断处。同一图样内尺寸数字的字号大小应一致,位置不够可引出标注。当尺寸线呈铅垂方向时,尺寸数字在尺寸线左侧,字头朝左;当尺寸线为其余方向时,字头有朝上趋势。尺寸数字不可被任何图线通过。当尺寸数字不可避免被图线通过时,图线必须断开,如图 1-17 所示。

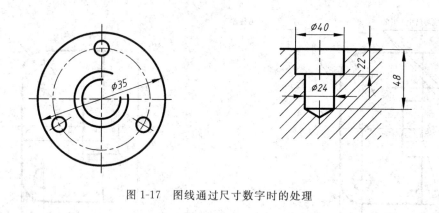

图 1-17　图线通过尺寸数字时的处理

尺寸数字前的符号用来区分不同类型的尺寸:ϕ 表示直径,R 表示半径,S 表示球面,t 表示板状零件厚度,□表示正方形,±表示正负偏差,×表示参数分隔符(如 M10×1,槽宽×槽深等),一表示连字符(如 M10×1—6H)。

国标中还规定了表示特定意义的符号和缩写词,如表 1-5 所示。符号的比例画法如图 1-18 所示。标注尺寸的符号及缩写词应符合表 1-5 和 GB/T 18594—2001 中的有关规定。

表 1-5　尺寸符号和缩写词

名称	符号或缩写词	名称	符号或缩写词	名称	符号或缩写词
直径	ϕ	均布	EQS	埋头孔	⌄
半径	R	45°倒角	C	弧长	⌒
球直径	ϕ	正方形	□	展开长	◗
球半径	SR	深度	▼	斜度	∠
厚度	t	沉孔或锪平	⊔	锥度	◁

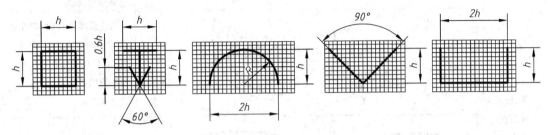

图 1-18　标注尺寸用符号的比例画法(线宽为 $h/10$)

3.尺寸注法示例

国标规定的一些常见图形的尺寸标注法如表 1-6 所示。

表 1-6　常见图形的尺寸标注示例

分类	图例	说明
线性尺寸		标注线性尺寸时,线性尺寸的数字方向一般应按左图所示的方式注写,并尽可能避免在图示 30°的范围内标注尺寸,当无法避免时,可按右图所示的方法进行标注
角度尺寸		标注角度尺寸时,尺寸界线应沿径向引出,尺寸线画成圆弧,圆心是角的顶点。尺寸数字一律水平书写,一般注在尺寸线的中断处,必要时可写在上方或外面,也可引出标注

13

分类	图例	说明
圆、圆弧及球面直径、半径尺寸	Ø27 · Ø16 Ø27	标注圆的直径时,应在尺寸数字前加注符号"ø";尺寸线应通过圆心,并在尺寸线两端各画一个箭头,如左图所示;当圆不完整时,可以只画单边箭头,但尺寸线必须通过并超过圆心
	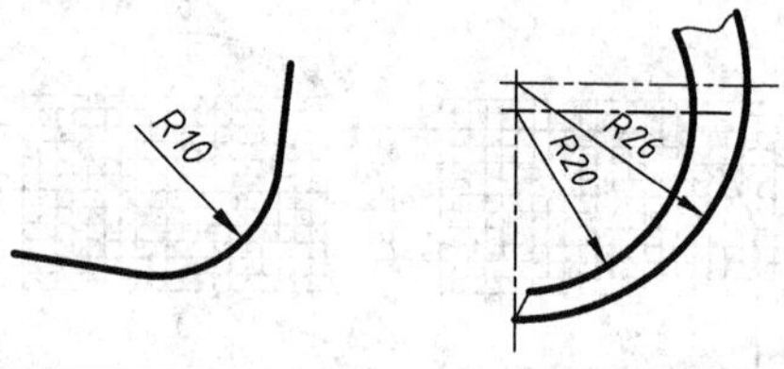 R10 · R26 R20	标注圆弧半径时,应在尺寸数字前加注符号"R"。半径尺寸必须注在投影为圆弧处,且尺寸线应通过圆心
	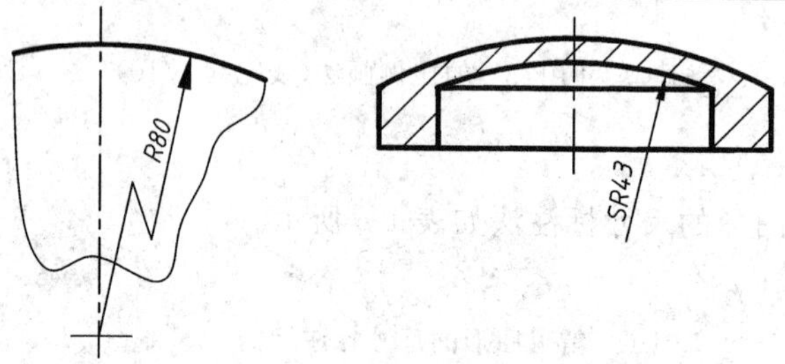 R80 · SR43	当圆弧的半径过大或在图纸范围内无法按常规标出其圆心位置时,可按左图形式标注;若不需要标出其圆心位置时,可按右图形式标注
	SØ50 · SR60	标注球面的直径或半径时,应在尺寸数字前分别加注符号"Sø"或"SR"
小尺寸	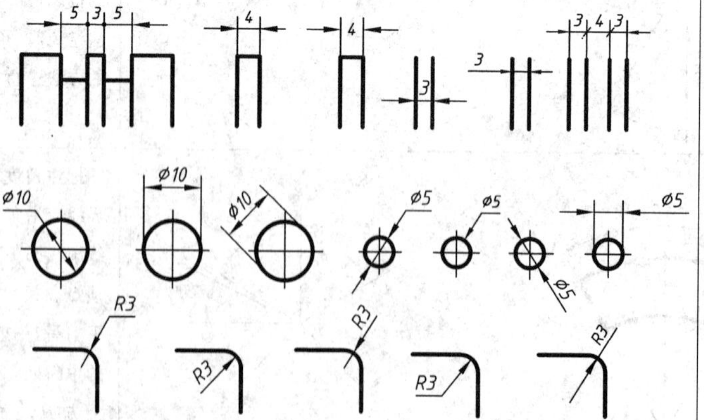 5 3 5 · 4 4 · 3 · 3 4 3 · 3 · Ø10 · Ø10 · Ø10 · Ø5 · Ø5 · Ø5 · Ø5 · R3 · R3 · R3 · R3 · R3	如果在尺寸界线内没有足够的位置画箭头或注写数字时,箭头可画在外面,当位置不够时,允许用圆点或斜线代替箭头,尺寸数字也可采用旁注或引出标注

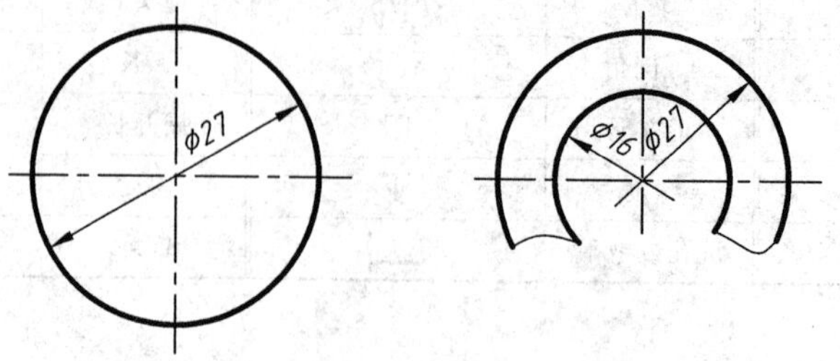

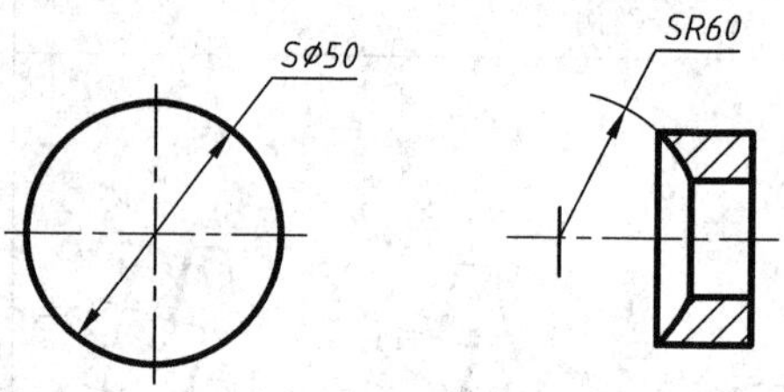

14

分类	图例	说明
弦长和弧长	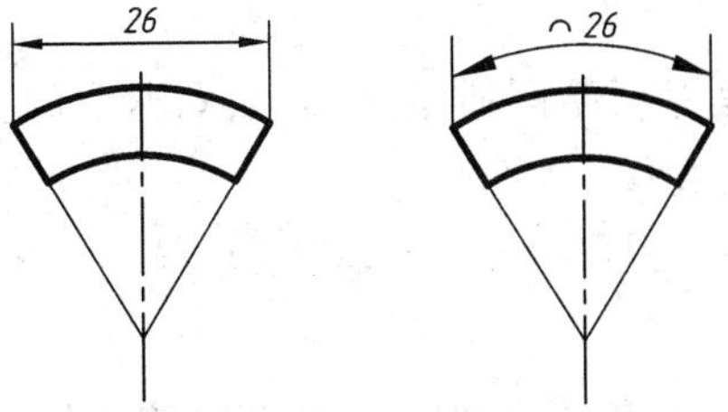	标注弦长和弧长的尺寸时,尺寸界线应平行于弦的垂直平分线。标注弧长尺寸时,尺寸线用圆弧线并在尺寸数字左方加注符号"⌒"
对称图形的注法	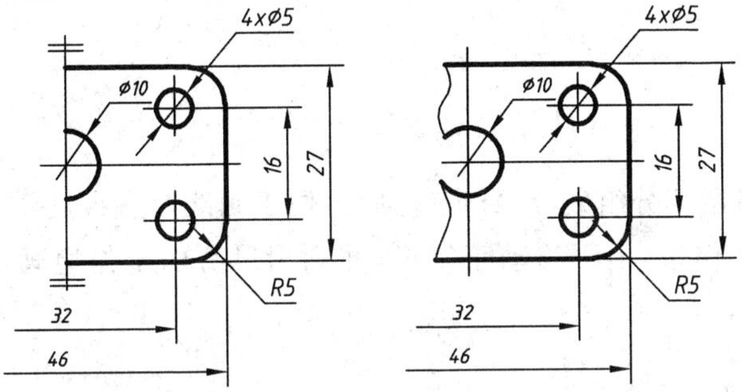 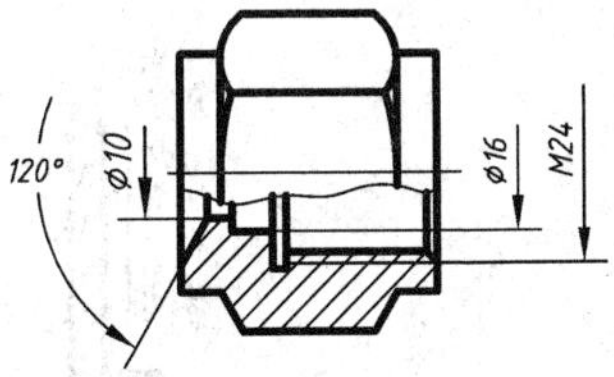	对称图形只画出一半或大于一半时,要标注完整的尺寸数值。尺寸线应略超过对称中心线或断裂处的边界线,此时仅在有尺寸界线的一端画出箭头。图中四个对称的圆,只需在一个圆上标注直径尺寸,但必须注明数量,如 4×φ5;四个对称的圆弧,只需在一个圆弧处标注 R5,不注数量
光滑过渡处的尺寸	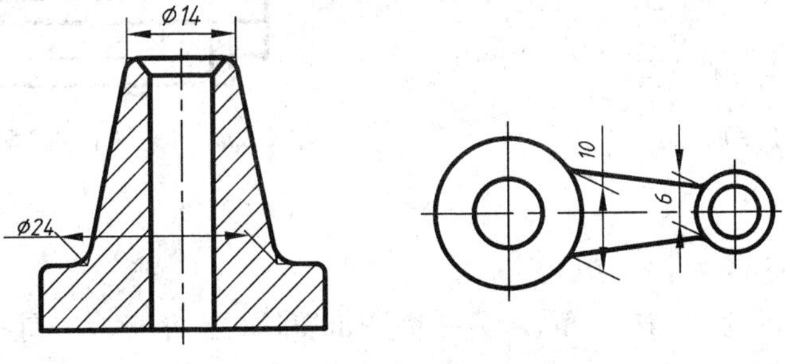	在光滑过渡处,必须用细实线将轮廓线延长相交,并从它们的交点引出尺寸界线。尺寸界线一般应与尺寸线垂直,必要时允许倾斜。尺寸线应平行于两交点的连线
板状零件和正方形结构	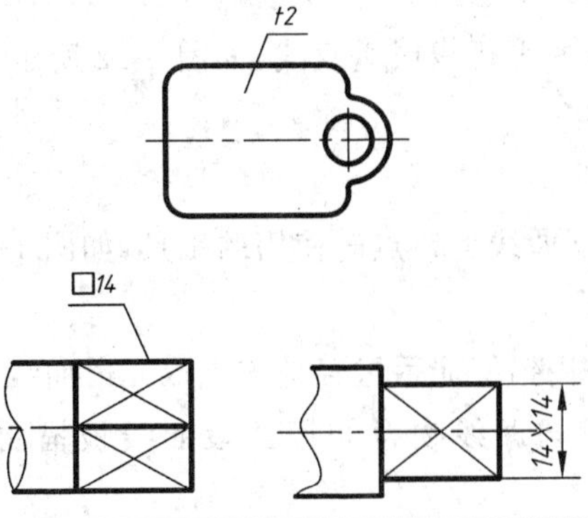	标注板状零件的尺寸时,应在厚度的尺寸数字前加注符号"t"。标注断面为正方形结构的尺寸时,可在边长尺寸数字前加注符号"□",或用 14×14 代替□14。图中相交的两条细实线代表平面符号

15

1.2 绘图工具和仪器的使用方法

正确使用绘图工具和仪器,是保证绘图质量、提高绘图速度的重要因素。本节主要介绍常用的绘图工具和仪器的使用方法。

1.2.1 图板

图板的板面应平整,工作边应平直。绘图时将图纸用胶带纸固定在图板的适当位置上,如图 1-19 所示。

1.2.2 丁字尺

丁字尺由尺头和尺身两部分组成,尺身带有刻度,便于画线时直接度量。使用时,必须将尺头靠紧图板左侧的工作边,上下移动丁字尺,并利用尺身的工作边画出水平线,如图1-20所示。

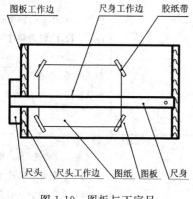

图 1-19 图板与丁字尺

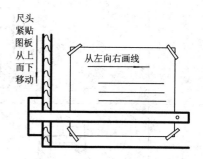

图 1-20 图板与丁字尺配合画水平线

1.2.3 三角板

一副三角板有两块,一块是 45°三角板,另一块是 30°和 60°三角板。三角板和丁字尺配合使用,可画垂直线和 30°、45°、60°以及 $n \times 15°$ 的各种斜线,如图 1-21 所示。此外,利用一副三角板,还可以画出已知直线的平行线或垂直线,如图 1-22 所示。

1.2.4 曲线板

曲线板是用来光滑连接非圆曲线上诸点时使用的工具,如图 1-23 所示。使用方法步骤如下:

①求出非圆曲线上各点,并用铅笔徒手轻轻地连点成光滑曲线;

②使曲线板的某一段尽量与曲线吻合并用此段曲线板描曲线,末尾留一段待下次描绘;

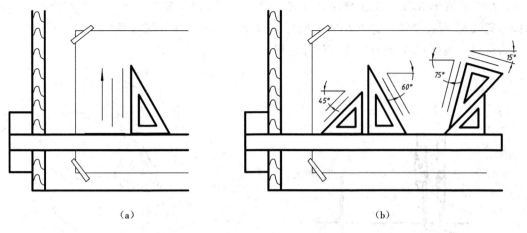

（a）   （b）

图 1-21　三角板与丁字尺配合使用画线

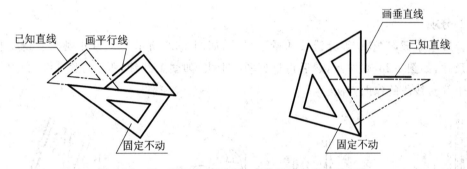

图 1-22　用一副三角板画已知直线的平行线或垂直线

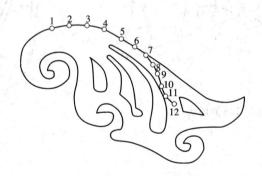

图 1-23　曲线板使用方法

③ 描下一段曲线,使该段曲线的开头与上段曲线的末尾重合,依次连续描绘出一条光滑曲线。

1.2.5　绘图仪器

1.圆规

圆规的钢针两端有两种不同的针尖。画圆时用带台肩的一端,并把它插入图板中,钢针应调整到比铅芯稍长一些,如图 1-24 所示。画圆时应根据圆的直径不同,尽力使钢针和

17

铅芯插腿垂直于纸面,一般按顺时针方向旋转,用力要均匀,如图1-25所示。若需画特大的圆或圆弧时,可接加长杆。画小圆可用弹簧圆规。当用钢针接腿替换铅芯接腿时,钢针用不带台肩的锥形一端,此时圆规可作分规用。

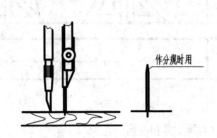

图1-24 圆规钢针、铅芯及其位置　　　　　图1-25 画圆时的手势

2.分规

分规用来截取线段、等分线段和量取尺寸,如图1-26所示。先用分规在三棱尺上量取所需尺寸,如图1-26(a)所示,然后再量到图纸上去,如图1-26(b)所示。图1-27为用分规截取若干等份线段的作图方法。

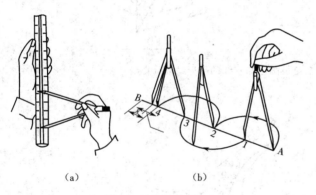

（a）　　　　　　　（b）

图1-26 分规的用法

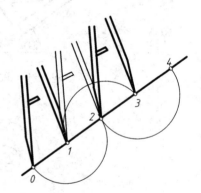

图1-27 等分线段

1.3　几何作图

根据图形的几何条件,用绘图工具绘制图形,称为几何作图。虽然机件的轮廓形状各不相同,但大都由基本几何图形组成。因此,熟练掌握基本几何图形的作图方法,有利于提高画图质量和速度。下面介绍几种常见几何图形的作图方法。

1.3.1　正六边形的画法

正六边形的画法如图1-28所示。作图步骤如下。

方法一:以对角线 D 为直径作圆,以圆的半径等分圆周,连接各等分点即得正六边形,

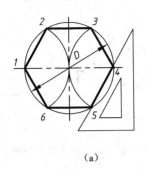
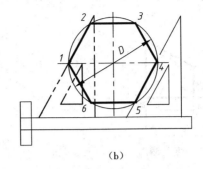

（a）   （b）

图 1-28   正六边形的作图

如图 1-28(a)所示。

方法二：以对角线 D 为直径作圆，再用 30°、60°三角板与丁字尺配合，作出正六边形，如图 1-28(b)所示。

1.3.2   椭圆的画法

椭圆的画法很多，在此只介绍四心圆弧的椭圆的近似画法。

利用四心圆弧近似画椭圆的方法如图 1-29 所示。

①连长、短轴的端点 A、C，取 $CE_1 = CE = OA - OC$，如图 1-29(a)所示；

②作 AE_1 的中垂线与两轴分别交于点 1、2，分别取 1、2 对轴线的对称点 3、4，连接 12、14、23、34 并延长，如图 1-29(b)所示；

③分别以点 1、2、3、4 为圆心，$1A$、$2C$、$3B$、$4D$ 为半径作圆弧，这四段圆弧就近似地连接成椭圆，圆弧间的连接点为 K、N、N_1、K_1，如图 1-29(c)所示。

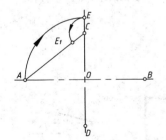
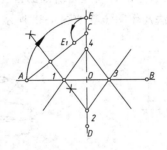
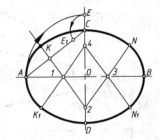

图 1-29   用四心圆弧法近似画椭圆

1.3.3   斜度与锥度的画法

1.斜度

一直线对另一直线或一平面对另一平面的倾斜程度称为斜度。其大小就是它们夹角的正切值。在图 1-30 中，直线 CD 对直线 AB 的斜度 $=(T-t)/l = T/L = \tan\alpha$。

1)斜度符号及其标注   斜度符号的线宽为字高 h 的 $1/10$，其高度为 h。斜度的大小以

$1:n$ 的形式表示。标注时应注意:符号的方向应与所画的斜度方向一致,如图 1-31 所示。

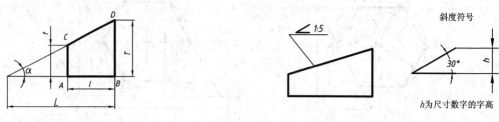

图 1-30　斜度的概念　　　　　　　　　　图 1-31　斜度的符号和标注

2)斜度的画法　斜度的画法及作图步骤如图 1-32 所示。

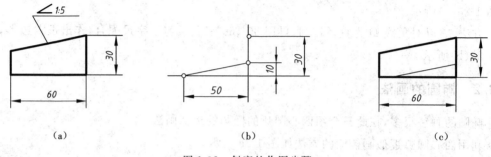

（a）　　　　　　　　　　（b）　　　　　　　　　　（c）

图 1-32　斜度的作图步骤

2.锥度

两个垂直圆锥轴线截面的圆锥直径差与该两截面间的轴向距离之比称为锥度。其锥度 $C=(D-d)/l=2\tan\alpha$,α 为半锥角,如图 1-33 所示。

①锥度符号及其标注　锥度符号的线宽为字高 h 的 $1/10$,其高度为 $1.4h$,锥度 C 以 $1:n$ 的形式表示。标注时应注意:符号的方向应与所画的锥度方向一致,如图 1-34 所示。

②锥度的画法　锥度的画法及作图步骤如图 1-35 所示。

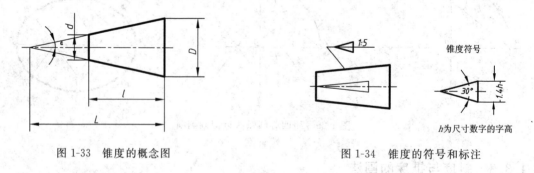

图 1-33　锥度的概念图　　　　　　　　　图 1-34　锥度的符号和标注

1.3.4　圆弧连接的画法

用已知半径的圆弧光滑连接(即相切)两已知线段(直线或圆弧),称为圆弧连接。在绘制工程图样时,经常遇到用圆弧来光滑连接已知直线或圆弧的情况。为了保证相切,在作图时就必须准确地作出连接圆弧的圆心和切点。

20

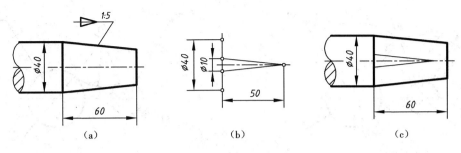

图 1-35　锥度的作图步骤

圆弧连接有三种情况：用已知半径为 R 的圆弧连接两条已知直线；用已知半径为 R 的圆弧连接两已知圆弧，其中有外连接和内连接之分；用已知半径为 R 的圆弧连接一已知直线和一已知圆弧。下面就各种情况作简要的介绍。

1. 圆弧与已知直线连接的画法

已知两直线 AC 和 BC 以及连接圆弧的半径 R，求作两直线的连接弧。作图过程如图 1-36 所示。

要画一段圆弧，必须知道圆弧的半径和圆心的位置，如果只知道圆弧半径，圆心要用作图法求得，这样画出的圆弧为连接弧。

①求连接弧的圆心。作两辅助直线分别与 AC 和 BC 平行，距离都等于 R，两辅助直线的交点 O 就是所求连接圆弧的圆心。

②求连接圆弧的切点。从点 O 分别向两已知直线作垂线得点 M 和 N，即为切点。

③作连接弧。以点 O 为圆心，R 为半径画弧，与 AC 及 BC 切于两点 M 和 N，完成连接。

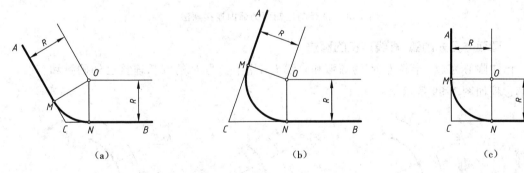

图 1-36　圆弧连接两直线的画法

2. 用圆弧连接两已知圆弧

用圆弧连接两已知圆弧可分两种情况，即外切和内切。外切时找圆心的半径为 $(R+R_{外})$，内切时找圆心的半径为 $|R_{内}-R|$。

1) R_3 圆弧与已知两圆弧（R_1,R_2）外连接的画法　分别以 O_1 和 O_2 为圆心，R_1+R_3 和 R_2+R_3 为半径画圆弧得交点 O_3，O_3 即为连接圆弧的圆心；连接 O_1O_3 和 O_2O_3，与已知圆弧分别交于点 K_1 和 K_2，K_1 和 K_2 即为切点，如图 1-37（a）所示。以 O_3 为圆心，R_3 为半径在两切点 K_1 和 K_2 之间作圆弧，即为所求，如图 1-37（b）所示。

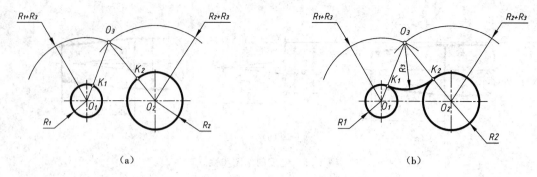

图 1-37　圆弧与已知两圆弧外连接画法

2)R_3圆弧与已知两圆弧(R_1,R_2)内连接的画法　分别以 O_1 和 O_2 为圆心,R_3-R_1 和 R_3 $-R_2$ 为半径画圆弧得交点 O_3,O_3 即为连接圆弧的圆心。连接 O_1O_3 和 O_2O_3,延长后与已知圆弧分别交于点 K_1 和 K_2,K_1 和 K_2 即为切点,如图 1-38(a)所示。以 O_3 为圆心,R_3 为半径在两切点 K_1 和 K_2 之间作圆弧,即为所求,如图 1-38(b)所示。

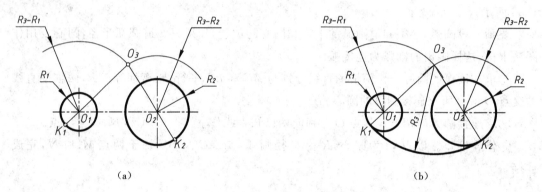

图 1-38　圆弧与已知两圆弧内连接画法

3.圆弧与已知圆弧、直线连接的画法

已知圆心为 O_1、半径为 R_1 的圆弧和直线 L_1,用半径为 R 的圆弧连接已知圆弧和直线,图解过程如图 1-39 所示。

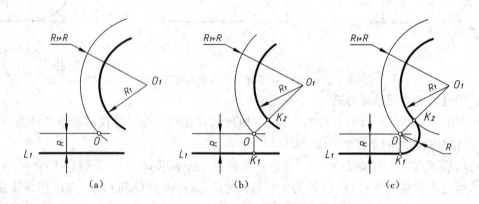

图 1-39　圆弧与圆弧、直线连接的画法

22

①求连接弧的圆心。作辅助直线平行于已知直线 L_1，距离等于 R。以 O_1 为圆心，R_1＋R 为半径作圆弧，交辅助直线于点 O，该点即为连接圆弧的圆心，如图 1-39(a)所示。

②求连接弧的切点。从点 O 向已知直线作垂线，得点 K_1，连接 OO_1 与已知圆弧交于点 K_2。K_1、K_2 即为所求切点，如图 1-39(b)所示

③作连接弧。以点 O 为圆心，R 为半径在两切点 K_1 和 K_2 之间作弧，完成圆弧连接，如图 1-39(c)所示。

1.3.5 平面图形的分析与作图步骤

1.平面图形的尺寸分析

尺寸按照其在平面图形中的作用可分为"定形尺寸"和"定位尺寸"。若要确定平面图形中各线段(直线或圆弧)之间的相对位置,还要建立"尺寸基准"的概念。下面结合图 1-40(a)所示的平面图形的尺寸进行分析。

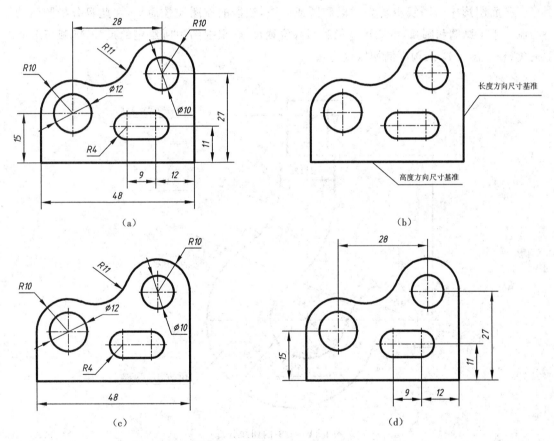

图 1-40 平面图形的尺寸分析

1)尺寸基准　在平面图形中,有长度方向和高度方向(或宽度方向)两个尺寸基准,相当于空间直角坐标系中的 X 坐标、Z 坐标(或 Y 坐标),尺寸基准也就是确定注写尺寸的起点。平面图形中常用的尺寸基准一般是图形的对称线、较大圆的中心线或较长的直线。

如图 1-40(b)所示,选择右端较长的直线作为长度方向的尺寸基准;选择下面较长的直

线作为高度方向的尺寸基准。

2)定形尺寸　确定平面图形中各线段形状大小的尺寸,称为定形尺寸。如直线段的长度、圆弧的直径或半径、角度的大小等都是定形尺寸。

如图 1-40(c)所示,四个圆弧的尺寸分别为 $R10$(两个)、$R11$ 和 $R4$,两个圆的尺寸分别为 $\phi12$、$\phi10$,直线长度尺寸 48 均为定形尺寸。

3)定位尺寸　确定平面图形中各部分之间相对位置的尺寸,称为定位尺寸(定位尺寸一般应与尺寸基准相联系)。

如图 1-40(d)所示,长度方向的定位尺寸 9、12 分别确定了半径为 $R4$ 左右半圆圆心的中心距以及右半圆 $R4$ 的圆心到长度尺寸基准的距离,28 确定了两个圆长度方向的中心距,高度方向的定位尺寸 15、11、27 分别确定了 $\phi12$ 圆心、$R4$ 半圆的圆心和 $\phi10$ 圆心到高度尺寸基准的距离。

2.平面图形的图线分析

平面图形中的图线主要为线段和圆或圆弧,线段的作图比较简单,在此只分析圆弧的绘制。手工画圆和圆弧,需知道半径和圆心位置尺寸,根据图中所给定的尺寸,圆弧可分为三类(现以图 1-41 吊钩为例加以说明)。

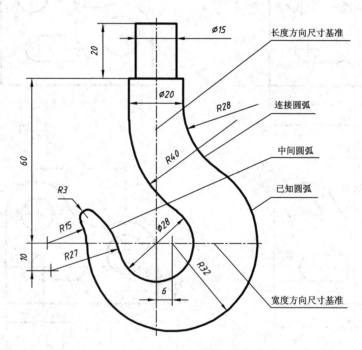

图 1-41　吊钩的图线分析

1)已知圆弧　圆弧的半径(或直径)尺寸以及圆心的位置尺寸(两个方向的定位尺寸)均为已知的圆弧称为已知圆弧。如图 1-41 中的 $\phi28$、$R32$。

2)中间圆弧　圆弧的半径(或直径)尺寸以及圆心的一个方向的定位尺寸为已知的圆弧称为中间圆弧。如图 1-41 中的 $R15$、$R27$。

24

3）连接圆弧　圆弧的半径（或直径）尺寸为已知，而圆心的两个定位尺寸均没有给出的圆弧称为连接圆弧。连接圆弧的圆心位置需利用其与相邻两图线相切的几何关系才能定出。如图 1-41 中的 $R3$、$R40$、$R28$，必须利用其他圆弧与圆弧（或直线）的外切的几何关系才能画出。

3.平面图形的作图步骤

在画平面图形时，应根据图形中所给的各种尺寸，确定作图步骤。对于圆弧连接图形，应按已知圆弧、中间圆弧、连接圆弧的顺序依次画出各段圆弧。以图 1-42 的吊钩图形为例，其作图步骤如下。

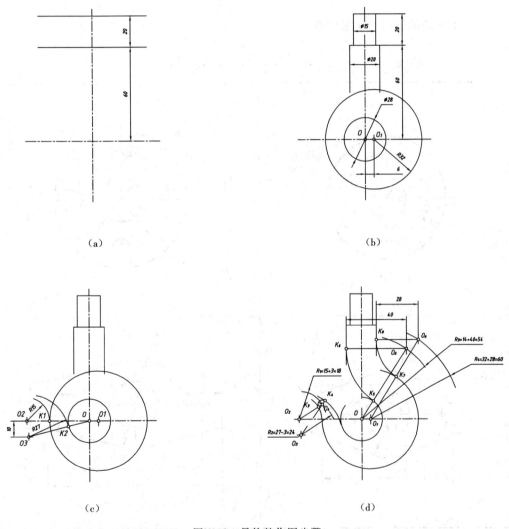

图 1-42　吊钩的作图步骤

①分析图形，画出作图基准线和必要的定位线，以确定所画图形在图纸中的恰当位置，如图 1-42（a）所示。

②依次画出各已知线段和圆，如图 1-42（b）所示。

25

③画中间圆弧（圆弧 $R15$、$R27$）。按所给尺寸及相切条件求出中间圆弧 $R15$、$R27$ 的圆心 O_2、O_3 及切点 K_1、K_2，画出 $R15$、$R27$ 两段中间圆弧，如图 1-42(c) 所示。

④画连接圆弧（圆弧 $R3$、$R40$、$R28$）。按所给尺寸及外切几何条件，求出连接圆弧 $R3$、$R40$、$R28$ 的圆心 O_4、O_5、O_6 及切点 K_3、K_4、K_5、K_6、K_7、K_8，画出三段连接圆弧，完成吊钩底稿，如图 1-42(d) 所示。

⑤画完底稿后，标注尺寸，校核，擦去多余作图线，描深图线即完成全图，如图 1-42 所示。

1.3.6　平面图形的尺寸注法

常见平面图形的尺寸注法如表 1-7 所示。

表 1-7　常见平面图形的尺寸注法

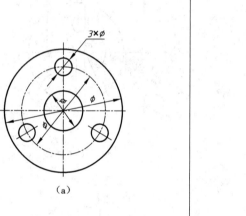

(a)

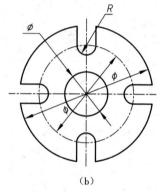

(b)

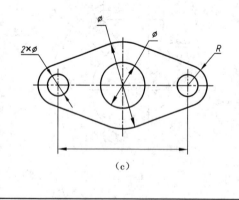

(c)

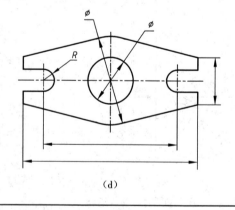

(d)

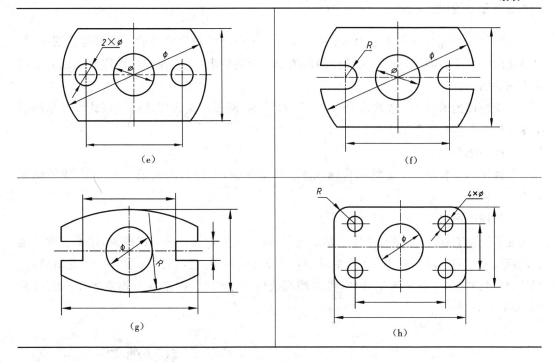

1.4 徒手画草图的方法

1.4.1 草图的概念

草图是以目测估计图形与实物的比例,按一定画法要求徒手(或部分使用绘图仪器)绘制的图。绘制草图迅速简便,有很大的实用价值,常用于创意设计、测绘机件和技术交流中。

草图不要求按照国家标准规定的比例绘制,但要求正确目测实物形状及大小,基本上把握住形体各部分间的比例关系。判断形体间比例要从整体到局部,再由局部返回整体,相互比较。如一个物体的长、宽、高之比为 4:3:2,画此物体时,就要保持物体自身的这种比例。

草图不是潦草的图,除比例和徒手外,其余必须遵守国标规定,要求做到图线清晰,粗细分明,字体工整等。

为便于控制尺寸大小,经常在网格纸上画草图,网格纸不要求固定在图板上,为了作图方便,可任意转动和移动。

综上所述,绘制草图的要求:画线要稳,图线要清晰;目测尺寸尽量准确,各部分比例匀称;绘图速度要快;标注尺寸正确,字体工整。

1.4.2 草图的绘制方法

绘制草图所使用的铅笔芯磨成圆锥形,画对称中心线和尺寸线的笔芯磨得较细些,画可见轮廓线的笔芯磨得较钝。所使用的绘图纸无特别要求,为方便常使用印有浅色方格或菱形格的图纸。

一个物体的图形无论怎样复杂,总是由直线、圆、圆弧和曲线组成的。因此画好草图必须掌握徒手画各种线条的手法。

1.握笔的方法

手握笔的位置要利于运笔和目标观察。执笔要稳,笔杆与纸面成 45°~60°,执笔稳而有力。

2.直线的画法

徒手绘制直线时,小手指不宜紧贴纸面,根据所画线段的长度定出两点,用手腕带动笔尖沿直线的方向运动。画斜线时,用眼睛估计斜线的倾斜度,根据线段的长度定出两点。当绘制较长斜线时,为了运笔方便,可将图纸旋转一定角度,把斜线当作水平或垂直线来画,如图 1-43 所示。

图 1-43 草图画线

3.圆和圆角的画法

1)圆的画法　画草绘圆时,应先定圆心和画中心线,再根据半径大小用目测在中心线上定出四点,然后过这四点画圆,如图 1-44(a)所示。当圆的直径较大时,可过圆心增画两条 45°斜线,在线上再定四个点,然后通过这八点画圆,如图 1-44(b)所示。

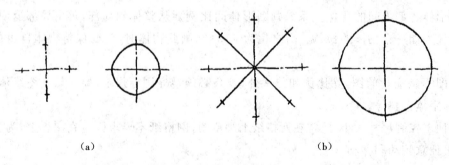

(a)　　　　　　　　　　　　　(b)

图 1-44 草图圆的画法

2)圆角的画法　绘制圆角时,先根据圆角半径的大小,在角平分线上找出圆心,过圆心向两边引垂线定出圆弧的起点和终点,同时在角平分线上也定出圆弧上的一个点,过这 3 点画圆弧,如图 1-45 所示。

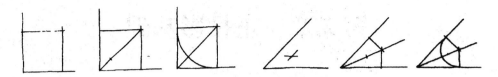

图 1-45　徒手画圆角

4.椭圆的画法

可按画圆的方法先画出椭圆的长短轴,并用目测定出其端点位置,过这四点画一矩形,然后草绘椭圆与此矩形相切,如图 1-46 所示。

图 1-46　草图椭圆的画法

5.草图示例

图 1-47 是在坐标纸上绘制的草图图样。

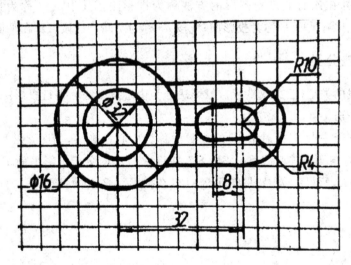

图 1-47　徒手绘制的草图图样

第2章　正投影基础

工程图样是按照正投影法绘制的,掌握正投影法的基本理论,并能熟练地应用,才能为读图和绘图打好理论基础。本章主要学习正投影法的基本性质;掌握点、直线、平面的投影规律和位置关系分析。

2.1　投影法

2.1.1　投影法的建立

在日常生活中,经常见到投影现象。例如建筑物在阳光照射下,地面上会出现它的影子;一块三角板在白炽灯光照射下,在墙上也会有三角板的影子,这些均是投影现象。投影法就是根据这一自然现象,经过几何抽象概括出来的。如图 2-1 所示,P 为一平面,S 为平面外一定点,AB 为空间一直线段。连接 SA、SB 并延长,使其与平面 P 分别交于 a、b 两点,连接 ab,直线段 ab 即为直线段 AB 投射在平面 P 上的图形。这种投射线通过物体向选定的面进行投射,并在该面上得到图形的方法称为投影法。其中点 S 称为投射中心;射线 SA、SB 称为投射线;平面 P 称为投影面;线段 ab 称为空间直线段 AB 在平面 P 上的投影。

2.1.2　投影法分类

根据投射线的类型(汇交或平行),投影法分为中心投影法和平行投影法两类。

1.中心投影法

投射线汇交于一点 S(投射中心)的投影法称为中心投影法,如图 2-2 所示。过投射中心点 S 与△ABC 各顶点连直线 SA、SB、SC,并将它们延长交于投影平面 P,得到 a、b、c 三点。连接点 a、b、c,所得△abc 就是空间△ABC 在投影面 P 上的投影。

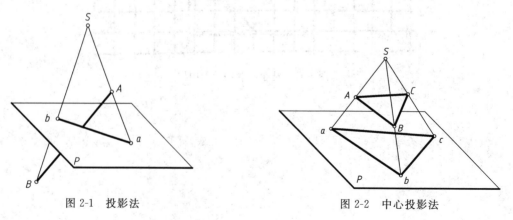

图 2-1　投影法　　　　　　　　　　　图 2-2　中心投影法

用中心投影法得到的投影大小与物体相对投影面所处位置的远近有关,因此投影不能反映物体表面的真实形状和大小,度量性较差。但图形具有立体感,直观性强。在工程上中心投影主要用于绘制建筑物的透视图,机械图样较少采用。

2.平行投影法

当投射中心 S 沿某一不平行于投影面的方向移至无穷远处时,投射线被视为互相平行。投射线相互平行的投影法称为平行投影法,如图2-3所示。此时投射线的方向为投射方向。按投射线与投影面的相对位置不同,平行投影法又分为斜投影法和正投影法两类。

1)斜投影法 投射线(投射方向 S)倾斜于投影面 P 的平行投影法称为斜投影法,如图2-3(a)所示。它主要应用于斜轴测投影。

2)正投影法 投射线(投射方向 S)垂直于投影面 P 的平行投影法称为正投影法,如图2-3(b)所示。它主要应用于多面正投影、正轴测投影。

正投影法的多面投影能准确完整地表达空间物体的形状和大小,作图比较简便,因此它在工程上应用非常广泛。绘制机械图样主要采用正投影法,本教材涉及的投影法主要是正投影法。因此,在本教材中凡未作特殊说明的"投影"都指正投影。

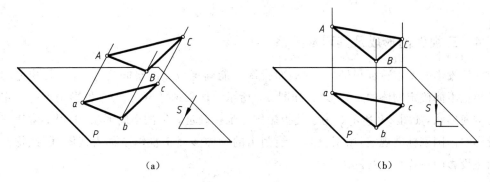

|(a)|(b)|

图2-3 平行投影法

2.1.3 正投影法的投影特性

1.点的正投影特征

在正投影法中,空间的每一点在投影面上各有其唯一的投影。反之,若只知空间点在一个投影面上的投影,则不能确定该点在空间的位置,如图2-4所示。

2.直线、平面的正投影特征

1)积聚性 当直线或平面与投影平面 P 垂直时,则它们在该投影平面上的投影分别积聚为点或直线,这种投影特性称为积聚性,如图2-5所示。

2)实形性 当直线或平面与投影平面 P 平行时,则它们在该投影平面上的投影分别反映线段的实长或平面图形的实形,这种投影特性称为实形性,如图2-6所示。

3)类似性 当直线或平面与投影平面 P 既不平行也不垂直时,则它们在该投影平面上的投影分别为小于线段实长的直线段或与平面图类似的平面图形,这种投影特性称为类似性,如图2-7所示。

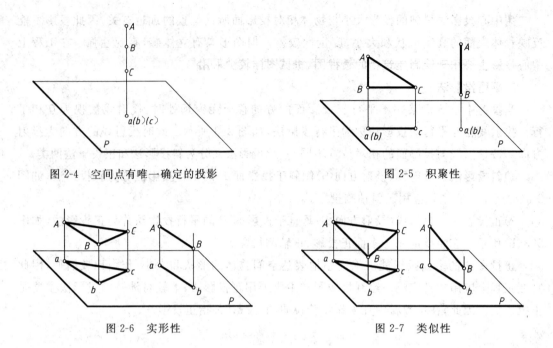

图 2-4　空间点有唯一确定的投影　　　　　　图 2-5　积聚性

图 2-6　实形性　　　　　　　　　图 2-7　类似性

2.1.4　三视图的形成及其对应关系

由正投影的基本特征可知,点的一面投影不能确定该点的空间位置。同理,物体的一面投影也不能确定物体的空间形状,如图 2-8 所示。如果选择不当,两个投影仍不能确定物体的空间形状,如图 2-9 所示。为了使投影图能唯一确定物体的空间形状,工程上常用三面正投影图。国家标准规定:用正投影法绘制出的物体多面正投影图称为视图,因此物体的三面正投影图可称为三视图。

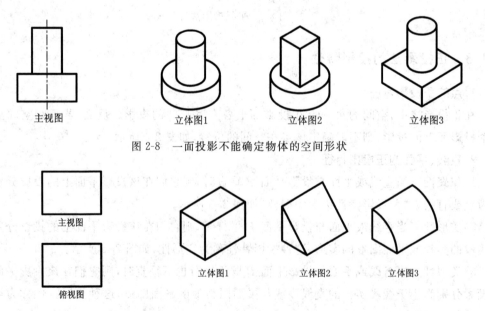

主视图　　　　　立体图1　　　　立体图2　　　　立体图3

图 2-8　一面投影不能确定物体的空间形状

主视图

俯视图　　　　立体图1　　　　立体图2　　　　立体图3

图 2-9　选择不当,两投影仍不能确定物体的空间形状

1.直角三投影面体系的建立

三投影面体系由水平投影面(简称水平面或 H 面)、正面投影面(简称正面或 V 面)、侧面投影面(简称侧面或 W 面)构成,如图 2-10 所示。H、V 和 W 三个投影面两两垂直相交,得到的三条交线称为投影轴。其中 H 面与 V 面的交线为 X 轴;H 面与 W 面的交线为 Y 轴;V 面与 W 面的交线为 Z 轴。由于 H、V 和 W 面互相垂直,所以 X、Y 和 Z 轴也互相垂直,且交于一点 O,该点称为原点。

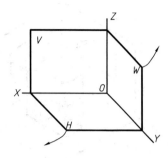

图 2-10　三投影面体系

2.三视图的形成

(1)物体的投影

如图 2-11(a)所示,将物体放入三投影面体系中(使之处于观察者与投影面之间),然后按正投影法将物体分别向各个投影面投射,即得到物体的三面正投影图,即三视图。规定:将物体由前向后投射,在 V 面上获得的投影称为物体的正面投影或主视图;将物体由上向下投射,在 H 面上获得的投影称为物体的水平投影或俯视图;将物体由左向右投射,在 W 面上获得的投影称为物体的侧面投影或左视图。在视图中,物体可见轮廓线的投影画粗实线,不可见轮廓的投影画细虚线。

(2)三投影面体系的展开

为了画图方便,需要将物体的三视图画在一个平面内。为此,将三投影面体系展开摊平,展开的方法:V 面保持不动,H 面连同水平投影绕 OX 轴向下旋转 $90°$,W 面连同侧面投影绕 OZ 轴向右旋转 $90°$,在旋转过程中 OY 轴被分成了两部分,一部分 OY_H 随 H 面旋转,另一部分 OY_W 随 W 面旋转,如图 2-11(b)所示。

在工程上,画物体三视图的目的是用一组平面图形(视图)来表达物体的结构形状。因此,在投影图上通常不画出投影面的边界,只画出其投影轴,如图 2-11(c)所示。画物体三视图时,投影轴也可以省略,视图之间的距离可自行确定,如图 2-11(d)所示。

3.三视图之间的对应关系

(1)方位关系

物体具有上、下、左、右、前、后六个方位。主视图反映物体上下、左右的位置关系;俯视图反映物体左右、前后的位置关系;左视图反映物体上下、前后的位置关系,如图 2-12 所示。

(2)尺寸关系

主视图表示物体的长度和高度;俯视图表示物体的长度和宽度;左视图表示物体的高度和宽度。三视图之间的投影规律为:

①主、俯视图——长对正;

②主、左视图——高平齐;

③俯、左视图——宽相等。

画物体的三视图时,物体的整体或局部结构的投影都必须遵循上述投影规律,如图 2-13 所示。需要注意,在确定"宽相等"时,一定要分清物体的前后方向,即俯视图和左视图中以远离主视图的方向为物体的前面。

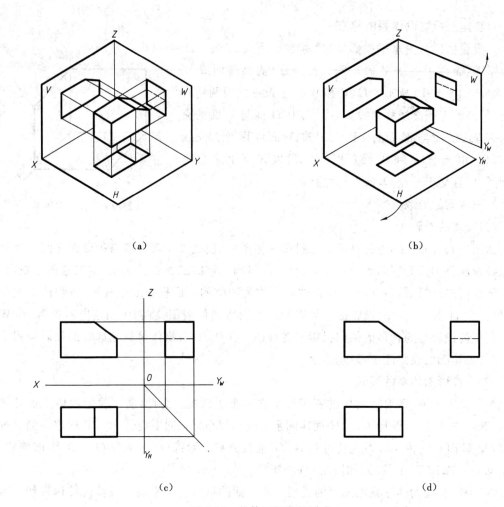

（a）   （b）

（c）   （d）

图 2-11　物体三视图的形成

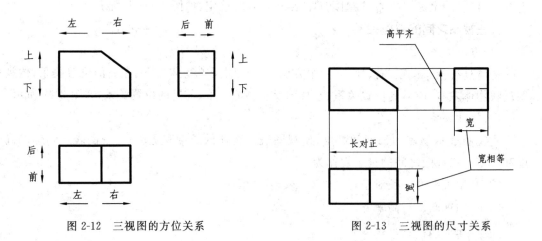

图 2-12　三视图的方位关系　　　　　　　图 2-13　三视图的尺寸关系

2.2 点的投影

点是组成立体的最基本的几何元素。为了正确地画出物体的三视图,必须首先掌握点的投影规律。

2.2.1 点在三投影面体系中的投影

1.点在三投影面体系中的投影

如图 2-14(a)所示,空间点 A 处于三投影面体系中,过点 A 分别向 H、V、W 面引垂线,则垂足 a、a'、a'' 即为点 A 的三面投影。按前述三投影面体系的展开方法将三个投影面展开,如图 2-14(b)所示。去掉表示投影面范围的边框,即得点的三面投影图,如图 2-14(c)所示。图中 a_x、a_y、a_z 分别为点的投影连线与投影轴 OX、OY、OZ 的交点。

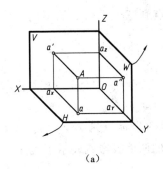 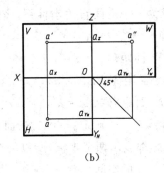 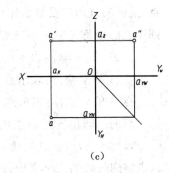

(a)	(b)	(c)

图 2-14 点的三面投影

2.点的三面投影规律

如图 2-14(c)所示,点的投影规律如下:

①点的正面投影与水平投影的连线垂直于 OX 轴,即 $aa'\perp OX$,因此又称"长对正";

②点的正面投影与侧面投影的连线垂直于 OZ 轴,即 $a'a''\perp OZ$,因此又称"高平齐";

③点的水平投影到 OX 轴的距离等于该点的侧面投影到 OZ 轴的距离,即 $aa_x = a''a_z$,因此又称"宽相等"。

根据上述点的三面投影规律,在点的三面投影中,只要知道其中任意两个面的投影,就可求出该点的第三面投影。

例 2-1 已知空间点 E 的 V 面投影 e'' 与 H 面投影 e,求作其 W 面投影 e'',如图 2-15(a)所示。

分析:根据点的投影规律可知,$e'e''\perp OZ$,过 e' 作 OZ 轴的垂线 $e'e_z$ 并延长,所求 e'' 必在 $e'e_z$ 的延长线上。由 $e''e_z = ee_x$,可确定 e'' 的位置。

作图:

①过 e' 作 $e'e_z\perp OZ$,并延长,如图 2-15(b)所示。

②量取 $e''e_z = ee_x$,求得 e'',也可利用 45° 线作图,如图 2-15(c)所示。

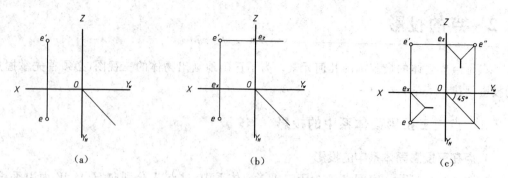

(a)　　　　　　　　(b)　　　　　　　　(c)

图 2-15　已知点的两面投影求作第三面投影

3．点的三面投影与直角坐标的关系

在图 2-16(a)中，如果将投影面视为坐标面，将投影轴视为坐标轴，原点 O 视为坐标原点，这样的直角三投影面体系便成为一个空间直角坐标系。空间点到三个投影面的距离分别用它的直角坐标 x、y、z 表示，即

点 A 的 x 坐标：表示点 A 到 W 面距离 $= Aa'' = aa_{Y_H} = a'a_Z$

点 A 的 y 坐标：表示点 A 到 V 面距离 $= Aa' = aa_X = a''a_Z$

点 A 的 z 坐标：表示点 A 到 H 面距离 $= Aa = a'a_X = a''a_{Y_W}$

点的空间位置可由点的坐标 (x, y, z) 确定。点 A 三面投影的坐标分别为 $a(x, y)$、$a'(x, z)$、$a''(y, z)$。点的任一面投影都表示两个坐标，所以一个点的两面投影就表示了确定该点空间位置的三个坐标，即确定了点的空间位置。

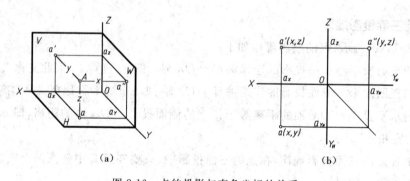

(a)　　　　　　　　　　　　(b)

图 2-16　点的投影与直角坐标的关系

例 2-2　已知空间点 $A(15, 10, 20)$，试作点的三面投影图。

作图：

①作投影轴，在 OX 轴上自 O 向左量 15 mm 得 a_X，如图 2-17(a)所示。

②过 a_X 作 OX 轴垂线，沿着 Y 轴方向自 a_X 向前量取 10 mm 得 a，再沿 OZ 轴方向自 a_X 向上量取 20 mm 得 a'，如图 2-17(b)所示。

③按照点的投影规律作出 a''，即完成点 A 的三面投影，如图 2-17(c)所示。

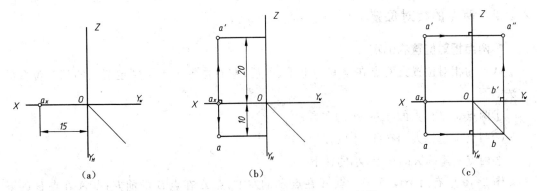

图 2-17　已知点的坐标求作点的三面投影

说明:本书中,凡未写单位的尺寸,其单位均为 mm。

例 2-3　已知空间点 B 的水平投影 b,如图 2-18(a)所示。并知点 B 到 H 面的距离为 0,试作出点 B 的其余两面投影。

分析:从点 B 的水平投影可知,点 B 的 x、y 坐标,点 B 到 H 面的距离即为点 B 的 z 坐标,z 坐标值等于零,说明点 B 在 H 面上。因此,点 B 的 H 面投影 b 与点 B 重合;点 B 的 V 面投影 b' 在 OX 轴上;点 B 的 W 面投影 b'' 在 OY_W 轴上。

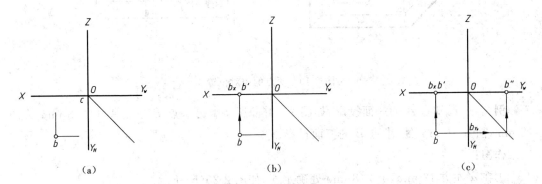

图 2-18　已知点的一面投影及点到该投影面的距离,求作点的其余投影

作图:

①过 b 作 OX 轴的垂线,其垂足即为 b_x,b' 与 b_x 重合,如图 2-18(b)所示。

②在 OY_W 轴上量取 $Ob''=bb_x$,得 b'',也可利用 45°斜线确定,如图 2-18(c)所示。

通过以上的例子可以看出:

①点的三个坐标都不等于零时,点的三个投影分别在三个投影面内;

②点的一个坐标等于零时,点在某投影面内,点的这个投影与空间点重合,另两个投影在投影轴上;

③点的两个坐标等于零时,点在某投影轴上,点的两个投影与空间点重合,另一个投影在原点;

④点的三个坐标等于零时,点位于原点,点的三个投影都与空间点重合,即都在原点。

2.2.2 两点的相对位置

1.两点相对位置的确定

两点的相对位置指两点在空间的上下、前后、左右位置关系。判定两点的相对位置的方法如下：

①两点 x 坐标大的在左,小的在右;

②两点 y 坐标大的在前,小的在后;

③两点 z 坐标大的在上,小的在下。

图 2-19 中有两个点 A、B。点 A 在点 B 的左方;点 A 在点 B 的前方;点 A 在点 B 的下方,图 2-19(a)为立体图,图 2-19(b)为投影图。

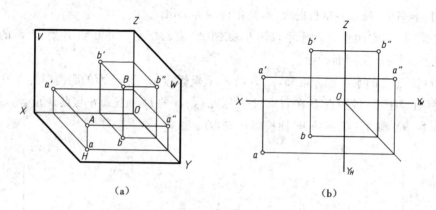

图 2-19　两点的相对位置

例 2-4　已知点 A 的三面投影,如图 2-20(a)所示。另一点 B 在点 A 上方 8 mm,左方 12 mm,前方 10 mm 处,求点 B 的三面投影。

作图:

①在 a' 左方 12 mm,上方 8 mm 处确定 b',如图 2-20(b)所示。

②作 $b'b\perp OX$ 轴,且在 a 前 10 mm 处确定 b,如图 2-20(c)所示。

③按投影关系求得 b'',如图 2-20(d)所示。

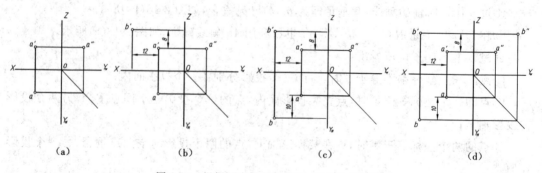

图 2-20　根据两点的相对位置,求作点的投影

2．重影点及其可见性

当空间两点位于某一投影面的同一条投射线上时，则两点在该投影面上的投影重合为一点，称这两点为对该投影面的重影点。显然，两点在某投影面上的投影重合时，它们必有两对相等的坐标。如图 2-21 所示，点 A 和点 C 在 X 和 Z 方向的坐标值相同，点 A 在点 C 之正前方，故 A、C 两点的正面投影重合。这种同面投影重合的空间点称为该投影面的重影点。

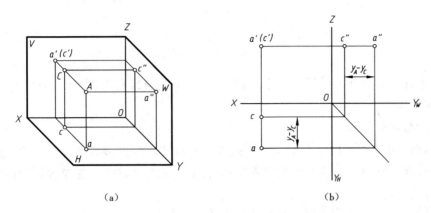

（a）   （b）

图 2-21　重影点及其可见性

同理，若一点在另一点的正下方或正上方，此时两点的水平投影重影。若一点在另一点的正右方或正左方，则两点的侧面投影重影。对于重影点的可见性判别是：前遮后、上遮下、左遮右。图 2-21 中，在正面投射方向点 A 遮住点 C，a' 可见，c' 不可见。需要表明可见性时，对不可见投影符号需加上圆括号，如 (c')。

2.3　直线的投影

本书所研究的直线均指直线段。

2.3.1　直线的三面投影

一般情况下，直线的投影仍为直线。不重合的两点确定一条直线。因此，直线的三面投影可由该直线上任意两点的三面投影确定，如图 2-22(a)所示。要确定直线的投影，只要作出直线上两点的投影，如图 2-22(b)所示，并将两个点的同面投影用粗实线连接，如图 2-22(c)所示，即得到空间直线的三面投影。

2.3.2　各种位置直线

1.直线的分类

直线在三投影面体系中，按其对投影面的相对位置可分为三类。

（1）投影面平行线

投影面的平行线是指平行于某一个投影面而与其余两投影面倾斜的直线。这类直线

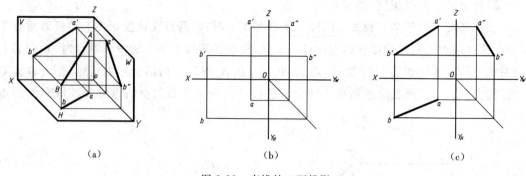

图 2-22　直线的三面投影

有三种:平行于 H 面的直线称为水平线;平行于 V 面的直线称为正平线;平行于 W 面的直线称为侧平线。

(2)投影面垂直线

投影面的垂直线是指垂直于某一个投影面而与其余两投影面平行的直线。这类直线也有三种:垂直于 H 面的直线称为铅垂线;垂直于 V 面的直线称为正垂线;垂直于 W 面的直线称为侧垂线。

投影面平行线与投影面垂直线又统称为特殊位置直线。

(3)一般位置直线

一般位置直线是指与三个投影面均倾斜的直线。

国标中规定直线对 H、V、W 面的倾角分别用 α、β、γ 表示。

2.各种位置直线的投影特性

(1)投影面平行线的投影特征

①在其平行的那个投影面上的投影反映实长,且投影与两个坐标轴的倾角真实反映空间直线与另外两个投影面的倾角。

②另两个投影面上的投影均小于线段的实长,且分别平行该投影面所包含的两个投影轴。其到相应投影轴的距离反映直线与它所平行的投影面之间的距离。

投影面平行线的投影特征如表 2-1 所示。

表 2-1　投影面平行线的投影特征

名称	立体图	投影图	投影特点
水平线 ($/\!/ H$)			1.$ab=AB$ 2.$a'b' /\!/ OX$,$a''b'' /\!/ OY_W$ 3.$\alpha=0°$,ab 反映 β、γ 的大小

名称	立体图	投影图	投影特点
正平线 (∥V)			1. $c'd'=CD$ 2. $cd∥OX$，$c''d''∥OZ$ 3. $β=0°$，$c'd'$反映$α$、$γ$的大小
侧平线 (∥W)			1. $e''f''=EF$ 2. $ef∥OY_H$，$e'f'∥OZ$ 3. $γ=0°$，$e''f''$反映$α$、$β$的大小

（2）投影面垂直线的投影特征

①在其垂直的那个投影面上的投影积聚为一点。

②另两个投影面上的投影反映线段实长，且分别垂直该投影面所包含的两个投影轴。

投影面垂直线的投影特征如表 2-2 所示。

表 2-2　投影面垂直线的投影特征

名称	立体图	投影图	投影特点
铅垂线 (⊥H)			1. ab积聚为一点 2. $a'b'⊥OX$，$a'b'=AB$ 3. $a''b''⊥OY_W$，$a''b''=AB$ 4. $α=90°$，$β$、$γ$均为$0°$
正垂线 (⊥V)			1. $c'd'$积聚为一点 2. $cd⊥OX$，$cd=CD$ 3. $c''d''⊥OZ$，$c''d''=CD$ 4. $β=90°$，$α$、$γ$均为$0°$
侧垂线 (⊥W)			1. $e''f''$积聚为一点 2. $ef⊥OY_H$，$ef=EF$ 3. $e'f'⊥OZ$，$e'f'=EF$ 4. $γ=90°$，$α$、$β$均为$0°$

（3）一般位置直线

三个投影均倾斜于投影轴，其与投影轴的倾角并不反映空间直线与三个投影面倾角的大小。三个投影的长度均小于该直线的实长,如图 2-23 所示。一般位置直线与投影面的倾角 α(与 H 面倾角)、β(与 V 面倾角)、γ(与 W 面倾角)均不为 0。由图 2-23(a)可知,一般位置直线 AB 的实长与投影的关系如下:

$$ab = AB\cos\alpha \qquad a'b' = AB\cos\beta \qquad a''b'' = AB\cos\gamma$$

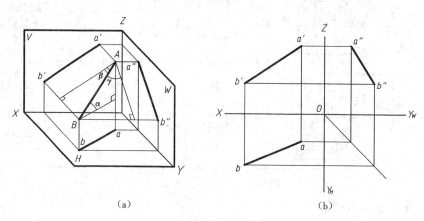

(a)   (b)

图 2-23　一般位置直线的投影特征

例 2-5　根据三棱锥的三面投影图,判别棱线 SB、SC、CA 是什么位置直线,如图 2-24 所示。

分析:棱线 SB:由于 $sb /\!/ OX$ 轴,$s''b'' /\!/ OZ$ 轴,$s'b'$ 倾斜于投影轴,可以确定 SB 是正平线。

棱线 SC:由于三面投影 sc、$s'c'$、$s''c''$ 都倾斜于投影轴,可以确定 SC 是一般位置直线。

棱线 CA:由于正面投影 $c'a'$ 积聚为一点,水平投影 $ca \perp OX$ 轴,侧面投影 $c''a'' \perp OZ$ 轴,可以确定 CA 是正垂线。

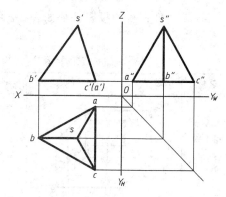

图 2-24　三棱锥的三面投影图

2.3.3　直线上的点

点在直线上的投影特性如下。

①若点在直线上,则点的投影必在直线的同面投影上,且点分割直线的比例投影后保持不变。

如图 2-25 所示,点 K 在直线 AB 上,则水平投影 k 必在 ab 上,正面投影 k' 必在 $a'b'$ 上,侧面投影 k'' 必在 $a''b''$ 上;反之,k 在 ab 上,k' 在 $a'b'$ 上,k'' 在 $a''b''$ 上,且 $ak:kb = a'k':k'b' = a''k'':k''b''$,则点 K 必在直线 AB 上,且 $AK:KB = ak:kb = a'k':k'b' = a''k'':k''b''$。

②若点的各投影不符合点在直线上的投影特性,则该点不在直线上,如图 2-26 所示,点 M 不在直线 AB 上,虽然其水平投影 m 在 ab 上,但其正面投影 m' 并不在 $a'b'$ 上,侧面投影 m'' 并不在 $a''b''$ 上。

③一般情况下,根据两面投影即可判定点是否在直线上。当直线为投影面平行线时,可用定比关系或该直线所平行的投影面投影判定。

42

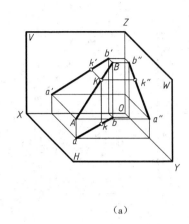
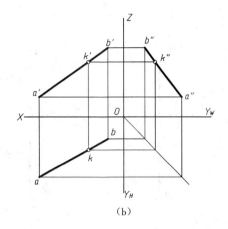

(a)   (b)

图 2-25 点在直线上

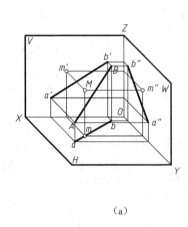
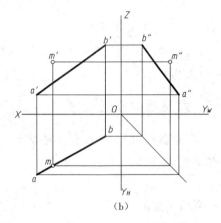

(a)   (b)

图 2-26 点不在直线上

例 2-6 已知直线 AB 的两面投影 ab 和 $a'b'$,如图 2-27 所示,试在 AB 直线上取一点 C,使 $AC:CB=1:2$,求 C 点的两面投影。

分析:点 C 在直线 AB 上,则有 $AC:CB=ac:cb=a'c':c'b'=1:2$。

作图:

①过 ab 的一个端点作任一辅助线,在该辅助线上截取 3 个单位长,得点 B_0。

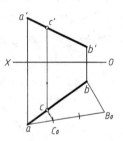

图 2-27 直线上取点

②将 B_0b 相连,在辅助线上截取 $aC_0:C_0B_0=1:2$。再过 C_0 作 B_0b 的平行线,该平行线与 ab 的交点即是所求点 C 的水平投影 c。

③过 c 作 OX 轴的垂线,该垂线与 $a'b'$ 的交点即为所求点的正面投影 c'。

例 2-7 如图 2-28(a)所示,判断点 M 是否在直线 AB 上。

作图:

方法一:根据定比不变作图判断,如图 2-28(b)所示。过点 a 作辅助线,截取 $aM_0=$

43

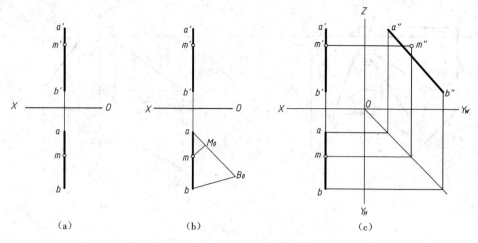

图 2-28　判断点是否在直线上

$a'm'$，由于连线 M_0m 不平行于 B_0b，所以判定点 M 不在 AB 直线上。

　　方法二：补画点和直线的侧面投影，如图 2-28(c)所示。由于 m''不在 $a''b''$ 上，所以判定点 M 不在 AB 直线上。

2.3.4　两直线的相对位置

　　空间两直线的相对位置有三种情况：平行、相交和交叉。其中平行和相交两直线均在同一平面上，也称共面直线。交叉两直线不在同一平面上，也称异面直线。它们的投影特性如下。

1.平行两直线

　　若空间两直线相互平行，则两直线的同面投影也相互平行，且投影长度之比相等，字母顺序相同；反之亦然。如图 2-29(a)所示，若 $AB/\!/CD$，则 $ab/\!/cd$，$a'b'/\!/c'd'$，且 $ab:cd=a'b':c'd'=AB:CD$。如果从投影图上判别一般位置的两条直线是否平行，只要看它们的两个同面投影是否平行即可。如图 2-29(b)所示，因为 $ab/\!/cd$，$a'b'/\!/c'd'$，所以 $AB/\!/CD$。

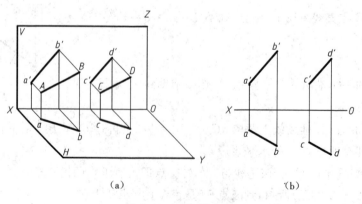

图 2-29　平行两直线

如果两直线为投影面平行线时,则要看反映实长的投影。或看投影长度之比和字母顺序是否相同。例如图 2-30 中,AB、CD 是两条侧平线,它们的正面投影及水平投影均相互平行,即 $a'b'\,/\!/\,c'd'$、$ab\,/\!/\,dc$,但它们反映实长的侧面投影并不平行,也可根据 $a'b':c'd'\neq ab:cd$,或根据 $a'b'$、$c'd'$ 与 ab、dc 字母顺序不同,确定 AB、CD 两直线的空间位置并不平行。

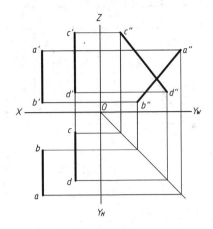

图 2-30　两直线不平行

2.相交两直线

若空间两直线相交,则它们的同面投影必相交,且交点的投影一定符合点的投影规律,如图 2-31(a)所示。

两直线 AB、CD 交于点 K,点 K 是两直线的共有点,所以 ab 与 cd 交于 k,$a'b'$ 与 $c'd'$ 交于 k',kk' 连线必垂直于 OX 轴,如图 2-31(b)所示。

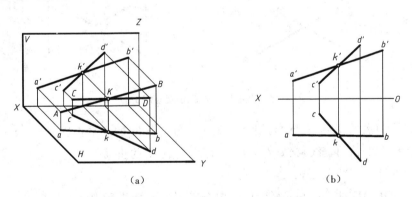

| (a) | (b) |

图 2-31　相交两直线

如果两直线中有一投影面平行线,则要看其同面投影的交点是否符合点在直线上的定比关系;或看其所平行的投影面上的两直线投影是否相交,且交点是否符合点的投影规律,如图 2-32 所示。

例 2-8　已知相交两直线 AB、CD 的水平投影 ab、cd 及直线 CD 和 B 点的正面投影 $c'd'$ 和 b',求直线 AB 的正面投影 $a'b'$,如图 2-33(a)所示。

分析:利用相交两直线的投影特性,可求出交点 K 的两投影 k、k';再运用相交原理即可

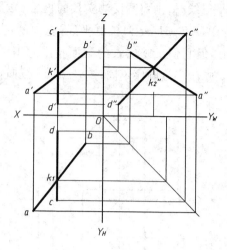

图 2-32　两直线不相交

得 $a'b'$。

　　作图： 如图 2-33(b)所示。

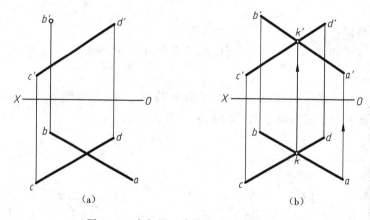

（a）　　　　　　　　　　（b）

图 2-33　求与另一直线相交直线的投影

　　①两直线的水平投影 ab 与 cd 相交于 k，k 即为交点 K 的水平投影。

　　②过 k 作 OX 轴的垂线，交 $c'd'$ 于 k'，k' 即为交点 K 的正面投影。

　　③连接 b' 和 k' 并将其延长。

　　④再过 a 作 OX 轴垂线与 $b'k'$ 延长线相交于 a'，$a'b'$ 即为所求。

3.交叉两直线

　　空间既不平行又不相交的两直线为交叉两直线（或称异面直线）。所以，它们在投影图上既不符合两直线平行，又不符合两直线相交的投影特性。交叉两直线在空间不相交，其同面投影的交点是两直线对该投影面的重影点。在图 2-34 中，分别位于交叉两直线 AB 和 CD 上的点 Ⅰ 和 Ⅱ 的正面投影 $1'$ 和 $2'$ 重合，所以点 Ⅰ 和 Ⅱ 为对 V 面的重影点，利用该重影点的不同坐标值 $y_Ⅰ$ 和 $y_Ⅱ$，决定其正面投影的可见性。由于 $y_Ⅰ > y_Ⅱ$，所以，$1'$ 为可见，$2'$ 为不可见，并需加注括号。

46

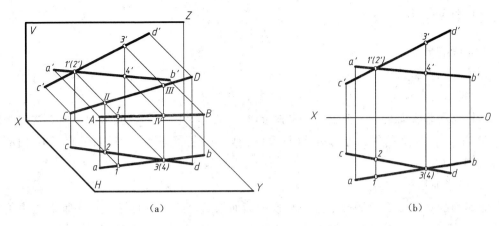

图 2-34 交叉两直线

同理,若水平面投影有重影点需要判别其可见性,只要比较其 Z 坐标即可。显然 $Z_{Ⅲ}>Z_{Ⅳ}$。所以,3 为可见,4 为不可见,不可见需加括号。

2.4 平面的投影

2.4.1 平面的表示法

空间一平面可以用确定该平面的几何元素的投影来表示。以下是表示平面最常见的五种形式,如图 2-35 所示。

①不在同一直线上的三个点,如图 2-35(a)所示。

②直线及线外一点,如图 2-35(b)所示。

③相交两直线,如图 2-35(c)所示。

④平行两直线,如图 2-35(d)所示。

⑤平面图形,如图 2-35(e)所示。

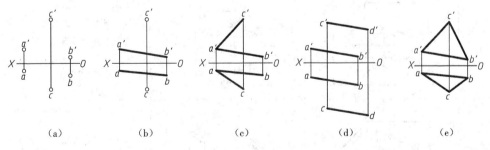

| (a) | (b) | (e) | (d) | (e) |

图 2-35 用几何元素表示平面

平面的投影只用来表达平面的空间位置,并不限制平面的空间范围。因此,没加特别说明时,平面都是可无限伸展的。

2.4.2 各种位置平面

1.平面的分类

平面对三投影面的位置可分为三类。

(1)投影面垂直面

投影面的垂直面是指垂直于某一个投影面,而与其余两投影面倾斜的平面。这类平面有三种:垂直于 H 面的平面称为铅垂面;垂直于 V 面的平面称为正垂面;垂直于 W 面的平面称为侧垂面。

(2)投影面平行面

投影面的平行面是指平行于某一个投影面而与其余两投影面垂直的平面。这类平面也有三种:平行于 H 面的平面称为水平面;平行于 V 面的平面称为正平面;平行于 W 面的平面称为侧平面。

投影面垂直面与投影面平行面又统称为特殊位置平面。

(3)一般位置平面

一般位置平面是指与三个投影面均倾斜的平面。

国标中规定平面对 H、V、W 面的倾角分别用 α、β、γ 表示。

2.各种位置平面的投影特性

(1)投影面垂直面的投影特征

①在其垂直的那个投影面上的投影积聚为直线,该直线与两个坐标轴的倾角真实反映空间平面与另外两个投影面的倾角的大小。

②另两个投影面上的投影为类似形。

投影面垂直面的投影特征如表 2-3 所示。

表 2-3　投影面垂直面的投影特征

名称	立体图	投影图	投影特点
铅垂面 ($\perp W$)			1.水平投影为倾斜线,有积聚性 2.其余两投影为类似形 3.$\alpha=90°$,水平投影反映 β、γ
正垂面 ($\perp V$)			1.正面投影为倾斜线,有积聚性 2.其余两投影为类似形 3.$\beta=90°$,正面投影反映 α、γ

48

名称	立体图	投影图	投影特点
侧垂面 （⊥W）	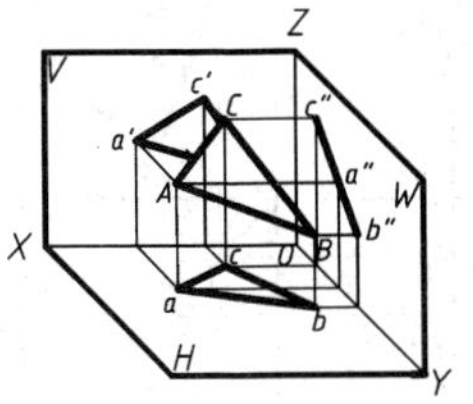	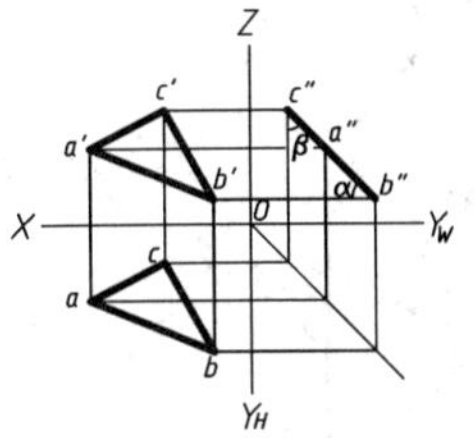	1.侧面投影为倾斜线,有积聚性 2.其余两投影为类似形 3.$\gamma=90°$,侧面投影反映 α、β

（2）投影面平行面的投影特征

①在平面所平行的投影面上,投影反映实形。

②另两个投影面上的投影分别积聚成与相应的投影轴平行的直线。

投影面平行面的投影特征如表 2-4 所示。

表 2-4　投影面平行面的投影特征

名称	立体图	投影图	投影特点
水平面 （∥H 面）	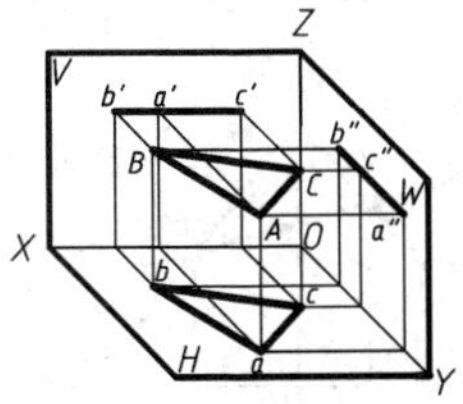	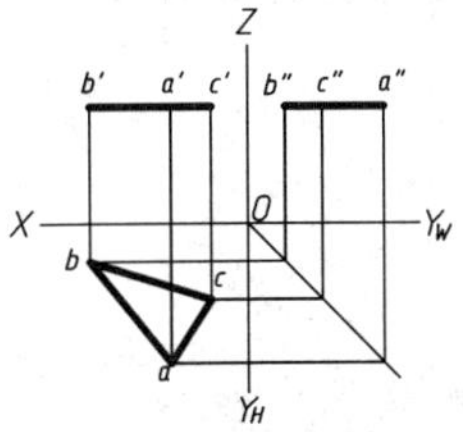	1.水平投影反映实形 2.正面投影 $\parallel OX$,具有积聚性 3.侧面投影 $\parallel OY_W$,具有积聚性 4.$\alpha=0°,\beta=90°,\gamma=90°$
正平面 （∥V 面）	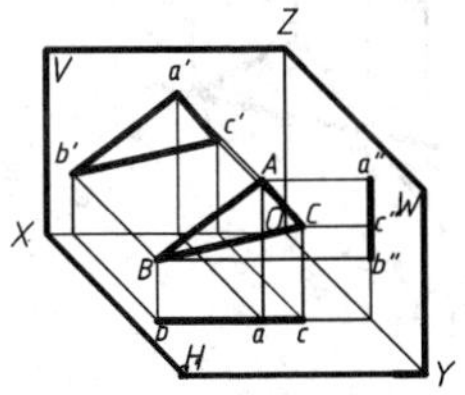	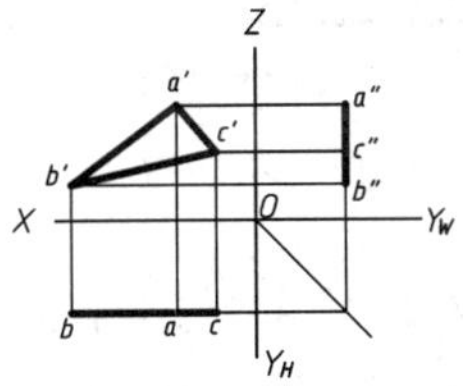	1.正面投影反映实形 2.水平投影 $\parallel OX$,具有积聚性 3.侧面投影 $\parallel OZ$,具有积聚性 4.$\beta=0°,\alpha=90°,\gamma=90°$
侧平面 （∥W 面）	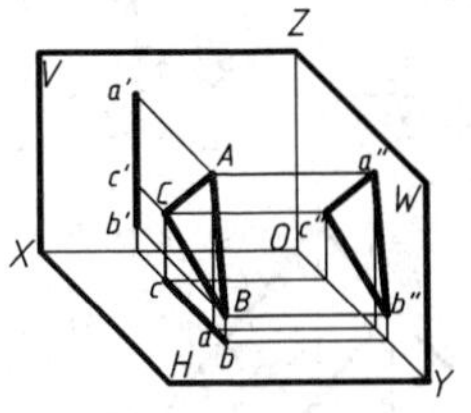	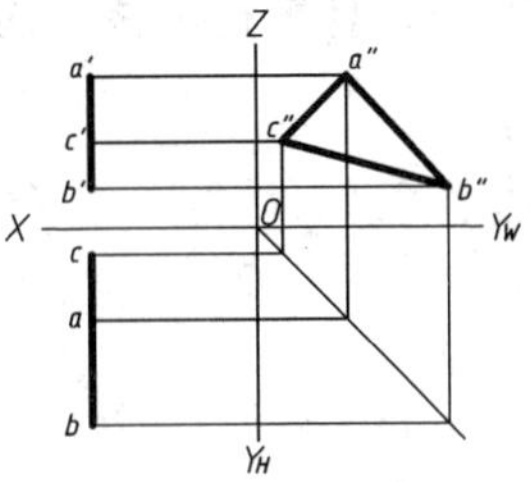	1.侧面投影反映实形 2.水平投影 $\parallel OY_H$,具有积聚性 3.正面投影 $\parallel OZ$,具有积聚性 4.$\gamma=0°,\alpha=90°,\beta=90°$

（3）一般位置平面的投影特征

一般位置平面三面投影既不反映平面图形的实形,也没有积聚性。它的三个投影均为类似形,如图 2-36 所示。

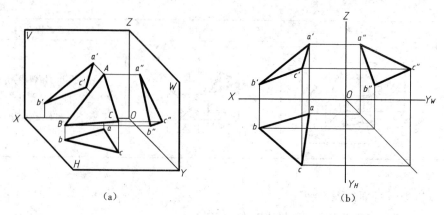

（a）   （b）

图 2-36　一般位置平面的投影特征

2.4.3　平面上的点和直线

1.在平面上取任意直线

直线在平面上应满足的几何条件如下：

①若一直线通过平面上的两个点,则此直线必在该平面内,如图 2-37 所示;

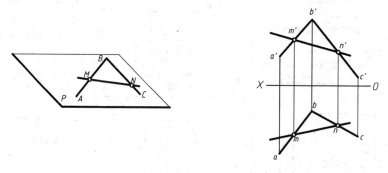

图 2-37　平面上取任意直线（一）

②若一直线通过平面上的一个点且平行于该平面上的另一条直线,则此直线必在该平面内,如图 2-38 所示。

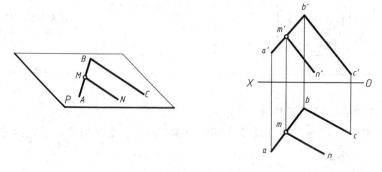

图 2-38　平面上取任意直线（二）

50

例 2-9 在平面△ABC内作一条水平线,使其到 H 面的距离为 10 mm,如图 2-39(a) 所示。

分析:平面内的水平线既有平面上直线的投影特性,又有水平线的投影特性。该直线 到 H 面的距离等于该直线的正面投影到 OX 轴的距离。

作图:

①在 OX 轴的上方,作一条与 OX 轴相距 10 mm 且平行的直线,该直线分别与 $a'b'$、 $b'c'$ 交于 m'、n',如图 2-39(b)所示。

②根据 m'、n',求出 m、n,$m'n'$、mn 即为所求,如图 2-39(c)所示。

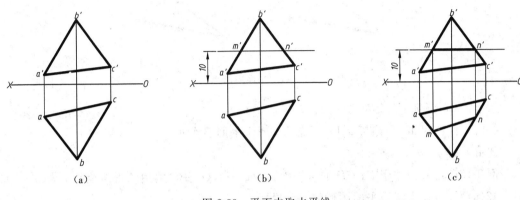

图 2-39 平面内取水平线

2.在平面上取点

点在平面内应满足的几何条件:若点在平面内,则该点必在这个平面内的一直线上。

因此,在平面上取点的方法是先找出过此点而又在平面内的一条直线作为辅助线,然 后再在该直线上确定点的位置,即取点先取线。

例 2-10 判断点 N 是否在平面△ABC上。

分析:若点在平面上,则点必定在平面内的一直线上。由图 2-40(a)可知,点 N 不在平 面△ABC 的已知直线上,所以过 N 作平面△ABC 上的辅助直线来判断,点若在辅助线上, 则点在平面上;否则,点不在平面上。

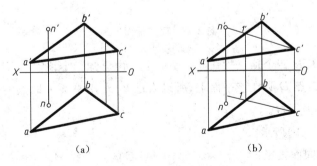

图 2-40 判断点是否属于平面

作图:如图 2-40(b)所示。

①过点 n' 作辅助线 $c'n'$,$c'n'$ 交 $a'b'$ 于点 $1'$。

②由 $1'$ 作图得 1,再连接 $c1$ 并延长,直线 C I 属于平面 △ABC。

③由于 $a1$ 不通过 n,即点 N 不在 C I 上,所以判断点 N 不在平面 △ABC 上。

例 2-11　已知点 M 位于平面 △ABC 上,求作点 M 的正面投影,如图 2-41(a)所示。

作图:如图 2-41(b)所示。

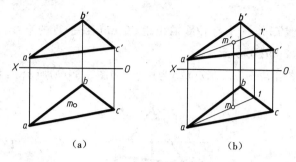

图 2-41　平面内取点

①连接 am 并延长,交 bc 于点 1。

②由 1 作图得 $1'$,再连接 $a'1'$,直线 A I 属于平面 △ABC。

③由 m 求得 m'。

例 2-12　已知四边形 ABCD 的水平投影 $abcd$ 和 AB、BC 两边的正面投影 $a'b'$、$b'c'$,如图 2-42(a)所示,试完成该平面图形的正面投影。

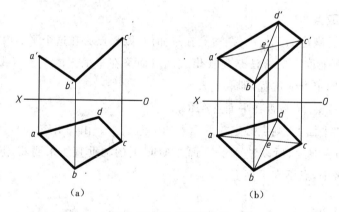

图 2-42　完成平面投影

分析:平面 ABCD 四个顶点均在同一平面上。由已知三个顶点 A、B 和 C 的两个投影,可确定平面 △ABC,点 D 必在该平面上,所以由已知 d,用平面上取点的方法求得 d',再依次用粗实线连线即为所求。

作图:如图 2-42(b)所示。

①连接 AC 的同面投影 $a'c'$、ac,得三角形 ABC 的两个投影。

②连接 BD 的水平投影 bd 交 ac 于 e,E 即为两直线的交点。

③作出点 E 的正面投影 e'。

④点 D 为该平面上的一点,其水平投影 d 在 be 延长线上,其正面投影 d' 必在 $b'e'$ 的延

长线上。

⑤用粗实线连接$a'd'$、$c'd'$，即得四边形$ABCD$的正面投影。

2.5 直线、平面的相对位置

在空间，直线与平面、平面与平面的相对位置有平行、相交两种情况，本书仅讨论这两种情况的投影特征和作图方法。

2.5.1 平行关系

包括直线与平面平行、平面与平面平行。

1.直线与平面平行

若平面外的一直线平行于平面内的某一直线，则该直线与该平面平行。如图2-43(a)所示，平面外的直线AB平行于平面P内的直线CD，那么直线AB与平面P平行。图2-43(b)是说明此定理的投影图。图中平面$\triangle CDE$内的直线EF的两个投影ef和$e'f'$分别平行于平面外的直线AB的两个投影ab和$a'b'$，说明$AB /\!/ EF$，则可以断定$AB /\!/ \triangle CDE$。反之，如果平面内不存在平面外已知直线的平行线，那么该直线与该平面不平行。

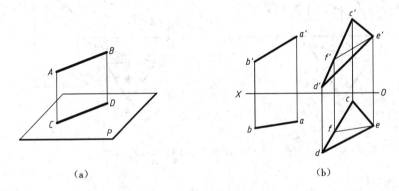

(a)　　　　　　　　　　　(b)

图2-43　直线与平面平行

例2-13　试判断直线AB与平面$\triangle CDE$是否平行，如图2-44(a)所示。

分析:若能在$\triangle CDE$中作出一条平行于AB的直线，那么直线AB就平行于平面$\triangle CDE$，否则就不平行。

作图:作图步骤如下：

①在$\triangle c'd'e'$中，过e'作$e'f' /\!/ a'b'$，然后在$\triangle cde$中作出EF的水平投影ef。

②判别ef是否平行ab，图中ef不平行于ab，那么直线EF不平行于直线AB。故平面$\triangle CDE$中不包含直线AB的平行线，所以直线AB不平行于平面$\triangle CDE$，如图2-44(b)所示。

例2-14　过点M作直线MN平行于平面$\triangle ABC$和V面，如图2-45(a)所示。

分析:该直线为平行平面$\triangle ABC$的正平线，可以先在$\triangle ABC$中作出一条正平线，然后再过点M作平面$\triangle ABC$内的正平线的平行线即可。

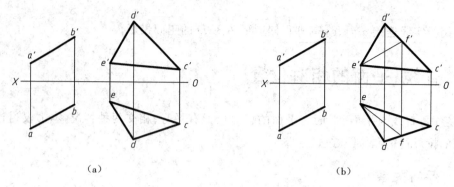

图 2-44 判断直线与平面是否平行

作图：

①在 △abc 中作 af // OX 轴，然后在 △a'b'c' 中作出其正面投影 a'f'，则 AF 就是平面 △ABC 中的一条正平线。

②过 m' 作 m'n' // a'f'，过 m 作 mn // af，直线 MN 即为所求，如图 2-45(b)所示。

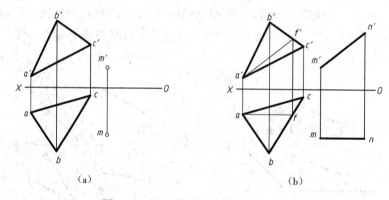

图 2-45　过 M 点作正平线平行 △ABC

2.两平面平行

若一平面内的两相交直线分别平行于另一个平面内的两相交直线，则这两个平面相互平行。如图 2-46(a)所示，平面 P 内的相交直线 AB、AC 分别平行于平面 Q 内的相交直线 DE 和 DF，即 AB // DE，AC // DF，那么平面 P 与 Q 平行。图 2-46(b)是说明此定理的投影图。

例 2-15　过点 D 作一平面平行 △ABC，如图 2-47(a)所示。

分析：只需过点 D 作两条直线分别平行于 △ABC 中的两条边，则这两条相交直线构成的平面即为所求。

作图：

①过 d' 作 d'e' // a'b'，d'f' // a'c'。

②过 d 作 de // ab，df // ac，则两相交直线 DE、DF 构成的平面与平面 △ABC 平行，如图 2-47(b)所示。

例 2-16　已知 AB // CD // EF // MH，判断平面 ABCD 与平面 EFHM 是否平行，如图

54

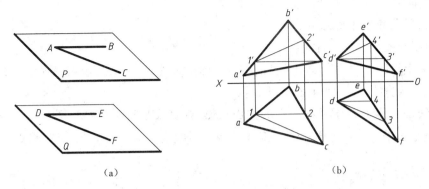

图 2-46　两平面平行

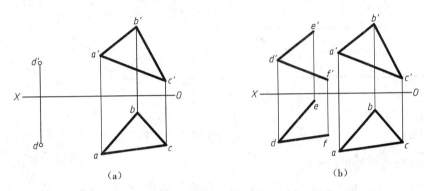

图 2-47　过点 D 作平面平行△ABC

2-48(a)所示。

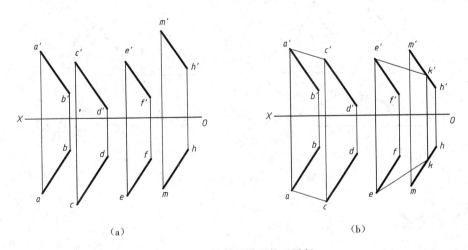

图 2-48　判断两平面是否平行

分析：要判断两平面是否平行，需要判断两平面内的两对相交直线是否对应平行即可。

作图：

①连接 ac 和 a′c′边，过 e′点作直线 e′k′∥a′c′。

②求点 K 的水平投影 k，连接 ek，ek 与 ab 不平行，故 EK 与 AC 不平行，所以平面

$ABCD$与平面$EFHM$不平行,如图2-48(b)所示。

3.平行关系的特殊情况

(1)直线与投影面的垂直面平行

①同一个投影面的垂直线和垂直面相互平行。如图2-49所示,直线AB和平面$\triangle CDE$都是铅垂的,故直线AB//平面$\triangle CDE$。

②直线的投影平行于平面积聚的同面投影,则直线平行平面。如图2-49所示,直线FG的水平投影平行于铅垂面$\triangle CDE$的水平投影,即fg//cde,故直线FG//平面$\triangle CDE$。

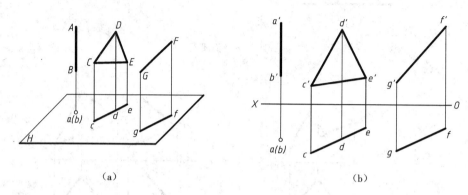

(a)　　　　　　　　　　　　　　(b)

图2-49　直线与投影面垂直面平行

(2)投影面的两垂直面平行

对两个同一投影面的垂直面,若其积聚的同面投影平行,则这两个平面平行。如图2-50所示,两个铅垂面的水平投影abc//def,故两平面$\triangle ABC$和$\triangle DEF$相互平行。

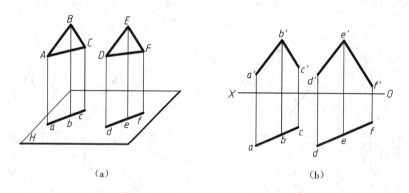

(a)　　　　　　　　　　　　　　(b)

图2-50　两投影面的垂直面平行

2.5.2　相交关系

包括直线与平面相交、平面与平面相交。

1.直线与平面相交

直线与平面相交,其交点既是直线和平面的共有点,又是直线可见不可见的分界点。

要讨论的问题:①求直线与平面的交点。②判别两者之间相互遮挡关系,即判别可见性。

本书只讨论直线与平面中至少有一个处于特殊位置的情况。如图 2-51、图 2-52 所示。

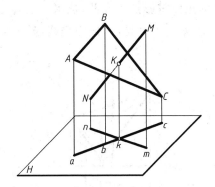

图 2-51　直线与投影面垂直面相交

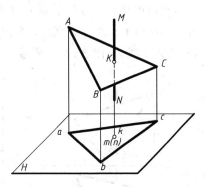

图 2-52　平面与投影面垂直线相交

例 2-17　求直线 MN 与平面△ABC 的交点 K,并判别可见性,如图 2-53(a)所示。

分析: 平面△ABC 是一铅垂面,其水平投影积聚成一条直线,该直线与 mn 的交点即为点 K 的水平投影。用线上取点的方法可以求出 K 点的正面投影 k'。

作图:

①在水平投影上,标出 mn 与 abc 的交点 k,根据点 K 与直线 MN 的从属关系,求出点 K 的正面投影 k',如图 2-53(b)所示。

②可见性判别。在图 2-53(c)中直线和平面在正投影上重影,从水平投影可以看出直线 MN 以点 k 为界,mk 在平面的前方,kn 在平面的后方。由此可见在正投影面上 $m'k'$ 可见,画成粗实线,$k'n'$ 不可见,画成细虚线。

由于平面△ABC 是铅垂面,其水平投影积聚为一直线,水平投影就无需判别可见性了。

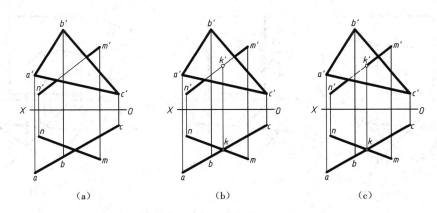

（a）　　　　　　　　　（b）　　　　　　　　　（c）

图 2-53　求直线与铅垂面的交点

例 2-18　求直线 MN 与平面△ABC 的交点,并判别可见性,如图 2-54(a)所示。

分析: 直线 MN 为铅垂线,其水平投影积聚成一个点,故交点 K 的水平投影也积聚在该点上。根据面上取点的方法,求出点 K 的正面投影 k'。

作图:

①在 mn 上标出点 k,在平面 abc 上过点 k 作任一辅助直线 ad,再作 ad 的正面投影

$a'd'$，$a'd'$ 与 $m'n'$ 的交点即为所求交点 K 的正面投影 k'，如图 2-54(b) 所示；

②判别可见性。选择平面上的 AB 边和直线 MN 的正面重影点 I 和 II，从水平投影可以看出 AB 边上的点 I 在前，直线 MN 上的点 II 在后，故 $k'2'$ 不可见，画成细虚线，$k'm'$ 可见，画成粗实线，如图 2-54(c) 所示。

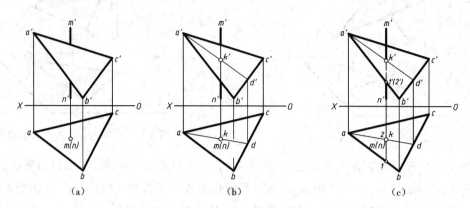

图 2-54　求平面与铅垂线的交点

2.两平面相交

两平面相交其交线为直线，交线是两平面的共有线，同时交线上的点都是两平面的共有点。

要讨论的问题：①求两平面的交线；②判别两平面之间相互遮挡关系，即判别可见性。本书只讨论两平面中至少有一个处于特殊位置的情况。

例 2-19　求平面 EFG 与铅垂面 $ABCD$ 的交线，如图 2-55(a) 所示。

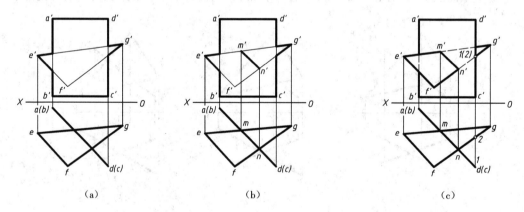

图 2-55　求一般位置平面与铅垂面的交线

分析：因为铅垂面 $ABCD$ 的水平投影 $abcd$ 有积聚性，该面与平面 EFG 的交线的水平投影必在 $abcd$ 上，同时又应在平面 EFG 的水平投影上，所以可确定交线 MN 的水平投影 mn，根据点在线上的方法求得 $m'n'$。

作图：

①在水平投影中，确定 $abcd$ 与 eg 和 fg 交点 m 及 n，根据 M、N 分别是平面 EFG 上 EG 边和 FG 边的点，可求得 m' 和 n'，连接 $m'n'$，即得到交线 MN 的两投影，如图 2-55(b) 所

示。

　　②判别可见性。选择平面 ABCD 上的 CD 边和平面 EFG 上的 FG 边的正面重影点Ⅰ和Ⅱ,从水平投影可以看出 CD 边上的点Ⅰ在前,FG 边上的点Ⅱ在后,故在交线 $m'n'$ 的右边平面 $a'b'c'd'$ 可见,重叠部分画成粗实线,平面 $e'f'g'$ 不可见,重叠部分画成细虚线。在交线 $m'n'$ 的左边两平面遮挡与右边正相反,如图 2-55(c)所示。

第3章 基本立体及其表面交线的投影

本章主要学习、理解立体的投影图,能够绘制立体的投影及表面交线。重点掌握回转体的截交线、回转体的相贯线及相贯线的特殊情况。

3.1 概述

任何复杂物体都可以看成由若干基本立体组合而成。而围成基本立体的表面又是由基本几何元素点、线所构成。基本立体有平面立体和曲面立体两类。表面都是平面的立体称为平面立体,如棱柱、棱锥;表面含有曲面的立体称为曲面立体,常见的曲面立体是回转体,如圆柱、圆锥、圆球、圆环。如图3-1所示。

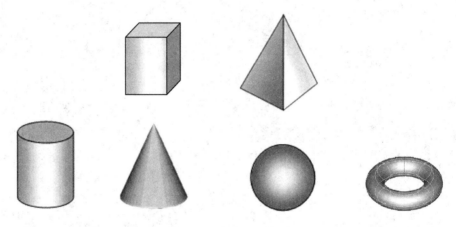

图 3-1 基本体的立体图

围成立体的各类表面相交形成不同的表面交线。立体表面上的交线可分成两大类:①截交线,即平面与立体表面相交后形成的交线,如图3-2所示;②相贯线,即立体与立体表面相交后形成的交线,如图3-3所示。

图 3-2 截交线

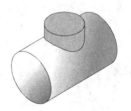

图 3-3 相贯线

3.2 平面立体的投影

平面立体侧表面间的交线称为棱线,若平面立体所有棱线相互平行,称为棱柱;若平面立体所有棱线交于一点,称为棱锥。

平面立体的投影是平面立体各表面投影的集合——由直线段组成的封闭图形。

3.2.1 平面立体的投影作图

平面立体的表面都是平面,平面与平面的交线都是直线,因此画平面立体投影图的实质就是画给定位置的若干平面和直线的投影。运用前面所学的点、直线及平面的投影特征,便可以完成平面立体的投影作图。

例 3-1 画出图 3-4(a)所示正六棱柱的三面投影。

分析: 正六棱柱的顶面、底面为水平面,前、后棱面为正平面,其余四个棱面均为铅垂面。

作图:

①用细点画线画出正六棱柱对称面有积聚性的投影。该六棱柱前后对称,对称面为正平面,用细点画线画出该平面有积聚性的投影(水平投影和侧面投影分别积聚为直线);同理画出正六棱柱左右对称面有积聚性的投影(水平投影和正面投影分别积聚为直线),如图 3-4(b)所示。

②正六棱柱的顶面、底面为水平面。先画反映实形的水平投影(正六边形),再画有积聚性的正面投影和侧面投影,如图 3-4(c)所示。

③正六棱柱的六个棱面均垂直于 H 面,所以它们的水平投影都积聚在六边形的六条边上;前、后棱面的正面投影相互重叠且反映实形,侧面投影积聚为 Z 轴的平行线;左、右四棱面的正面投影和侧面投影都是缩小的类似形(矩形),并且投影发生重叠,如图 3-4(d)所示。

④检查加粗图线。可见轮廓线的投影用粗实线绘制,不可见轮廓线的投影用细虚线绘制,对称面、轴线的投影用细点画线绘制,三种图线重叠时,优先表达前者,如图 3-4(d)所示。

说明: 画立体三面投影图的目的是用一组平面图形来表达物体空间结构形状,将上述六棱柱放置在 H 面上或离 H 面一定距离,画出的三面投影图的图形是相同的,因此画立体三面投影图时不必画出投影轴,如图 3-4(e)所示。

例 3-2 画出图 3-5(a)所示的三棱锥的投影。

分析: 图 3-5(a)为一正三棱锥,它由底面 ABC 和三个棱面 SAB、SBC、SAC 组成。底面 ABC 为一水平面,后棱面 SAC 为侧垂面,棱面 SAB 和 SBC 为一般位置平面,底面三角形各边中 AB、BC 边为水平线,CA 边为侧垂线,棱线 SA、SC 为一般位置直线,SB 为侧平线。

作图:

①画顶心线的投影。过锥顶与底面垂直的直线称为顶心线,用细点画线画出顶心线的

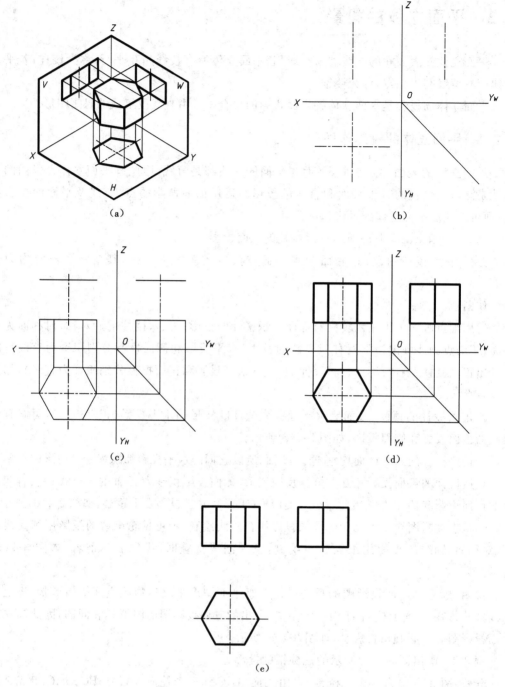

图 3-4　正六棱柱三面投影的作图过程

三面投影。凡轴线、顶心线的投影积聚为一个点时,应用垂直相交的两条细点画线交点表示其投影,如图 3-5(b)所示。

　　②画底面的投影。底面是水平面,先画反映实形的水平投影,再画有积聚性的其他两投影,如图 3-5(c)所示。

③根据棱锥的高确定锥顶 S 的三面投影。锥顶落在顶心线上，根据棱锥的高画出锥顶 S 的三面投影，如图 3-5(c)所示。

④将锥顶 S 与底面各角点的同面投影相连得三个棱面的三面投影，如图 3-5(d)所示。

⑤检查加粗图线，如图 3-5(e)所示。

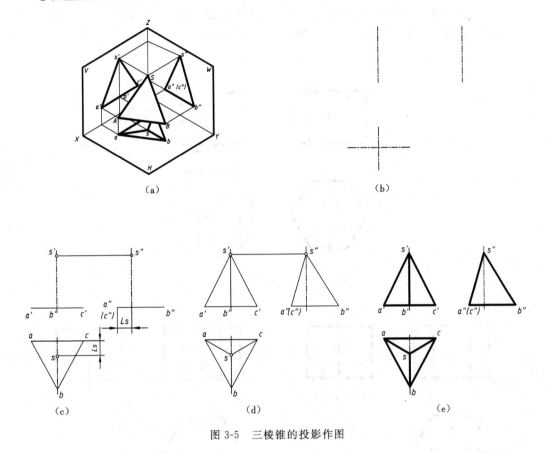

图 3-5　三棱锥的投影作图

3.2.2　平面立体表面取点、取线

由于平面体的表面均为平面，故平面立体表面取点、取线可用平面上取点、取线的方法来解决。但由于平面立体各表面的投影存在相互遮挡的问题，因此在平面立体表面取点、取线，需要判断点、直线的可见性。

例 3-3　如图 3-6(a)所示，已知点 K、M 在正六棱柱表面上，并且点 K、M 的正面投影 k'、m' 已知，求作点 K、M 的其余投影，并判断可见性。

分析：由于 m' 可见，故 M 点位于左前棱面上，此面为铅垂面，其水平投影有积聚性，m 必在左前棱面有积聚性的投影上。由于 k' 不可见，故 k 点位于后棱面上，此面为正平面，其水平投影、侧面投影均有积聚性。

作图：

①按照投影规律和点面从属的几何条件，由 m' 可求得 m，再根据 m' 和 m 求得 m''，如图

3-6(b)所示。

②由于点 M 位于左前棱面上,该面的侧面投影可见,所以 m'' 可见,如图 3-6(b)所示。

判断可见性的原则:若点所在面的投影可见,则点的投影也可见。注意,若点所在的面为投影面的垂直面,则在有积聚性的投影上不必判断可见性。

③按照投影规律和点面从属的几何条件,由 k' 可直接求得 k、k'',如图 3-6(c)所示。

④由于点 K 在后棱面上,该面的水平投影和侧面投影均有积聚性,因此无需判定可见性,如图 3-6(c)所示。

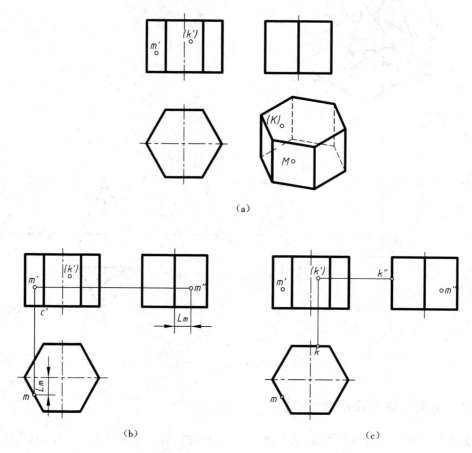

(a)

(b)   (c)

图 3-6　棱柱表面上取点

例 3-4　已知三棱锥棱面上点 M 的正面投影 m' 和点 N 的水平投影 n,求出点 M、N 的其他两投影,如图 3-7(a)所示。

分析:因为 m' 点可见,所以点 M 位于棱面 SAB 上,而棱面 SAB 又处于一般位置,投影没有积聚性,因而必须利用辅助线求解。

作图:

解法 1:过点 S、M 作一辅助直线 SM 交 AB 边于 I 点,作出 S I 的各投影。因点 M 在 S I 线上,点 M 的投影必在 S I 的同面投影上,由 m' 可求得 m 和 m'',如图 3-7(b)所示。

解法 2:过点 M 在 SAB 面上作平行于 AB 的直线 II III 为辅助线,即作 $2'3' // a'b'$、$23 //$

64

ab,因点 M 在 Ⅱ Ⅲ 线上,点 M 的投影必在 Ⅱ Ⅲ 线的同面投影上,故由 m' 可求得 m 和 m'',如图 3-7(c)所示。

点 N 位于棱面 SAC 上,SAC 为侧垂面,侧面投影 $s''a''(c'')$ 具有积聚性,故 n'' 必在 $s''a''$ (c'') 直线上,由 n 和 n'' 可求得 (n'),如图 3-7(d)所示。

判断可见性:因为棱面 SAB 在 H、W 两投影面上均可见,故点 M 在其他两投影面上也可见。棱面 SAC 的正面投影不可见,故点 N 的正面投影亦不可见。

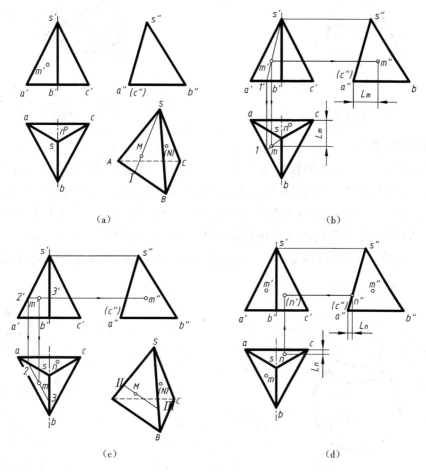

(a) (b) (c) (d)

图 3-7　棱锥表面取点

3.3　回转体的投影

3.3.1　回转面的形成及投影

1.回转面的形成

回转面是由一动线(直线或曲线)绕与它共面的一条定直线旋转一周而形成。这条动线称回转面的母线,母线在回转过程中的任意位置称为素线;与其共面的定直线称为回转面的轴线。素线有无数多条,而母线只有一条,如图 3-8 所示。母线上任一点随母线旋转一周的轨迹称为纬圆,纬圆平面始终垂直于轴线,如图 3-9 所示。

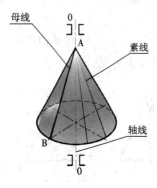

图 3-8　回转面的形成

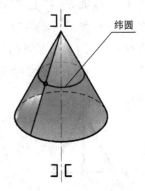

图 3-9　纬圆的形成

2.回转面的投影

组成回转体的基本面是回转面,如图 3-10(a)所示。在绘制回转面的投影时,首先用细点画线画出轴线的投影,当轴线的投影积聚为一点时,应用垂直相交的两条细点画线的交点表示轴线积聚为点的位置,这两条垂直相交的细点画线也是回转面对称面投影的积聚,如图 3-10(b)所示;然后分别画出相对于某一投射方向转向线的投影。所谓转向线一般是回转面在该投射方向上可见部分与不可见部分的分界线,其投影称为轮廓线,如图 3-10(c)所示。

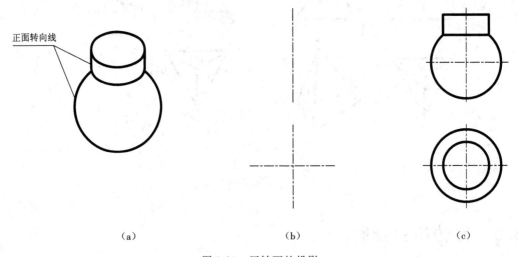

（a）　　　　　　　　　　（b）　　　　　　　　　　（c）

图 3-10　回转面的投影

3.3.2　常见回转体的投影

表面由回转面或者回转面与平面构成的立体称为回转体。立体的投影是立体各表面投影的总和。因此,画回转体的投影的实质就是画给定了位置的回转面和平面的投影。运用前面回转面及平面的投影特征可完成回转体的投影作图。常见的回转体主要有圆柱、圆锥、球、圆环等。

1.圆柱

圆柱的表面是由圆柱面和顶、底两个平面构成。画圆柱的三面投影时,应尽可能将圆柱面的轴线放置为投影面的垂直线。

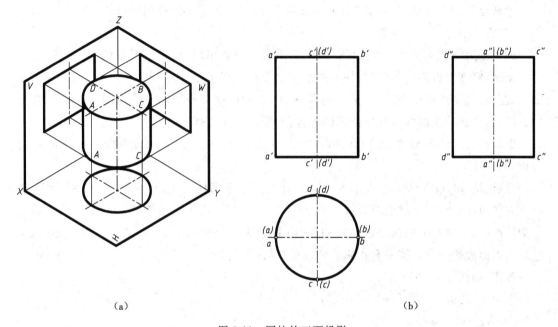

（a）　　　　　　　　　　　　　　　　　　（b）

图 3-11　圆柱的三面投影

（1）投影

例 3-5　如图 3-11(a)所示,求圆柱体的三面投影。

分析:

轴线为铅垂线的圆柱,其顶、底面是水平面,圆柱面是铅垂柱面。

①分析水平投影。水平投影是一个圆。该圆区域是圆柱顶、底面投影的重合(反映顶、底面实形),该圆区域内可见的是顶面投影,不可见的是底面投影,圆柱面的投影积聚在该圆上。

②分析正面投影。正面投影是一个矩形。矩形的上、下边是圆柱顶、底面投影的积聚,两侧边($a'a'$、$b'b'$)是圆柱正面转向线 AA、BB 的投影。在矩形区域内可见的是前半圆柱面的投影,不可见的是后半圆柱面的投影。铅垂柱面正面转向线 AA、BB 是圆柱面上最左、最右两条素线,是前、后半柱面的分界线,它们的水平投影、侧面投影不用绘制,但应注意它们的投影位置 $a(a)$、$b(b)$、$a''a''$、$b''b''$。

③分析侧面投影。侧面投影是一个矩形。矩形的上、下边是圆柱顶、底面投影的积聚,两侧边($c''c''$、$d''d''$)是圆柱侧面转向线 CC、DD 的投影。在矩形区域内可见的是左半圆柱面的投影,不可见的是右半圆柱面的投影。铅垂柱面侧面转向线 CC、DD 是圆柱面上最前、最后两条素线,是左、右半圆柱面的分界线,它们的水平投影、正面投影不用绘制,但应注意

它们的投影位置 $c(c)$、$d(d)$、$c'c'$、$d'd'$。

作图:如图 3-11(b)所示。

①画轴线的三面投影(轴线投影积聚成点时,应画成垂直相交的两条细点画线)。

②画顶、底面的三面投影(先画反映实形的水平投影,再画有积聚性的正面、侧面投影)。

③画柱面的三面投影(画 AA、BB 的正面投影,画 CC、DD 的侧面投影)。

(2)表面取点

轴线垂直于投影面的圆柱,其表面总有积聚性投影出现,如轴线铅垂的圆柱,其顶、底面的正面、侧面投影具有积聚性,柱面的水平投影具有积聚性,如图 3-11 所示。轴线侧垂的圆柱,左、右端面的正面、水平投影具有积聚性,柱面的侧面投影具有积聚性,如图 3-12 所示。因此,在圆柱表面取点不用作辅助线,可利用积聚性直接求解。

例 3-6   图 3-12(a)中,已知点 M、E 的正面投影 m'、e' 和点 N 的水平投影 n,求其余两面投影。

分析:从 m'、(e') 和 (n) 的位置可知,点 M 位于上半圆柱面上,点 E 位于圆柱面水平投射方向转向线(上、下半柱面分界线),点 N 位于下半圆柱面上。由于圆柱的回转轴线垂直于侧投影面,则圆柱面的侧面投影有积聚性(积聚为一个圆),因此,凡是在圆柱面上的点,它们的侧面投影一定在圆柱有积聚性的侧面投影(圆周)上。

作图:如图 3-12(b)所示。

①由 m' 求出 m'',再由 m'、m'' 求出 m,m 为可见。

②由 (e') 求出 e' 及 e'',e' 为可见。

③由 (n) 求出 n'',再由 (n)、n'' 求出 (n'),n' 为不可见。

注意:当点位于具有积聚性投影的面上时,则点在面具有积聚性的投影上,其投影可不判别可见性,如该例中的 m''、e''、n''。

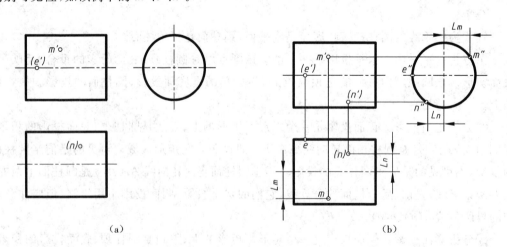

(a)   (b)

图 3-12   圆柱体表面取点

2.圆锥

圆锥的表面由圆锥面及底面构成。画圆锥的三面投影时,应尽可能将圆锥面的轴线放置为投影面的垂直线,如图 3-13(a)所示,其轴线为铅垂线。

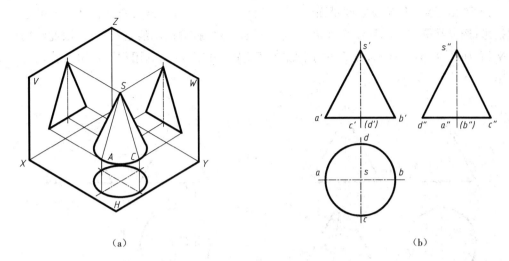

图 3-13　圆锥的三面投影

(1)投影

例 3-7　如图 3-13(a)所示,求圆锥的三面投影。

分析:轴线为铅垂线的圆锥,其底面是水平面,圆锥面的三面投影均无积聚性。

①分析水平投影。水平投影是一个圆。该圆区域是圆锥底面的投影(反映底面实形),该圆区域内可见的是圆锥面投影,不可见的是底面的投影,圆锥面的投影与底面投影重合。

②分析正面投影。正面投影是一个等腰三角形。三角形的底边是圆锥底面投影的积聚,三角形的两腰($s'a'$、$s'b'$)是圆锥正面转向线 SA、SB 的投影。在三角形区域内可见的是前半圆锥面的投影,不可见的是后半圆锥面的投影。该圆锥正面转向线 SA、SB 是圆锥面上最左、最右两素线,是前、后半锥面的分界线,它们的水平投影、侧面投影不用绘制,但应注意它们的投影位置 sa、sb、$s''a''$、$s''b''$。

③分析侧面投影。侧面投影也是一个等腰三角形。三角形的底边是圆锥底面投影的积聚,两侧边($s''c''$、$s''d''$)是圆锥侧面转向线 SC、SD 的投影。在三角形区域内可见的是左半圆锥面的投影,不可见的是右半圆锥面的投影。该圆锥面侧面转向线 SC、SD 是圆柱面上最前、最后两素线,是左、右半锥面的分界线,它们的水平投影、正面投影不用绘制,但应注意它们的投影位置 sc、sd、$s''c''$、$s''d''$。

作图:如图 3-13(b)所示。

①画轴线的三面投影。

②画底面的三面投影。

③画锥面的三面投影(画 SA、SB 的正面投影,画 SC、SD 的侧面投影)。

(2)表面取点

圆锥表面由圆锥面及底面构成,当圆锥轴线垂直于投影面时,底面的投影有积聚性,圆锥面三面投影均无积聚性。因此,在圆锥面上取点需要先作辅助线。

例 3-8　如图 3-14(a)所示,已知圆锥面上点 M、N 的正面投影 m'、n',点 P 的水平投影

69

p,求其余两投影。

分析:由于点 M、N 位于圆锥面上,需要定点先定线。选择素线作为辅助线来确定点 M 的投影;选择纬圆作为辅助线来确定点 N 的投影,该圆锥面的轴线是铅垂线,因此纬圆应为水平圆,如图 3-14(a)所示;点 P 位于圆锥底面,无需作辅助线,利用积聚性可直接求得其他投影。

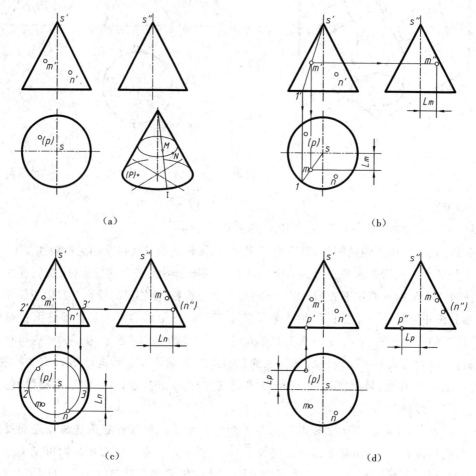

图 3-14　圆锥表面取点

作图:

①辅助素线法(求点 M)。过锥顶 S 和点 M 作一辅助素线 SI,SI 的正面投影为 $s'1'$(连 s'、m' 并延长交锥底于 $1'$),然后求出其水平投影 $s1$。点 M 在 SI 线上,其投影必在该线的同面投影上,按投影规律由 m' 可求得 m 和 m''。

可见性的判断:由于点 M 在左半圆锥面上,故 m'' 可见;圆锥轴线铅垂放置,因此圆锥表面上所有点的水平投影均可见,所以 m 点也可见,作图过程如图 3-14(b)所示。

②辅助纬圆法(求点 N)

如图 3-14(c)所示,过点 N 作一平行于圆锥底面的水平辅助圆,其正面投影为过 n' 且平行于底圆的直线 $2'3'$,其水平投影为直径等于 $2'3'$ 的圆,n 必在此圆上。由 n' 求出 n,再由 n

和 n' 求得 n''。

可见性的判断:点 N 在右半圆锥面上,故 n'' 不可见。

③因为点 P 在圆锥的底面上,而底面的正面、侧面投影均有积聚性,按投影规律可直接求出 p'、p'',有积聚性的投影无需判定可见性,作图过程如图 3-14(d)所示。

3.圆球

圆球表面仅由圆球面构成。因此,圆球的三面投影实质就是圆球面的三面投影。圆球面有一个特点,即过球心的任意直线均可看作为圆球面的回转轴。因此,如图 3-15(a)所示,可将圆球的轴线看成铅垂线,也可看成正垂线或侧垂线。圆球的三面投影均无积聚性,是三个全等的圆,圆的直径就是圆球的直径。

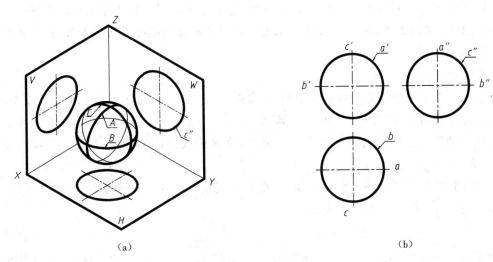

图 3-15　圆球的三面投影

(1)投影

例 3-9　如图 3-15(a)所示,求圆球的三面投影。

分析:圆球的三面投影均无积聚性。

①分析正面投影的圆 a'。圆 a' 是圆球面正面转向线 A 的投影。A 是圆球面上平行于正面(V)的最大圆,是前、后半球面的分界圆。在圆 a' 区域内可见的是前半球面的投影,不可见的是后半球面的投影。A 的水平投影、侧面投影不用画,但应注意它们的投影位置 a、a'',如图 3-15(b)所示。

②分析水平投影的圆 b'。圆 b' 是圆球面水平转向线 B 的投影。B 是圆球面上平行于水平面(H)的最大圆,是上、下半球面的分界圆。在圆 b' 区域内可见的是上半球面的投影,不可见的是下半球面的投影。B 的正面投影、侧面投影不用画,但应注意它们的投影位置 b'、b'',如图 3-15(b)所示。

③分析侧面投影的圆 c'。圆 c' 是圆球面侧面转向线 C 的投影。C 是圆球面上平行于侧面(W)的最大圆,是左、右半球面的分界圆。在圆 c' 区域内可见的是左半球面的投影,不可见的是右半球面的投影。C 的正面投影、水平投影不用画,但应注意它们的投影位置 c、c',如图 3-15(b)所示。

注意：圆球三面投影的三个圆的圆心即是球心的三面投影，垂直相交的细点画线可看作是圆球对称面投影的积聚。

作图：如图3-15(b)所示。

①画球心的三面投影(用垂直相交的两条细点画线的交点表示球心的投影位置)。

②画圆球面的三面投影(三个直径等于球径的圆)。

(2)表面取点

例 3-10　如图3-16(a)所示，已知球面上点 M、N 的水平投影 m、n，求其余两投影。

分析：从 m、n 的位置可知，点 M 位于上半球面，点 N 位于圆球面正面转向线上。圆球面的三面投影均无积聚性，因此确定点 M 的其余投影必须先作辅助线，球面上辅助线只可作纬圆，而正面转向线三面投影位置确定，所以确定点 N 的其余投影不必作辅助线。由于过球心的任一直线都可看作为圆球的回转轴。此例将圆球的轴线看作铅垂线，用水平纬圆取点作图。

作图：

①过点 M 作平行于水平面的辅助圆，其水平投影为圆的实形，正面投影为直线 $1'2'$，m' 必在该直线上，由 m 求得 m'，再由 m 和 m' 作出 m''。当然，过点 M 也可作一侧平圆或正平圆求解。判断可见性：因点 M 位于球的右前方，故 m' 可见，m'' 不可见。作图过程如图3-16(b)所示。

②由于点 N 在圆球的正面转向线上，由此可直接求出 n'、n''。作图过程如图3-16(c)所示。

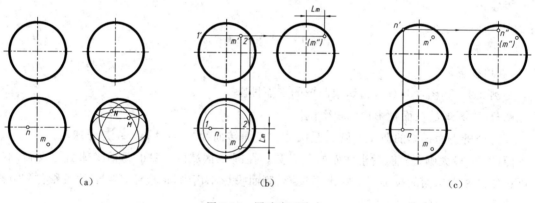

(a)　　　　　　　　　(b)　　　　　　　　　(c)

图 3-16　圆球表面取点

3.4　平面立体的截交线

平面与平面体相交(可看作平面立体被平面切割)，在平面立体表面产生的交线称为平面体的截交线，与平面体相交的平面称为截平面，由截平面围成的平面多边形称为截断面，如图3-17所示。

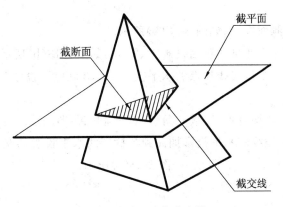

图 3-17　平面立体截交线

3.4.1　平面立体截交线的性质

1.共有性

截交线是平面切割平面立体表面形成的,因此它是平面和平面立体表面的共有线,它既属于截平面,又属于平面立体表面,为二者所共有。

2.封闭性

由于平面立体的表面及截平面都为平面,平面与平面的交线是直线。因此,平面立体的截交线是一封闭的平面折线,故截断面为一平面多边形。这个多边形的各边是截平面与平面立体各表面的交线,其各顶点是平面立体的棱线与截平面的交点或两条截交线的交点。

3.4.2　平面立体截交线投影的方法

求平面与平面立体的截交线有两种方法:

①线面交点法——求平面立体各棱线与截平面的交点,顺序连接各交点,即得截交线;

②面面交线法——求平面立体各棱面与截平面的交线。

注意:当截平面与平面立体表面上的某个面平行时,要特别注意截交线与原有棱边的平行关系。

截平面的位置可以是特殊位置,也可以是一般位置。本书主要以特殊位置截平面为例说明求解平面立体截交线的方法和步骤。

1.线面交点法

当平面与平面立体的棱线相交时,截交线(平面多边形)的顶点即为截平面与棱线的交点。

例 3-11　求三棱锥 *S-ABC* 被正垂面 *P* 截切后的投影,如图 3-18(a)所示。

分析:截平面 *P* 与三棱锥的各个棱线均相交,其截交线为三角形,三角形的三个顶点 Ⅰ、Ⅱ、Ⅲ 即为三棱锥的三条棱线与截平面的交点。因为截平面为正垂面,所以,截交线的正面投影积聚为直线,为已知投影;其水平投影和侧面投影均为三角形。

作图：

①画出三棱锥的侧面投影，如图 3-18(b)所示。

②标出截交线顶点Ⅰ Ⅱ Ⅲ的正面投影 1′、2′、3′，如图 3-18(b)所示。

③按照投影规律求出截交线顶点的水平投影 1、2、3 和侧面投影 1″、2″、3″，如图 3-18(b)所示。

④1、2、3 和 1″、2″、3″均可见，连接三角形△123 和三角形△1″2″3″，如图 3-18(b)所示。

⑤整理轮廓线，将棱线的水平投影加深到与截交线水平投影的交点 1、2、3 点处；同理，棱线的侧面投影加深到 1″、2″、3″点处，如图 3-18(c)所示。

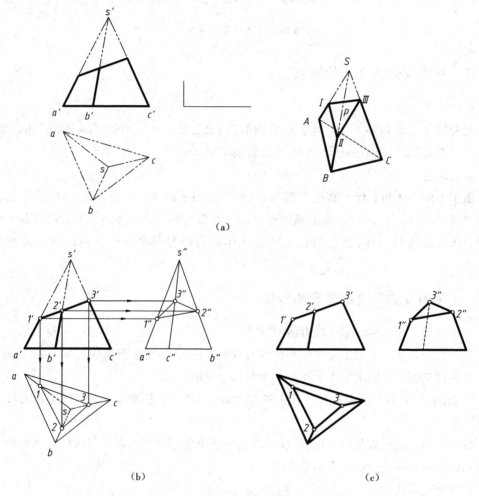

(a)

(b)　　　　　　　　　　　(c)

图 3-18　三棱锥的截交线及其投影

2.面面交线法

当平面与平面立体的棱线不相交时，需逐步分析截平面与棱面、截平面与截平面的交线。

例 3-12　求作带切口五棱柱的投影，如图 3-19(a)所示。

分析:五棱柱被正平面 P 和侧垂面 Q 截切，与 P 平面的交线为 BAGF，与 Q 平面的交

74

线为 $BCDEF$，P 与 Q 的交线为 BF。正平面与五棱柱的各棱线均不相交，侧垂面也只与三条棱线相交，因此，截交线的各顶点不能仅用线面交点法求出。

由于截交线 $BAGF$ 在正平面 P 上，故正面投影为反映实形的四边形，水平和侧面投影均积聚成直线；截交线 $BCDEF$ 既属于五棱柱的棱面，也属于侧垂面 Q，所以其水平投影积聚在五棱柱棱面的水平投影上，侧面投影积聚成直线；P、Q 两截平面的交线是侧垂线 BF，侧面投影积聚成一点。

作图：

①画出五棱柱的正面投影，如图 3-19(b)所示。

②在已知的侧面投影上标明截交线上各点的投影 a''、b''、c''、d''、e''、f''、g''，如图 3-19(b)所示。

③由五棱柱的积聚性，求出各点的水平投影 a、b、c、d、e、f、g，如图 3-19(b)所示。

④由各点的水平投影和侧面投影求出其正面投影 a'、b'、c'、d'、e'、f'、g'，如图 3-19(b)所示。

⑤截交线的三面投影均可见，按顺序连接各点的同面投影，并画出交线 BF 的三面投影，如图 3-19(c)所示。

⑥整理轮廓线，如图 3-19(c)所示。

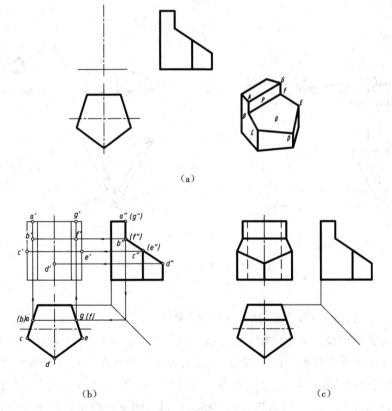

图 3-19 完成切割五棱柱的投影图

例 3-13 求正三棱锥被两个截平面截切后的水平投影和侧面投影,如图 3-20(a)所示。

分析:正三棱锥被正垂面 P 和水平面 Q 截切,正垂面与棱线交于Ⅰ点;水平面与棱线分别交于Ⅳ、Ⅴ两点;两截平面的交线为正垂线ⅡⅢ。因为两截平面都垂直于正面,所以,截交线的正面投影有积聚性且为已知;截平面 Q 与三棱锥的底面平行,故截交线是部分与底面各边平行的三角形,其侧面投影积聚成直线。截平面 P 处于正垂位置,故截交线的另外两个投影为类似三角形,如图 3-20(a)所示。

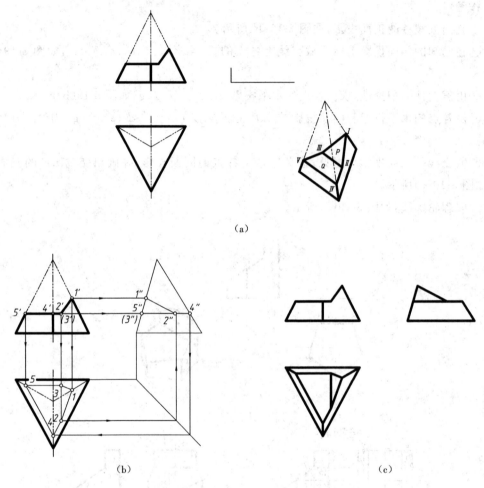

（a）

（b）   （c）

图 3-20 完成切割三棱锥的投影

作图:

①画出正三棱锥的侧面投影,如图 3-20(b)所示。

②在已知的正面投影上标出截交线上各点的投影 1′、2′、3′、4′、5′,如图 3-20(b)所示。

③作截交线的水平投影。由 1′、5′求出 1、5;过点 5 分别作与底面三角形两边平行的直线,其中一条与前棱线交于点 4,过 4 引另一底边的平行线,由点 2′、3′向水平面投射,在与底边平行的两条线上求出 2、3,分别连接 2453、12、13,即求得截交线的水平投影;连接 23,即求得两截平面交线的水平投影,如图 3-20(b)所示。

76

④作截交线的侧面投影。由 1′、5′、3′、4′可求出 1″、5″、3″、4″，根据投影规律，由 2 求出 2″。连接 5″4″2″3″，即为截平面 Q 与三棱锥截交线的侧面投影；3″1″2″即为截平面 P 与三棱锥截交线的侧面投影，2″3″为两截平面交线的侧面投影，如图 3-20(b)所示。

⑤判别可见性，整理轮廓线。截交线的三个投影均可见，画成粗实线。轮廓线应加深到三条棱线与截交线的交点Ⅰ、Ⅳ、Ⅴ处，以上被截掉，不应画出它们的投影，如图 3-20(c)所示。

3.5 回转体的截交线

平面与回转体相交(也可以看成回转体被平面切割)，在回转体表面产生的交线称为回转体截交线，这个平面称为截平面，由截交线围成的平面图形称为截断面，如图 3-21 所示。

3.5.1 回转体截交线的性质

1.共有性
回转体截交线是截平面与回转立体表面的共有线，截交线上的每个点都是截平面与回转体表面的共有点，如图 3-21(a)所示。

2.封闭性
一般情况下，回转体截交线是一封闭的平面曲线或平面曲线＋直线围成的封闭平面图形。其形状取决于回转体的几何特征及截平面与回转体的相对位置，如图 3-21(b)、(c)所示。

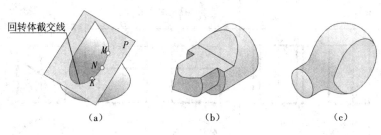

图 3-21　回转体的截交线

3.5.2 回转体截交线的一般求法

1.空间及投影分析
分析回转体的形状以及截平面与回转体轴线的相对位置，以便确定截交线的形状。

分析截平面与投影面的相对位置，明确截交线的投影特性，如积聚性、类似性等。找出截交线的已知投影，预见未知投影。

2.画出截交线的投影
当截交线的投影为非圆曲线时，其作图步骤如下。

①求截交线上的特殊点。这些点包括回转面转向线上的点，这些点是截交线投影可见与不可见的分界点；截交线自身的特殊点，如截交线上的最左、最右、最前、最后、最高和最低等极限位置点，这些特殊点的投影确定了截交线投影的范围，求出这些点是准确求出截

交线投影所必需的。

②求适量的一般点，即求出特殊点之间的中间点。

③光滑连接各点，并判断截交线的可见性。

3.5.3 常见回转体的截交线

1.圆柱的截交线

平面与圆柱相交，由于截平面与圆柱轴线的相对位置不同，截交线有三种形状：矩形、圆和椭圆，详见表 3-1。

表 3-1　圆柱的截交线

截平面位置	平行于圆柱轴线	垂直于圆柱轴线	倾斜于圆柱轴线
立体图	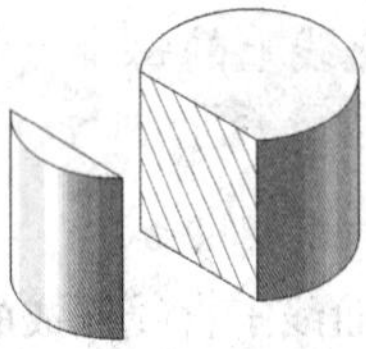 　截交线为矩形	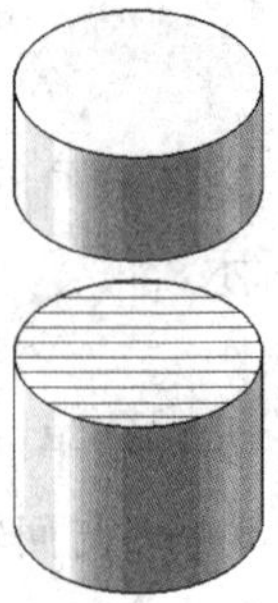 　截交线为圆	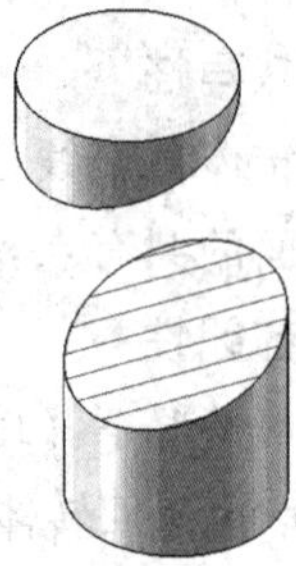 　截交线为椭圆
投影图	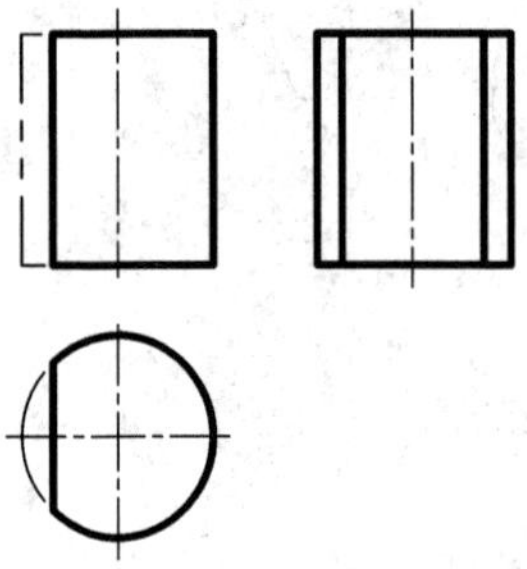	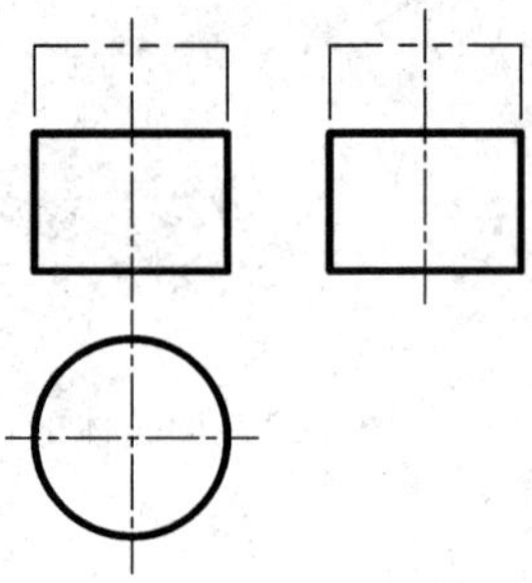	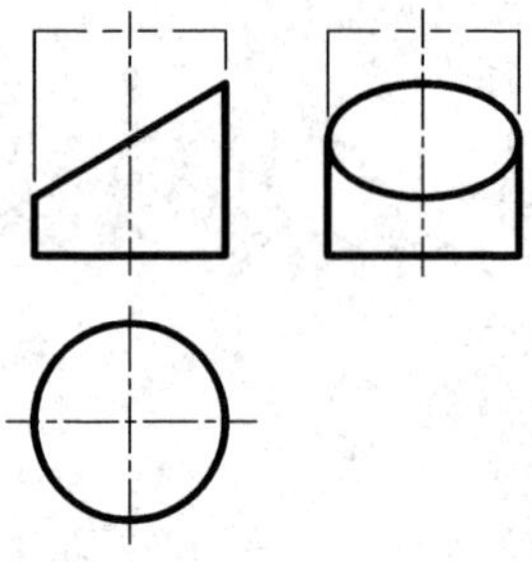

例 3-14　求正垂面 P 截切圆柱的侧面投影，如图 3-22(a)所示。

分析：该圆柱被截平面 P 切去上部，由于截平面 P 倾斜于圆柱轴线，故截交线为椭圆，其长轴为Ⅰ Ⅱ，短轴为Ⅲ Ⅳ。因截平面 P 为正垂面，故截交线的正面投影积聚在 p' 上；又因为圆柱轴线垂直于水平面，故圆柱面的水平投影积聚成圆，而截交线又是圆柱表面上的线，所以，截交线的水平投影也在此圆上；截交线的侧面投影为不反映实形的椭圆。

截交线上的特殊点包括确定其范围的极限点，即最高、最低、最前、最后、最左、最右各点，以及投射方向上可见与不可见的分界点，截交线投影为椭圆时还需求出其长短轴的端点。点Ⅰ、Ⅱ、Ⅲ、Ⅳ即为特殊点，其中，Ⅰ、Ⅱ为最低点、最左点和最高点、最右点，同时也是长轴的端点以及正面投影转向线上的点；Ⅲ、Ⅳ为最前、最后点，同时也是椭圆短轴上的点以及侧面投影转向线上的点。若要光滑地将椭圆画出,还需在特殊点之间选取若干一般位置点,如Ⅴ、Ⅵ、Ⅶ、Ⅷ。

作图:

①画出截切前圆柱的侧面投影,再求截交线上特殊点的投影。在已知的正面投影和水平投影上标明特殊点的投影 $1'$、$2'$、$3'$、$4'$ 和 1、2、3、4,然后再求出其侧面投影 $1''$、$2''$、$3''$、$4''$,它们确定了椭圆投影的范围,如图 3-22(b)所示。

②求适量一般位置点的投影。选取一般位置点的正面投影和水平投影为 $5'$、$6'$、$7'$、$8'$ 和 5、6、7、8,按投影规律求得侧面投影 $5''$、$6''$、$7''$、$8''$,如图 3-22(c)所示。

③判别可见性,光滑连线。椭圆上所有点的侧面投影均可见,按照水平投影上各点的顺序,光滑连接 $1''$、$5''$、$3''$、$7''$、$2''$、$8''$、$4''$、$6''$、$1''$ 各点成粗实线,即为所求截交线的侧面投影,如图 3-22(c)所示。

④整理轮廓线,将轮廓线加深到与截交线相交的点(即 $3''$、$4''$)处,轮廓线的上部分被截掉,不应画出,如图 3-22(d)所示。

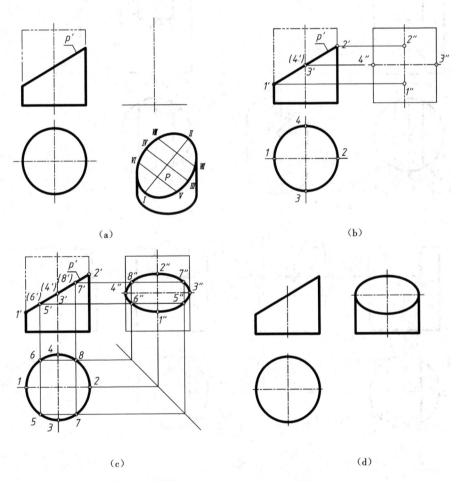

图 3-22 正垂面截切圆柱的截交线的投影作图

当截平面与圆柱轴线斜交的角度 α 发生变化时,截交线的形状也随之变化。当角度为

45°时,椭圆的侧面投影为圆,如图 3-23 所示。

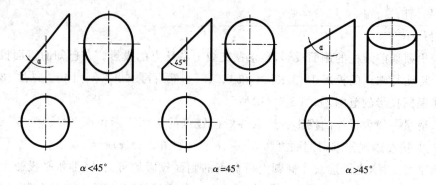

α<45°   α=45°   α>45°

图 3-23　截平面倾斜角度对截交线投影的影响

例 3-15　完成圆柱被平面截切后的侧面投影,如图 3-24(a)所示。

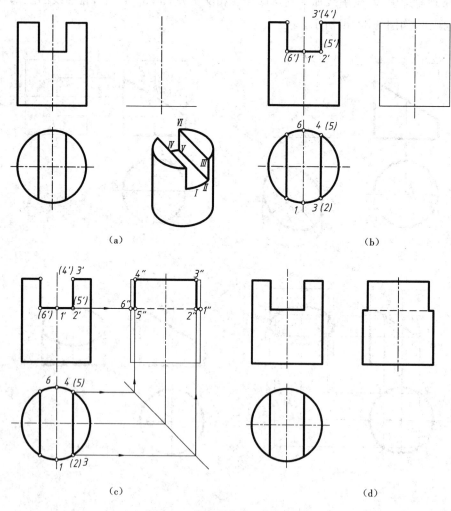

图 3-24　切槽圆柱的三面投影图

分析:圆柱上端的通槽是由两个平行于圆柱轴线的侧平面和一个垂直于圆柱轴线的水

80

平面截切而成。两侧平面与圆柱面的截交线均为两条铅垂素线,与圆柱顶面的交线分别是两条正垂线;水平面与圆柱的截交线是两段圆弧;三个截平面的交线是两条正垂线。因为三个截平面的正面投影均有积聚性,所以截交线的正面投影积聚成三条直线;又因为圆柱面的水平投影有积聚性,四条与圆柱轴线平行的直线和两段圆弧的水平投影也积聚在圆上,四条正垂线的水平投影反映实长;由这两个投影即可求出截交线的侧面投影。

作图:

①根据投影关系,作出截切前圆柱的侧面投影。在正面投影上标出特殊点的投影 $1'$、$2'$、$3'$、$4'$、$5'$、$6'$,按投影关系从水平投影的圆上找出对应点 1、2、3、4、5、6,如图 3-24(b)所示。(对称位置点略)。

②根据特殊点的正面投影和水平投影,求出其侧面投影 $1''$、$2''$、$3''$、$4''$、$5''$、$6''$,如图 3-24(c)所示。

③判断可见性并按顺序连线。连接 $1''2''3''4''5''6''$ 及对称点,$3''4''$ 与顶面的侧面投影重合,两截平面的交线 $2''5''$ 及对称的侧面投影应为细虚线,如图 3-24(c)所示。

④加深轮廓线到与截交线的交点(即 $1''$ 和 $6''$)处,上边被截掉,如图 3-24(d)所示。

若圆柱上端左右两边均被一水平面 P 和侧平面 Q 所截,其截交线的形状和投影请读者自行分析,其三面投影如图 3-25 所示。要注意 $1''$ 到最前轮廓线、$4''$ 到最后轮廓线之间不应有线。

图 3-26 为在空心圆柱(即圆筒)的上端开槽的投影图,其外圆柱面截交线的画法与图 3-24 相同,内圆柱表面也会产生另一截交线,其画法与外圆柱面截交线的画法相同,但各截平面与内圆柱表面的截交线的侧面投影均不可见,应画成细虚线;应注意在中空部分不应画线,内圆柱表面的轮廓线均不可见,应画成细虚线。

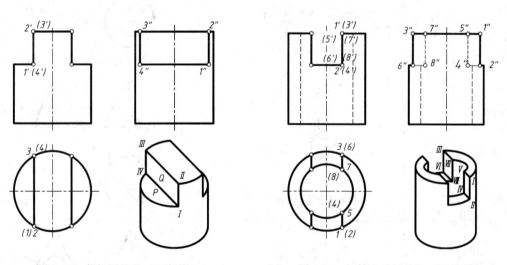

图 3-25　截切圆柱的三面投影　　　　图 3-26　切槽空心圆柱的三面投影图

2.圆锥的截交线

根据截平面与圆锥轴线的相对位置不同,圆锥截交线的空间形状有五种(见表 3-2)。

表 3-2　圆锥的截交线

截平面位置		立体图	投影图
截平面过锥顶		截交线为一三角形	
截平面垂直于回转轴线		截交线为一纬圆	
截平面倾斜于回转轴线	$\theta > \alpha$	截交线为一椭圆	
	$\theta = \alpha$	截交线为抛物线和一直线	
	$\theta < \alpha$	截交线为双曲线和一直线	$\theta = 0°$

例 3-16 求正垂面截切圆锥的水平、侧面投影,如图 3-27(a)所示。

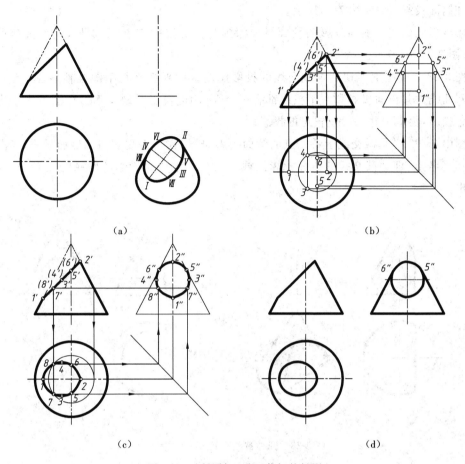

图 3-27 圆锥被正垂面截切的投影

分析:正垂面倾斜于圆锥轴线,且 $\theta > \alpha$,截交线为椭圆,其长轴是Ⅰ Ⅱ,短轴是Ⅲ Ⅳ。截交线的正面投影有积聚性,故利用积聚性可找到截交线的正面投影;截交线的水平投影和侧面投影为非圆曲线。

作图:

①根据投影关系,作出截切前圆锥的侧面投影,然后求截交线上特殊点的投影。首先求椭圆长、短轴的端点:点Ⅰ、Ⅱ是椭圆长轴的端点,其正面投影为 $1'$、$2'$,利用轮廓线的对应关系,直接求出 1、2 和 $1''$、$2''$;椭圆的长轴Ⅰ Ⅱ与短轴Ⅲ Ⅳ互相垂直平分,由此可求出短轴端点的正面投影 $3'$、$4'$,利用圆锥表面取点的方法求出 3、4 和 $3''$、$4''$。这四个点也分别是截交线的最低、最高、最左、最右、最前、最后点。点Ⅰ、Ⅱ和Ⅴ、Ⅵ分别是圆锥正面投影和侧面投影转向线上的点,也属于特殊点,点Ⅰ、Ⅱ的各投影均已求出,求点Ⅴ、Ⅵ各投影的方法与Ⅰ、Ⅱ相同,如图 3-27(b)所示。

②求截交线上一般位置点的投影。利用圆锥表面取点的方法求适当数量的一般位置点,如点Ⅶ、Ⅷ,如图 3-27(c)所示。

③判别可见性,光滑连线。椭圆的水平投影和侧面投影均可见,分别按Ⅰ Ⅶ Ⅲ Ⅴ Ⅱ Ⅵ

Ⅳ Ⅷ Ⅰ的顺序将其水平投影和侧面投影光滑连接成曲线,并画成粗实线,即为椭圆的水平投影和侧面投影,如图 3-27(c)所示。

④整理轮廓线。侧面投影的轮廓线加深到与截交线的交点 5″、6″处,上部被截掉不加深,如图 3-27(d)所示。

图 3-28 是侧平面截切圆锥截交线的投影作图。截平面平行于圆锥轴线($\theta = 0°$),截交线是双曲线。其正面投影和水平投影都有积聚性,侧面投影反映实形。作图时先求出特殊点的各投影,再求一些一般位置点的投影。

图中 3″、1″、2″是截交线上特殊点的侧面投影,4″、5″是一般位置点的侧面投影,光滑连接 2″4″3″5″1″各点,即为截交线的侧面投影。截平面与圆锥侧面投影的轮廓线没有交点,应完整画出。

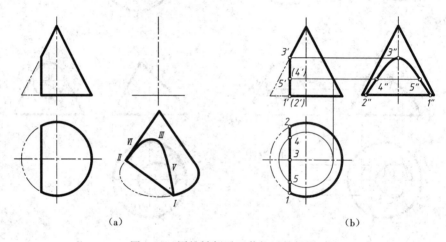

图 3-28　圆锥被侧平面截切后的投影

例 3-17　圆锥被正垂面 P 和侧平面 Q 截切,已知其正面投影,求作水平及侧面投影,如图 3-29(a)所示。

分析:截平面 P 为正垂面且过锥顶,其与圆锥面的交线为两段相交直线,截平面 Q 为侧平面,垂直于圆锥的轴线,与圆锥面的交线为一段圆弧。面 P 与面 Q 相交于一直线(正垂线)。

作图:如图 3-29(b)所示。

①在正面投影上过 s'、k'、(k_1')作直线,交圆锥底圆周的正面投影于 $1'(2')$点。

②由此可求出 $s''1''$、$s''2''$和 $s1$、$s2$;空间点 K 和 K_1 分别位于 $S1$ 和 $S2$ 两条直线上,可求出其侧面投影 k''、k_1''和水平投影 k、k_1。

③在侧面投影上,以 s''为圆心,以 $s''k''$为半径画弧 $k''e''k_1''$,即为 Q 平面的侧面投影,且反映实形,其水平投影积聚为直线段 kek_1。

④作出平面 P 与 Q 交线的侧面投影 $k''k_1''$,连接 skk_1、$s''k''k_1''$,完成 P 平面的水平、侧面投影。

3.圆球的截交线

平面与球相交,不论截平面位置如何,其截交线都是圆;圆的直径随截平面距球心的距

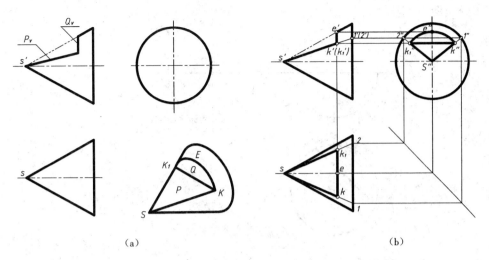

（a）   （b）

图 3-29 圆锥被两个平面截切后的投影

离不同而改变：当截平面通过球心时，截交线圆的直径最大，等于球的直径；截平面距球心越远，截交线圆的直径越小。当截平面相对于投影面的位置不同时，截交线圆的投影可能是圆、直线或椭圆。

图 3-30 所示用水平面截切球，截交线的水平投影反映圆的实形，正面投影和侧面投影积聚为直线，且长度等于该圆的直径。图 3-31 所示用正垂面截切球，截交线的正面投影积聚为直线，水平投影和侧面投影都是椭圆。

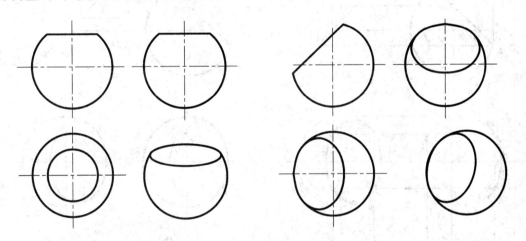

图 3-30 截平面为投影面平行面的圆球截交线   图 3-31 截平面为投影面垂直面的圆球截交线

例 3-18 求铅垂面截切球的投影，如图 3-32(a)所示。

分析：铅垂面截切球，截交线的形状为圆，其水平投影积聚成直线 12，长度等于截交线圆的直径；正面投影和侧面投影均为椭圆，利用球表面取点的方法，求出椭圆上的特殊点和一般位置点的投影，按顺序光滑连接各点的同面投影成为椭圆即可。

作图：

①求出截切前球的投影，再求截交线上特殊点的投影。

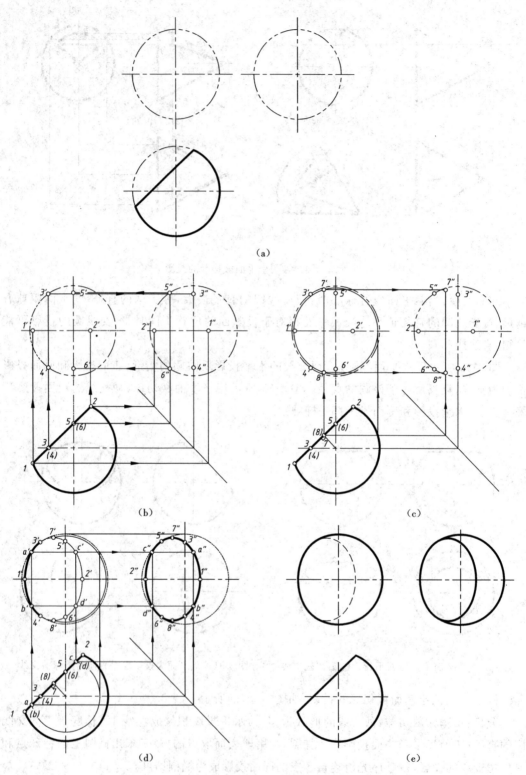

图 3-32 铅垂面截切圆球的投影

a.求球轮廓线上点的投影。截交线水平投影中1、2、3、4、5、6分别是球面各投影轮廓线上点的水平投影,利用轮廓线的对应关系,可以直接求出1′、2′、3′、4′、5′、6′和1″、2″、3″、4″、5″、6″,如图3-32(b)所示。

b.求椭圆长、短轴端点的投影。椭圆短轴端点的投影为1′、2′、1、2、和1″、2″,前面已求出。椭圆长轴端点的水平投影为直线12的中点7、8,利用纬圆法(作辅助正平圆)可求出7′、8′和7″、8″,如图3-32(c)所示。

②求截交线上一般位置点的投影。根据连线的需要,在12上取适当数量的点a、b、c、d,再利用辅助圆求出其正面投影a′、b′、c′、d′和侧面投影a″、b″、c″、d″,如图3-32(d)所示。

③判别可见性,光滑连线。截交线的正面投影以3′、4′为界,3′、1′、4′可见,加深成粗实线;3′、7′、5′、2′、6′、8′、4′不可见,画成细虚线。侧面投影均可见,用粗实线光滑连接,即得所求,如图3-32(d)所示。

④整理轮廓线。正面投影的轮廓线加深到与截交线的交点3′、4′处,其左边部分被切去;侧面投影的轮廓线加深到与截交线的交点5″、6″处,其后面部分被切去;被切去部分轮廓线的投影不应画出,如图3-32(e)所示。

例3-19 已知开有通槽半球的正面投影,求其水平投影和侧面投影,如图3-33(a)所示。

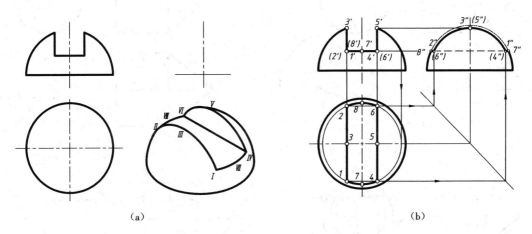

(a)　　　　　　　　　　　　　　(b)

图3-33　开有通槽半球的投影

分析:半球被两个侧平面和一个水平面截切,其截交线的空间形状均为圆弧。水平面与半球截交线的水平投影反映实形,正面投影和侧面投影积聚成直线;两侧平面与半球交线的侧面投影反映实形,正面投影和水平投影积聚成直线。三个截平面的交线为两条正垂线。

作图:如图3-33(b)所示。

①画出半球的侧面投影。

②在正面投影上标出1′、2′、3′、4′、5′、6′、7′、8′各点。

③求水平面截半球的截交线投影。截交线的水平投影是174和286,其半径可由正面投影上7′(8′)至轮廓线的距离得到;侧面投影是直线1″7″4″和2″8″6″。

87

④求侧平面截半球的截交线投影。截交线的侧面投影是圆弧 1″3″2″(4″5″6″与 1″3″2″重合),其半径可由 3′至半球底面的距离得到;水平投影是直线 1 2 和 4 6。

⑤求截平面之间交线的投影。交线的水平投影 1 2、4 6 两直线已求出,连接 1″2″(4″6″与其重合)即为侧面投影,且不可见,画成细虚线。

⑥整理轮廓线。开槽后没有影响水平投影的轮廓线,故水平投影的轮廓线应正常画出;侧面投影的轮廓线加深到与截交线的交点 7″、8″处,其上部被切去部分的轮廓线不应画出。

4. 截切组合回转体

组合回转体由几个回转体组合而成。当平面与组合回转体相交时,若求其截交线的投影,首先分析组合回转体由哪些基本回转体组成。根据截平面与各个回转体的相对位置,确定截交线的形状及结合部位的连接形式,然后将各段截交线分别求出,并顺序连接,即可求出组合回转体截交线的投影。

例 3-20　求组合回转体被截切后的水平投影,如图 3-34(a)所示。

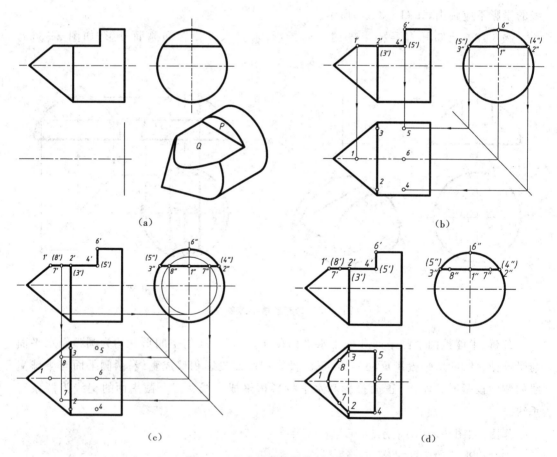

图 3-34　组合回转体被截切后的投影

分析:组合回转体由同轴的圆锥和圆柱组合而成,圆锥底圆的直径与圆柱的直径相等。圆锥和圆柱同时被水平面 Q 截切,而圆柱不仅被 Q 截切,还被侧平面 P 截切。Q 与圆锥面的截交线是双曲线,与圆柱的截交线是与其轴线平行的两条直线;截平面 Q 的正面、侧面投影均积聚成直线,故只需求出截交线的水平投影。侧平面 P 只截切一部分圆柱,其截交线是一段圆弧;截平面 P 的正面和水平投影积聚成直线,侧面投影反映实形。两截平面的交线是正垂线。

作图:

①作出截切前顶尖头部的水平投影,求截交线上特殊点的投影。在正面投影上标出 $1'$、$2'$、$3'$、$4'$、$5'$、$6'$,利用表面取点的方法求出其侧面投影 $1''$、$2''$、$3''$、$4''$、$5''$、$6''$和水平投影 1、2、3、4、5、6,如图 3-34(b)所示。

②求截交线上一般位置点的投影。根据连线的需要,在 $1'2'$、$1'3'$ 之间确定两个一般位置点 $7'$、$8'$,利用辅助纬圆法分别求出其侧面投影 $7''$、$8''$和水平投影 7、8,如图 3-34(c)所示。

③判别可见性,光滑连线。截交线的水平投影可见,画成粗实线,如图 3-34(d)所示。

④整理轮廓线。顶尖头部水平投影的轮廓线不受影响,画成粗实线。圆锥、圆柱的交线圆在水平投影上为直线,注意 2、3 之间上部被 Q 面截去,下部被遮住,应画成细虚线;P、Q 的交线 4、5 加深成粗实线,如图 3-34(d)所示。

3.6 立体表面的相贯线

3.6.1 概述

两个立体相交称为相贯;参与相贯的立体称为相贯体;相贯所形成的两立体表面交线称为相贯线。

1.两立体相交的基本形式

立体相交分为三种情况:①两平面立体相交,如图 3-35(a)所示,其相贯线可归结为求棱线与平面的交点问题。②平面立体与曲面立体相交,如图 3-35(b)所示,其相贯线可归结为求平面与曲面立体截交线问题。③两曲面立体相交,如图 3-35(c)所示,求其相贯线两种主要方法:利用积聚性求相贯线;利用辅助平面求相贯线。本书只介绍第一种方法。

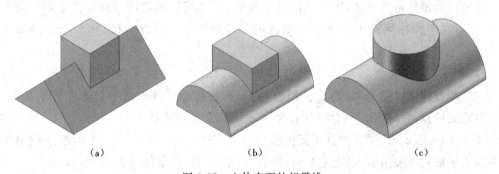

(a)   (b)   (c)

图 3-35 立体表面的相贯线

2.相贯线的性质

①相贯线是两个立体表面的共有线,共有线上的每一点都是两立体表面的共有点。

②相贯线是两个立体表面的分界线。

③相贯线在一般情况下是封闭的空间折线（通常由直线和曲线组成）或空间曲线，特殊情况下为平面折线、曲线或直线。

3.求相贯线的方法

求相贯线的投影，实际上就是求适当数量公有点的投影，然后根据可见性，按顺序光滑连接同面投影。

4.求相贯线投影的作图过程

①进行相贯线的空间及投影的形状分析，找出相贯线的已知投影，确定求相贯线投影的方法。

②作图：求出相贯立体表面的一系列公有点，判断可见性，用相应的图线依次连接成相贯线的同面投影，并加深各立体的轮廓线到与相贯线的交点处，完成全图。

为了准确地画出相贯线，一般先作出相贯线上的一些特殊点，即确定相贯线投影的范围和变化趋势的点，如回转体轮廓线上的点，相贯线在其对称平面上的点以及最高、最低、最左、最右、最前、最后等极限位置点；然后按需要再作适量的一般位置点，从而较准确地连线，作出相贯线的投影，并表明可见性。只有同时位于两立体可见表面上的一段相贯线的投影才可见，否则不可见。

3.6.2　利用积聚性法求相贯线的投影

当相交的两立体中只要有一个是轴线垂直于某一投影面的圆柱时，圆柱面在这一投影面上的投影就有积聚性，因此相贯线在该投影面上的投影即为已知。利用这个已知投影，按照曲面立体表面取点的方法，即可求出相贯线的另外两个投影。通常把这种方法称为积聚性法。

1. 圆柱与圆柱相贯

例 3-21　求两正交圆柱相贯线的投影，如图 3-36（a）所示。

分析：两圆柱轴线垂直相交，称为正交。其相贯线是封闭的空间曲线，且前后对称。直立圆柱的轴线是铅垂线，该圆柱面的水平投影积聚成圆，相贯线的水平投影积聚在这个圆上。横圆柱的轴线是侧垂线，圆柱面的侧面投影积聚成圆，相贯线的侧面投影也一定在这个圆上，且在两圆柱侧面投影重叠区域内的一段圆弧上。因此，只需作出相贯线的正面投影。

作图：

①求相贯线上特殊点（轮廓线上的点）的投影。在相贯线的水平投影上标出最左、最右、最前、最后点 Ⅰ、Ⅱ、Ⅲ、Ⅳ 的水平投影 1、2、3、4，在侧面投影上相应地作出 1″、2″、3″、4″，由 1、2、3、4 和 1″、2″、3″、4″作出其正面投影 1′、2′、3′、4′。可以看出，Ⅰ、Ⅱ 和 Ⅲ、Ⅳ 又分别是相贯线上的最高点和最低点，也是最前、最后、最左、最右点，如图 3-36（b）所示。

②求相贯线上一般位置点的投影。根据连线需要，在相贯线的水平投影上作出前后、左右对称的四个点 Ⅴ、Ⅵ、Ⅶ、Ⅷ 的水平投影，根据点的投影规律作出侧面投影，继而求出 5′、6′、7′、8′，如图 3-36（c）所示。

③判别可见性,光滑连线。相贯线的正面投影中,Ⅰ、Ⅴ、Ⅲ、Ⅵ、Ⅱ位于两圆柱的可见表面上,则前半段相贯线的投影 $1'5'3'6'2'$ 可见,应光滑连接成粗实线;而后半段相贯线的投影 $1'7'4'8'2'$ 不可见,且重合在前半段相贯线的可见投影上。应注意,在 $1'$、$2'$ 之间不应画水平圆柱的轮廓线,如图 3-36(d)所示。

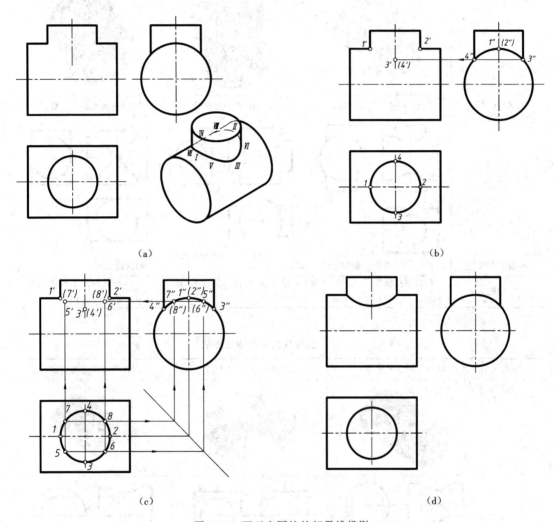

(a)

(b)

(c)

(d)

图 3-36　两正交圆柱的相贯线投影

两圆柱正交,其相贯线的变化趋势如表 3-3 所示。

圆柱上钻孔及两圆柱孔相贯,都与内圆柱面形成相贯线,相贯线投影的画法与图 3-36相同,只是可见性有些不同,如表 3-4 所示。

表 3-3　正交两圆柱相贯线的变化趋势

两圆柱直径对比	直径不等		两圆柱直径相等
	直立圆柱直径小	直立圆柱直径大	
立体图	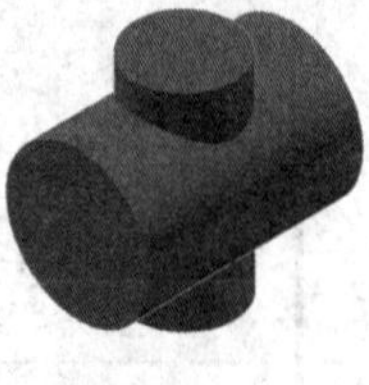		
相贯线的形状	上下两条空间曲线	左右两条空间曲线	两条平面曲线——椭圆
投影图	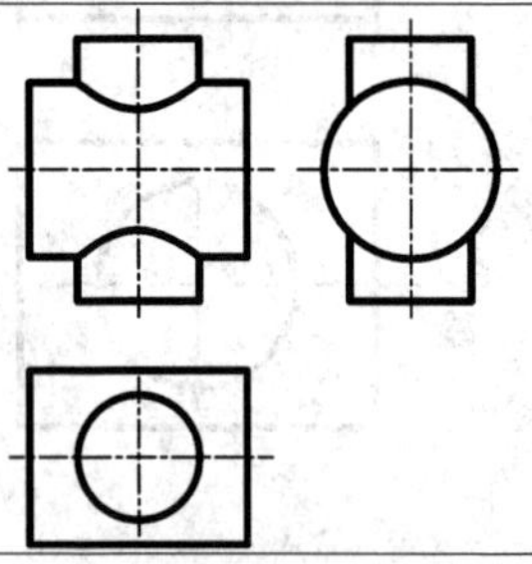	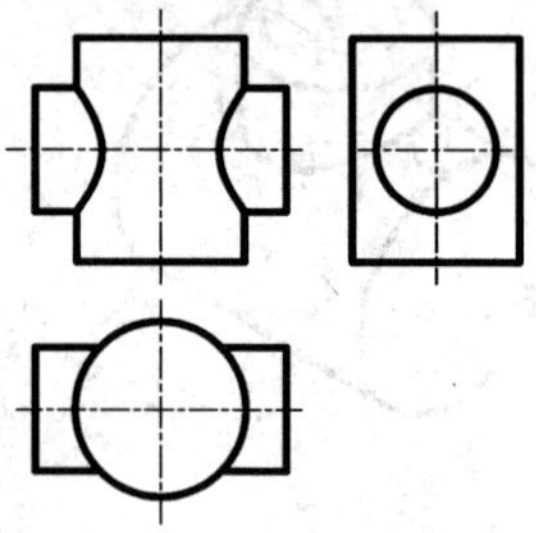	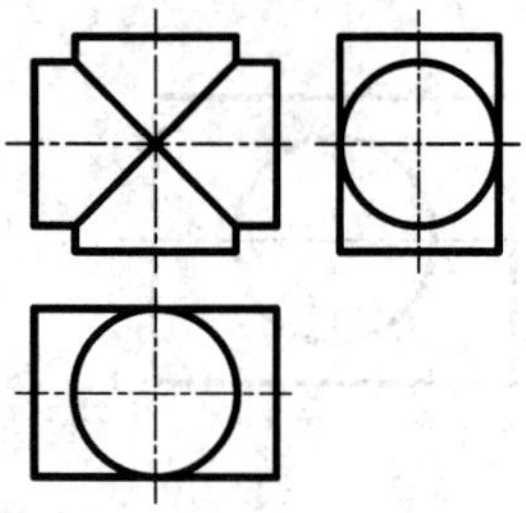
相贯线的投影	以小圆柱轴线投影为实轴的双曲线		相交两直线
特征	在两圆柱轴线平行的投影面上的投影为双曲线,其弯曲趋势总是向大圆柱投影内弯曲		在两圆柱轴线平行的投影面上的投影为相交两直线

表 3-4　圆柱孔的正交相贯形式

形式	圆柱与圆柱孔相贯	四棱柱与圆柱孔相贯	圆柱孔与圆柱孔相贯
立体图	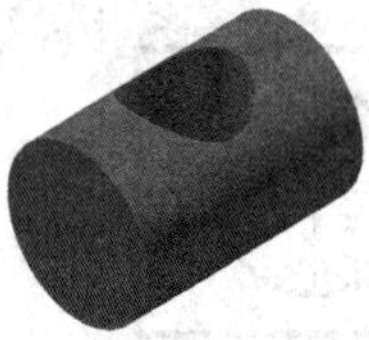		
投影图	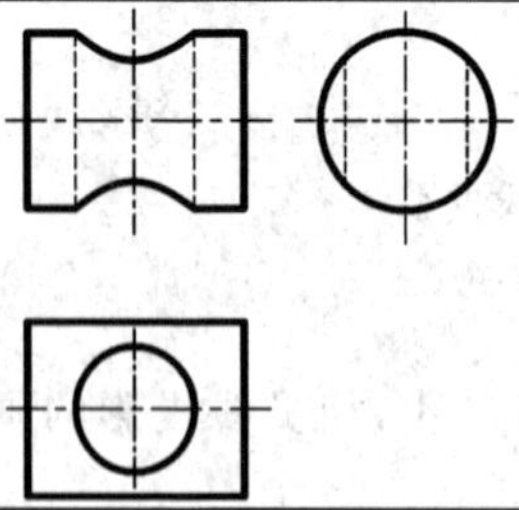	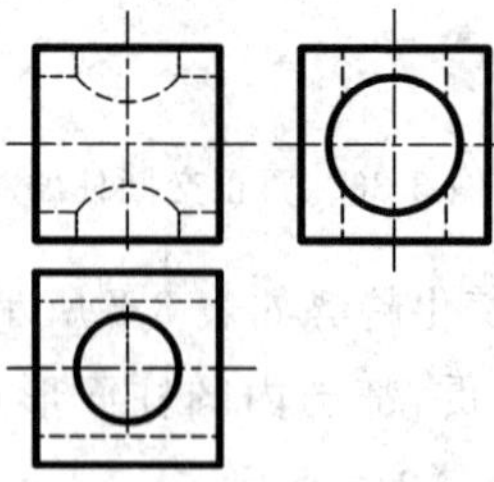	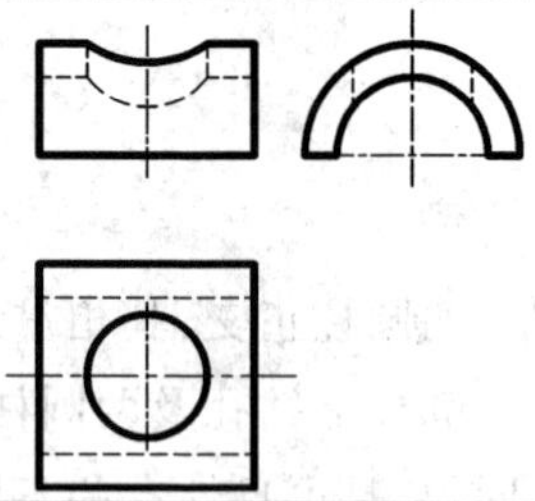

2.圆柱与方柱相贯

圆柱与四棱柱及圆柱与方孔相贯,可用求截交线的方法求出相贯线,如表 3-5 所示。

表 3-5　圆柱与方柱及圆柱与方孔相贯

形式	圆柱与四棱柱相贯	圆柱与方孔相贯	圆筒与方孔相贯
立体图			
投影图			

3. 两正交圆柱相贯线投影的简化画法

对直径不等且轴线垂直相交的两圆柱面,在不至于引起误解时,其相贯线的投影允许采用近似画法,即用圆心位于小圆柱面的轴线上半径等于大圆柱面半径的圆弧代替相贯线的投影,画图过程如图 3-37 所示。

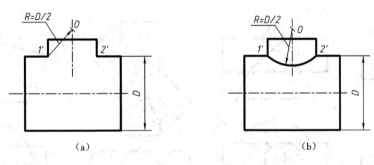

图 3-37　直径不等的正交圆柱相贯线的近似画法

3.6.3　相贯线的特殊情况

两回转体相交时,其相贯线在一般情况下是封闭的空间曲线,在特殊情况下它们的相贯线是平面曲线或直线。

1. 两同轴回转体相贯

若两回转曲面相交,具有公共回转轴线时,其相贯线为圆;当回转曲面轴线过球心时,回转体与球的相贯线为圆。在轴线所平行的投影面上,这些圆在该投影面上的投影是两回转体轮廓线交点间的直线,如图 3-38 所示。

2. 两个回转面共同外切于同一球面的相贯

蒙日定理:若两个二次曲面共同外切于第三个二次曲面,则两曲面的相贯线为平面曲

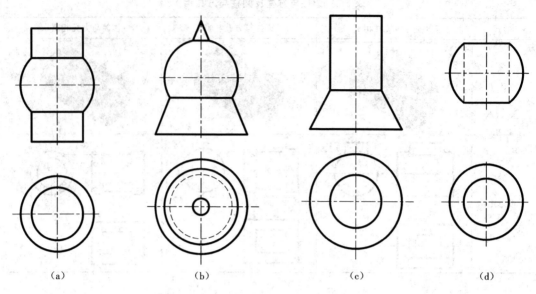

| (a) | (b) | (c) | (d) |

图 3-38　同轴回转体相贯

线。当两圆柱或圆柱与圆锥轴线正交时,只要它们外切于同一球面,其相贯线就是平面曲线——椭圆,投影图如图 3-39 所示。图中圆柱、圆锥的轴线相交,且平行于正面,它们的相贯线是两个垂直于正面的椭圆,其正面投影为两条相交直线。

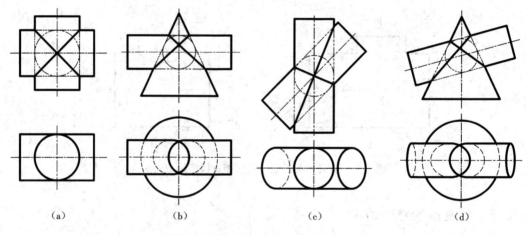

| (a) | (b) | (c) | (d) |

图 3-39　外切于同一球面的回转体相贯

3. 轴线平行的两圆柱面相贯、共锥顶的两圆锥面相贯

轴线平行的两圆柱面的相贯线为一直线,如图 3-40(a)所示,共锥顶的两圆锥面的相贯线也为一直线,如图 3-40(b)所示。

3.6.4　多形体相贯

前面讨论的是两个回转体相交求其相贯线的方法。在工程中,常常会遇到多回转体相交的情况,称为多形体相贯。多个回转体相贯,其相贯线由多条空间曲线(或直线)构成。

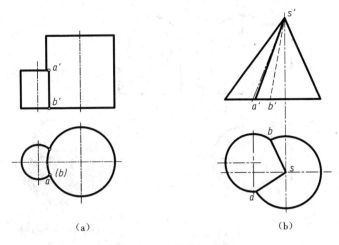

图 3-40　相贯线为直线

虽然有多个回转体参与相贯,但在局部上看,其相贯线总是由立体两两相交产生的。

关键——分清参与相贯的多体都是由哪些基本回转体组合而成的,以及他们的分界在什么位置。在分界的不同侧,按照两立体相贯来求相贯线。

例3-22　完成立体表面的投影,如图3-41(a)所示。

分析:该立体由半球、铅垂圆柱及侧垂圆柱相交组成。半球面与铅垂圆柱面相切,无交线产生。侧垂圆柱面上半部与半球面同轴线相贯,相贯线为半个侧平圆。侧垂圆柱面下半部与铅垂圆柱面相贯,相贯线为一条空间曲线。

作图:

①找出半球面与铅垂圆柱面的分界线,如图3-41(b)所示。

②求出侧垂圆柱面与半球面的相贯线,如图3-41(b)所示。

③用正交圆柱相贯线的近似画法求出侧垂圆柱面与铅垂圆柱面的相贯线,如图3-41(c)所示。

例3-23　完成三个圆柱相交的相贯线投影,如图3-42(a)所示。

分析:该立体由圆柱Ⅰ、Ⅱ、Ⅲ三部分组成。铅垂圆柱Ⅰ和Ⅱ同轴,侧垂圆柱Ⅲ分别与圆柱Ⅰ、Ⅱ正交。Ⅰ与Ⅲ、Ⅱ与Ⅲ的相贯线均为一段空间曲线;圆柱Ⅰ与Ⅱ的相贯线为垂直轴线的部分圆弧;Ⅱ的上表面(环行平面)与Ⅲ的截交线为平行于圆柱Ⅲ的两条直线段。综上所述,三圆柱之间的交线是由两段空间曲线和两段直线段及一条圆弧组成。

作图:如图3-42(b)所示。

①求圆柱Ⅰ与Ⅲ、Ⅱ与Ⅲ的相贯线。由于圆柱Ⅰ的水平投影和圆柱Ⅲ的侧面投影均有积聚性,故它们的相贯线 $DBACE$ 的水平投影和侧面投影分别在相应的圆弧上,按照投影规律求出正面投影 d'、b'、a'、c'、e',$d'b'a'$可见,$a'c'e'$不可见,但两者重合,加深成粗实线;同理可求出空间曲线 FHG 的三面投影。

②求圆柱Ⅱ的上表面与Ⅲ的截交线。由于圆柱Ⅲ的轴线为侧垂线,所以截交线 DF、EG 在侧面投影上积聚为点 $d''f''$、$e''g''$;水平投影和正面投影均为直线段 df、eg 和 $d'f'$、

95

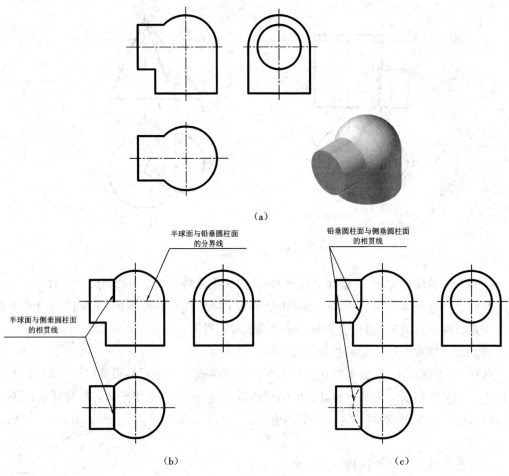

（a）

半球面与铅垂圆柱面
的分界线

铅垂圆柱面与侧垂圆柱面
的相贯线

半球面与侧垂圆柱面
的相贯线

（b）

（c）

图 3-41　多形体相贯（一）

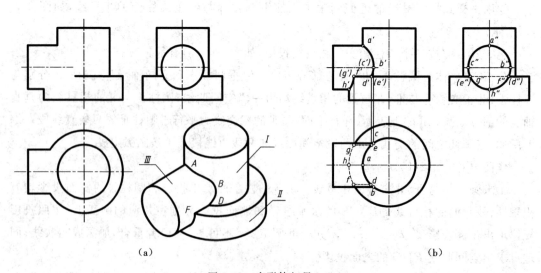

（a）

（b）

图 3-42　多形体相贯（二）

$e'g'$,其中 df、eg 为细虚线。圆柱Ⅱ的上面环形平面 $DFGE$ 为水平面,其正面投影和侧面投影积聚成直线,且 d''、e'' 之间不可见,为细虚线,水平投影为反映实形的环形 $dfge$。

③整理轮廓线。圆柱Ⅲ的水平投影轮廓线应加深到 b、c 两点处,且可见,应为粗实线;圆柱Ⅱ的水平投影中,被圆柱Ⅲ遮住的部分应画成细虚线。

第4章 轴测图

本章主要介绍轴测图的基本概念、正等轴侧图、斜二轴侧图以及轴侧图中的剖切画法等内容。

4.1 轴测图的基本知识

4.1.1 多面正投影图与轴测图的比较

一组正投影图可以完整、确切地表达物体的各部分形状特征,如图 4-1(a)所示。尽管作图简便,标注尺寸方便,但是不够直观,缺乏立体感。轴测图是一种在二维平面里描述三维物体的最简单的方法。它以人们比较习惯的方式,直观、清晰地反映零件的形状和特征,但是不便于度量,且作图较复杂,因此轴测图常作为辅助图样使用。图 4-1 是同一物体的两种投影图,其中图(a)为多面正投影图,图(b)为轴测图。

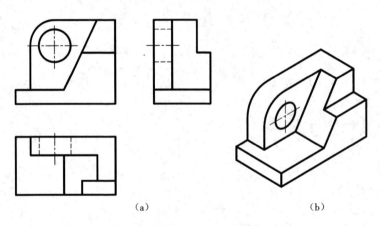

(a)   (b)

图 4-1　多面正投影图和轴测图的比较

4.1.2 轴测图的形成

将物体连同其直角坐标系沿不平行于任一坐标平面的方向,用平行投影法将其投射在单一投影面上,所得到的图形称为轴测投影,也称轴测图,单一投影面 P 称为轴测投影面,如图 4-2 所示。

按照投射线方向与轴测投影面的不同位置,轴测图分为正轴测图和斜轴测图两类。投射线垂直于轴测投影面所得到的轴测图称为正轴测图,投射线倾斜于轴测投影面所得到的轴测图称为斜轴测图。

4.1.3 轴间角及轴向伸缩系数

1. 轴间角

轴测投影中,任意两直角坐标轴在轴测投影面上的投影之间的夹角称为轴间角。

2. 轴向伸缩系数

直角坐标轴的轴测投影的单位长度与相应直角坐标轴上的单位长度的比值称为轴向伸缩系数,分别用 p_1、q_1、r_1 表示。为便于作图,轴向伸缩系数宜采用简单的数值,即应简化,简化轴向伸缩系数分别用 p、q、r 表示。

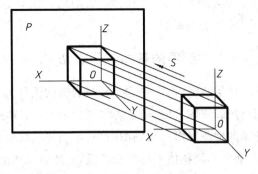

图 4-2 轴测图的形成

4.1.4 轴测图的分类

根据投射方向与轴向伸缩系数的不同,将轴测图按表 4-1 分类。工程上常用的轴测图是正等轴测图和斜二轴测图。

表 4-1 常用轴测图的分类(摘自 GB/T 14692—1993)

特性	正轴测图			斜轴测图		
	投影线与轴测投影面垂直			投影线与轴测投影面倾斜		
轴测图类型	正等测	正二测	正三测	斜等测	斜二测	斜三测
简化轴向伸缩系数	$p=q=r=1$	$p=r=1$ $q=0.5$	视具体要求选用	视具体要求选用	$p=r=1$ $q=0.5$	视具体要求选用
应用举例 — 轴间角	120° 120° 120°	120° 120° 120°			90° 135° 135°	
应用举例 — 例图						

4.1.5 轴测图的投影特征

轴测图是用平行投影法得到的投影图,具有平行投影的特性,即:

①线性不变,即直线的轴测投影仍为直线;

②平行性不变,即空间平行线段的轴测投影仍然平行,且长度比不变;

99

③从属性不变，即点、线、面的从属性不变；

④相切性不变。

4.1.6　轴测图的基本作图方法

作轴测图时，应先选择恰当的轴测图种类（即确定轴间角和轴向伸缩系数）。为使轴测图清晰和作图方便，通常先将坐标轴 OZ 的轴测投影画成铅垂位置，再由轴间角画出其他坐标轴的轴测投影。在轴测图中，需用粗实线画出物体可见轮廓线。为了使物体的轴测图清晰，通常不画物体不可见轮廓线，必要时才用细虚线画出物体的不可见轮廓线。

图 4-3 所示为用坐标法求点的轴测投影。图 4-3(a)为点的多面正投影图，用坐标法求点的轴测投影的作图步骤如图 4-3(b)所示。

①沿 OX 轴截取 $b_xO = x_B \cdot p$，得点 b_x。

②过点 b_x 作线段 $// OY$，沿该线段截取 $b_xb = y_B \cdot q$，得点 b。

③过点 b 作线段 $// OZ$，沿该线段截取 $bB = z_B \cdot r$，得点 B。点 B 即为空间相应点的轴测投影。

由以上作图可知，"轴测"的含义就是沿相应的轴向（坐标轴及其轴测轴）测量线段的长度。坐标法是作点、线、面和体的轴测投影的基本作图方法。

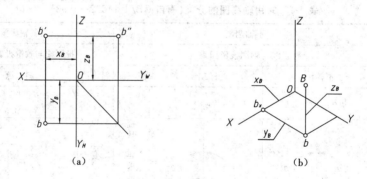

图 4-3　点的轴测投影的基本作图方法——坐标法

4.2　正等轴测图

4.2.1　正等轴测图的轴向伸缩系数和轴间角

当投射线垂直于轴测投影面 P，且平面 P 与物体上直角坐标轴之间的夹角相等时，三个轴向伸缩系数相等（$p_1 = q_1 = r_1$），这时在平面 P 上得到该物体的正等轴测图。

根据计算，正等轴测图的轴向伸缩系数 $p_1 = q_1 = r_1 = \cos 35°16' \approx 0.82$，轴测轴间的轴间角 $\angle XOY = \angle YOZ = \angle ZOX = 120°$。为便于作图，常采用简化轴向伸缩系数 $p = q = r = 1$，作图时沿轴向按实际尺寸量取即可，如图 4-4 所示。用简化轴向伸缩系数画出的图形沿各轴向的长度都分别放大了 $1/0.82 \approx 1.22$ 倍，但不影响轴测图的立体感。本章例题均采用简化轴向伸缩系数作轴测图。

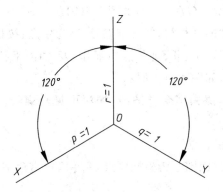

图 4-4　正等测图的基本参数

4.2.2　基本立体的正等轴测图的画法

1.正六棱柱的正等轴测图的画法

①如图 4-5(a)所示,正六棱柱的顶面与底面是相同的正六边形水平面,选择顶面中心作为坐标原点 O,并确定坐标轴 OX、OY、OZ。

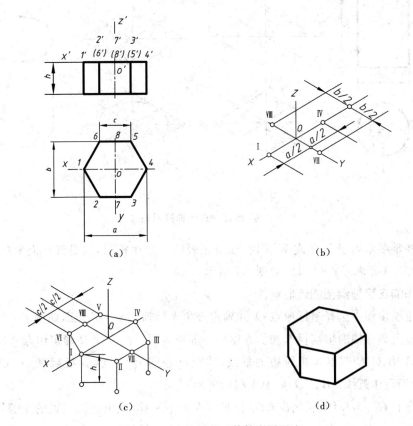

图 4-5　正六棱柱的正等轴测图画法

②画出直角坐标轴的轴测投影 OX、OY、OZ，在 OX 轴上从点 O 量取 $O\mathrm{I}=O\mathrm{IV}=a/2$，在 OY 轴上从点 O 量取 $O\mathrm{VII}=O\mathrm{VIII}=b/2$，如图 4-5(b)所示。

③过点 VII、VIII 作 OX 轴的平行线，并分别以 VII、VIII 为中点、按长度 $c/2$ 量得 II、III 和 VI、V 点，并连接成六边形；再过 VI、I、II、III 各点向下作 OZ 轴的平行线，在各线上量取高 h，得到底面正六边形的可见点，如图 4-5(c)所示。

④连接底面各可见点，擦去多余作图线，加深可见轮廓线，完成正六棱柱的正等轴测图，如图 4-5(d)所示。

2. 圆柱的正等轴测图的画法

①在正投影图中选择顶面圆心为坐标原点 O，并确定直角坐标轴 OX、OY、OZ，如图 4-6(a)所示。

②画出直角坐标轴的轴测投影 OX、OY、OZ，从点 O 向 OZ 轴下方量取圆柱高 h，得底圆圆心，过圆心作 OX、OY 的平行线；再分别画出顶圆、底圆的外切菱形，图 4-6(b)所示。

③用四心近似画法画出顶面、底面与菱形内切的椭圆，如图 4-6(c)所示。

④画两椭圆公切线，擦去多余作图线，描深，即完成圆柱正等轴测图，如图 4-6(d)所示。

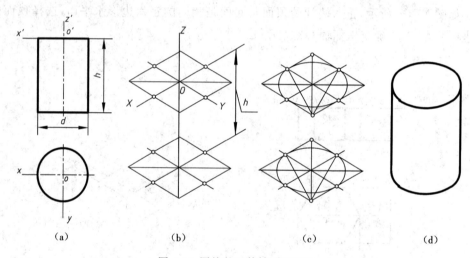

图 4-6　圆柱的正等轴测图画法

当圆柱轴线垂直于 V 面或 W 面时，轴测图画法与上述相同，只是圆平面所包含的轴线应分别为 OX、OZ 和 OY、OZ 轴，如图 4-7 所示。

3. 圆角的正等轴测图的近似画法

①在正投影图中选择坐标原点 O，并确定直角坐标轴 OX、OY、OZ，如图 4-8 所示。

②画直角坐标轴的轴测投影和长方体的正等轴测图。由尺寸 R 确定切点 A、B、C、D，再过 A、B、C、D 四点作相应边的垂线，其交点分别为 O_1、O_2。最后以 O_1、O_2 为圆心，OA、OC 为半径作弧线 AB、CD，如图 4-8(b)所示。

③把圆心 O_1、O_2 和切点 A、B、C、D 按尺寸 h 向下平移，画出底面圆弧的正等轴测图，如图 4-8(b)所示。

④擦去多余作图线，加深，即完成圆角的正等轴测图，如图 4-8(c)所示。

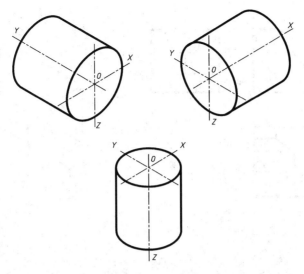

图 4-7   不同方向圆柱的正等轴测图

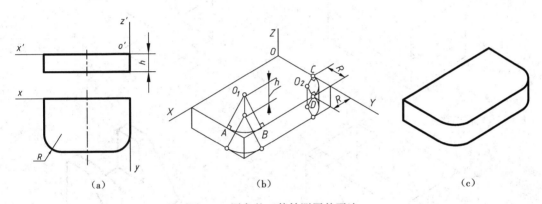

（a）   （b）   （c）

图 4-8   圆角的正等轴测图的画法

4.2.3   组合体正等轴测图的画法

组合体大多是由几个基本立体以叠加、挖切等形式组合而成。因此在画组合体的正等轴测图时，应首先对其进行形体分析，分析其形成方式、各组成部分的形状及其相对位置，然后按相对位置逐个画出各组成部分的正等轴测图，再按组合方式完成其正等轴测图。

1. 挖切类组合体正等轴测图的画法

对于不完整的立体，可先按完整立体画出，然后再利用轴测投影的特性（平行性）对切割部分作图。

例 4-1   根据图 4-9（a）所示的正投影图，绘制其正等轴测图。

作图步骤如下：

①在正投影图上选取坐标原点 O，并确定直角坐标轴 OX、OY、OZ，如图 4-9（a）所示；

②画直角坐标轴的轴测投影 OX、OY、OZ，并画出长方体的轴测图，如图 4-9（b）所示；

③按照正面投影从顶面向下切去四棱柱，如图 4-9（c）所示；

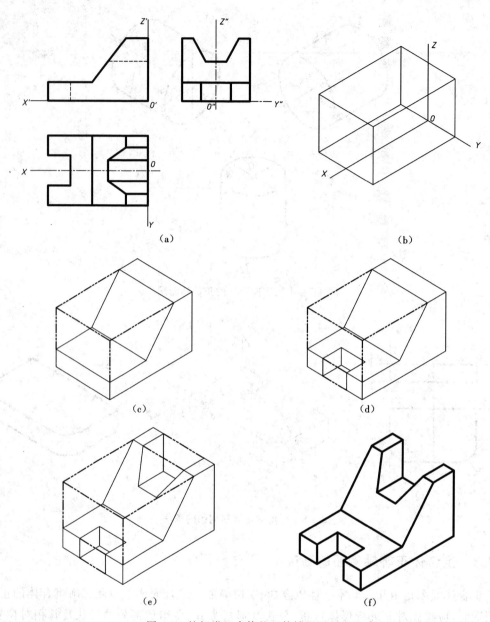

图 4-9　挖切类组合体的正等轴测图画法

④按照正面、水平投影从左侧面向右开槽,如图 4-9(d)所示;

⑤按照正面、侧面投影从顶面向下开梯形槽,如图 4-9(e)所示;

⑥擦去多余作图线,加深,完成轴测图,如图 4-9(f)所示。

2.叠加类组合体正等轴测图的画法

例 4-2　已知组合体支架的投影图,如图 4-10(a)所示,绘制它的正等轴测图。

作图步骤如下:

①在投影图上选取坐标原点 O,并确定直角坐标轴 OX、OY、OZ,如图 4-10(a)所示;

②画出直角坐标轴的轴测投影 OX、OY、OZ 及底板Ⅰ和立板Ⅱ,如图 4-10(b)所示;

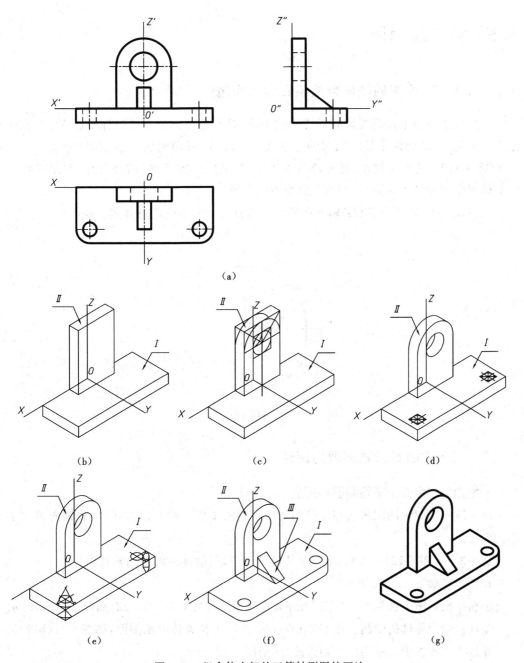

图 4-10 组合体支架的正等轴测图的画法

③按四心近似画法画出立板Ⅱ的椭圆,如图 4-10(c)所示;

④画全支承板轴测图,按四心近似画法画出底板Ⅰ圆柱孔的轴测图,如图 4-10(d)所示;

⑤画出底板上的圆角,其作图方法如图 4-10(e)所示;

⑥在立板前面按照投影图画出肋板Ⅲ,如图 4-10(f)所示;

⑦擦去多余作图线,加深,完成组合体支架的正等轴测图,如图 4-10(g)所示。

4.3 斜二轴测图

4.3.1 斜二轴测图的轴向伸缩系数和轴间角

当投射线倾斜于轴测投影面 P、轴测投影面 P 平行于物体上的坐标平面 XOZ、且平行于坐标平面 XOZ 的两个轴的轴向伸缩系数相等时,即可得到斜二轴测图(即 $p_1 = r_1 = 1$、$\angle XOZ = 90°$)。为作图简便,且有较强立体感,常采用国家标准推荐的轴向伸缩系数 $q_1 = 0.5$,轴间角 $\angle XOY = \angle YOZ = 135°$,如图 4-11 所示。

注意:$q_1 = 0.5$,平行于 OY 轴方向的线段的斜二轴测图长度是其实长的一半。

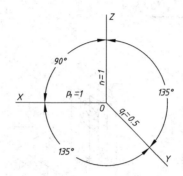

图 4-11 斜二轴测图的基本参数

4.3.2 组合体的斜二轴测图的画法

1.挖切类组合体正等轴测图的画法

组合体斜二测轴测图画法与正等测轴测图画法步骤一样,只是轴间角和轴向伸缩系数不同而已。

例 4-3 如图 4-12(a)所示,已知垫块的两面投影,绘制其斜二测轴测图。

作图步骤如下:

①在正投影图上选取坐标原点 O,并确定直角坐标轴 OX、OY、OZ,如图 4-12(a)所示;

②画直角坐标轴的轴测投影 OX、OY、OZ,并画出长方体的轴测图,如图 4-12(b)所示;

③按照正面投影从前面向后切去棱柱,如图 4-12(c)所示;

④擦去多余作图线,加深,完成轴测图,如图 4-12(d)所示。

例 4-4 已知组合体的主、左两面投影,如图 4-13(a)所示,绘制它的斜二测轴测图。

图 4-13 所示组合体为一空心圆柱与一带圆孔的部分圆柱面,由它们的切平面连接而成,其正面投影多为反映实形的圆及圆弧,宜采用斜二轴测图。作图步骤如下:

①选取空心圆柱后面的圆心为坐标原点 O,并确定坐标轴 OX、OY、OZ,如图 4-13(a)所示;

②画出直角坐标轴的轴测投影 OX、OY、OZ,由点 O 沿 OY 作出 Ⅱ、Ⅰ 点($O\text{Ⅱ} = o''2''/2$

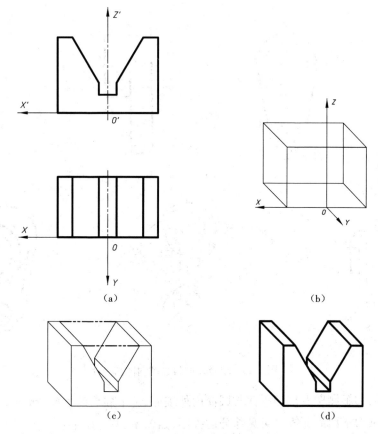

图 4-12　垫块的斜二测轴测图的画法

$=4''3''/2$、$O\mathrm{I}=o''1''/2$），由点 O 向 OZ 轴下方作出Ⅳ点（$O\mathrm{IV}=o''4''$）；由Ⅳ点作 OY 轴的平行线，由Ⅱ点向下作 OZ 轴的平行线，两线交于Ⅲ点，如图 4-13（b）所示；

③分别以 O、Ⅱ、Ⅰ点为圆心，按正面投影图上的不同半径画空心圆柱轴测投影的各圆、圆弧，再以Ⅲ、Ⅳ点为圆心，按正面投影图上立板的圆柱孔及圆柱面的半径画圆和圆弧，如图 4-13（c）所示；

④作立板与空心圆柱各圆、圆弧的切线；擦去多余作图线，加深，即完成斜二轴测图，如图 4-13（d）所示。

4.4　轴测图中的剖切画法

在正投影图中，表达物体的内部形状通常采用剖视的表达方法。在轴测图中，为了表达物体的内部形状，也可假想用剖切平面将物体的一部分剖去，通常是沿着两个坐标平面将物体剖去四分之一。具体步骤如下。

1.先画外形后剖切

画法如下：

①确定坐标轴的位置，如图 4-14（a）所示；

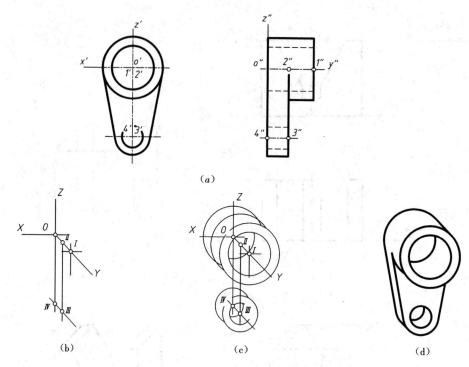

图 4-13　组合体的斜二轴测图的画法

②画圆筒的轴测图及剖切平面与圆筒内外表面、上下底面的交线,如图 4-14(b)所示;

③画出剖切平面后面零件可见部分的投影,如图 4-14(c)所示;

④擦掉多余的轮廓线及外形线,加深并画剖面线,如图 4-14(d)所示。

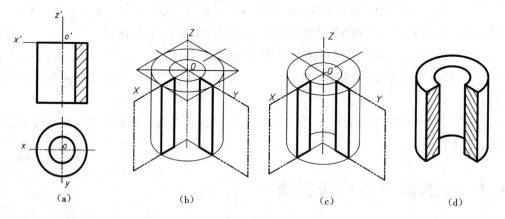

图 4-14　空心圆柱正等轴测图的剖视画法

2.先画断面后画外形

画法如下:

①确定坐标轴的位置,如图 4-15(a)所示;

②画出空心圆柱和底板上圆孔中心的轴测投影,如图 4-15(b)所示;

③画出剖切平面上的断面形状,如图 4-15(c)所示;

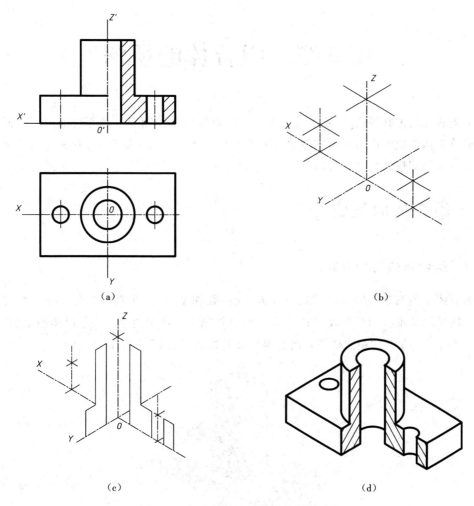

图 4-15　组合体正等轴测图的剖视画法

④画出剖切平面后面零件可见部分的投影,并整理加深,如图 4-15(d)所示。

第 5 章　组合体的视图

如果从几何形状观察,机器零件一般都可以看作由若干简单立体组合而成。我们将由若干简单立体组成的类似机器零件的物体称为组合体。本章主要学习、理解并掌握组合体视图的绘制与阅读,并能够正确标注组合体的尺寸。

5.1　组合体的组成分析

5.1.1　组合体的组合方式

组合体中各简单形体间的常见组成方式有:叠加型组合、切割型组合。叠加型组合体由几个简单形体堆叠相交构成,如图 5-1 所示。切割组合体常由某一简单形体经挖切构成,如图 5-2 所示。复杂的组合体往往既有叠加又有挖切,如图 5-3 所示。

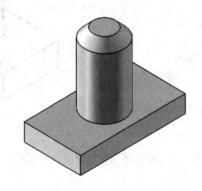

图 5-1　叠加型组合体

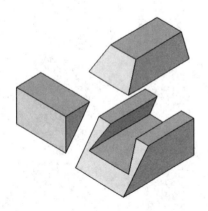

图 5-2　切割型组合体

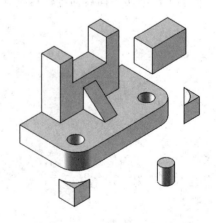

图 5-3　叠加与切割综合的组合体

5.1.2 组合体的表面分析

组合体中的几个形体经过叠加、挖切后,相邻形体的表面存在着共面、不共面、相切或相交等四种过渡关系。掌握各种表面过渡关系的投影特征是正确绘制组合体视图以及正确阅读组合体视图的保证。

1.相邻两形体表面共面

当两基本形体的表面共面时,分界处无线,其投影为一个封闭的线框,如图5-4所示。

2.相邻两形体表面不共面

当两形体表面不共面时,分界处应有线隔开,其投影被分为两个封闭的线框,如图5-5所示。

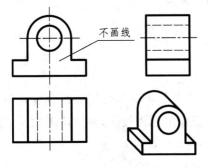

图 5-4　相邻两形体表面共面

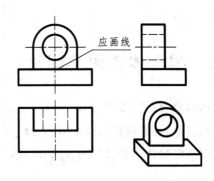

图 5-5　相邻两形体表面不共面

3.相邻两形体表面相切

两个基本形体的表面(平面与曲面、曲面与曲面)相切时,两形体表面在相切处光滑过渡,所以不画分界线,相切面的投影应画到切点处。如图5-6(a)所示,5-6(b)为错误画法。

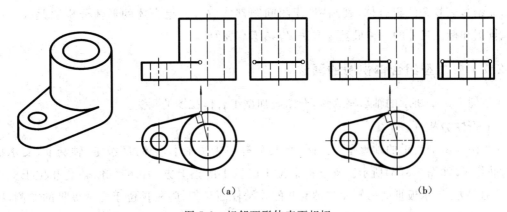

（a）　　　　　　　　　　（b）

图 5-6　相邻两形体表面相切

4.相邻两形体表面相交

当相邻两形体表面相交时,其相交处产生交线,不要漏画线,如图5-7所示。

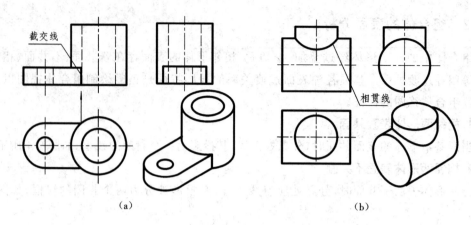

截交线

相贯线

(a)   (b)

图 5-7   相邻两形体表面相交

5.2   组合体视图的画法

画组合体的三面投影图,先要进行形体分析,了解各基本立体之间的组合方式和表面之间的关系,再选择正面投影方向,逐个画出各基本形体的三面投影,再整体考虑。下面举例说明画组合体三面投影的方法和步骤。

5.2.1   形体分析法

假想把组合体分解成若干个简单的基本形体,然后再分析各基本形体之间的相对位置、组成方式以及相邻基本形体之间的表面过渡,这种方法称为形体分析法。利用形体分析法可以将组合体化繁为简、化整为零。只要掌握相邻两基本立体表面不同过渡关系的作图,无论多么复杂的组合体,其画图、读图问题都能解决。组合体的形体分析法是人们画图、读图和标注尺寸的一种最基本方法,应熟练掌握使用。

5.2.2   叠加型组合体视图的画法

以图 5-8(a)所示的轴承座为例,介绍叠加型组合体视图的画法。

1.形体分析

如图 5-8(a)所示的轴承座,可假想将其分解为 4 个基本形体:底板Ⅰ、轴套Ⅱ、支承板Ⅲ、肋板Ⅳ,如图 5-8(b)所示。支承板Ⅲ位于底板Ⅰ的正上方,右侧平齐;轴套Ⅱ位于支承板Ⅲ的上方,支承板Ⅲ的两侧面与轴套Ⅱ的外圆柱面相切;肋板Ⅳ位于支承板Ⅲ的左侧,底板Ⅰ的正上方,轴套Ⅱ的正下方,两侧面与轴套的外圆柱面相交。

2.选择主视图

选择主视图的原则如下。

①组合体的安放位置一般选择物体平稳时的位置。如图 5-8(a)所示,轴承座的底板底面水平向下为安放位置。

112

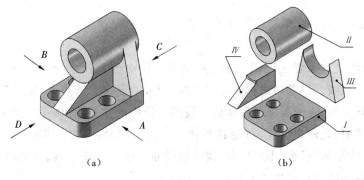

（a）　　　　　　　　　　　（b）

图 5-8　组合体的形体分析

②选择尽可能多地反应各基本形体的形状特征及相对位置,同时又使主、俯、左视图虚线最少的投射方向为主视图的投射方向。

该轴承座按稳定位置放置后,有四个方向可供选择主视图的投射方向,如图 5-8(a)所示。如图 5-9 所示,分析比较这四个方向可知 A 向、B 向雷同,但 B 向使左视图出现较多虚线,故舍去;C 向、D 向雷同,但 C 向使主视图出现较多虚线,故舍去;A 向与 D 向相比更能反映各基本形体的形状特征,故选择 A 向作主视图的投射方向最为符合要求。

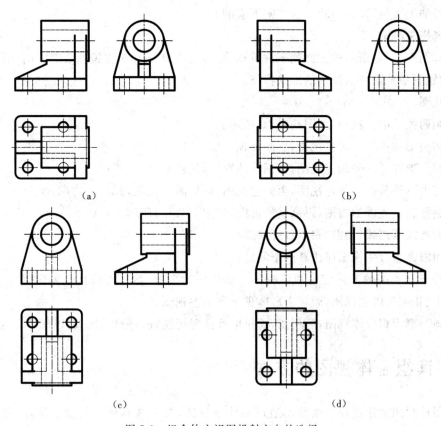

（a）　　　　　　　　　　　（b）

（c）　　　　　　　　　　　（d）

图 5-9　组合体主视图投射方向的选择

3.画图

①选比例、定图幅。根据物体的大小和复杂程度确定画图比例及标准图幅,尽量采用1:1 的比例。

②画基准线,合理布置三视图。基准线是指画图时测量尺寸的基准,每个视图需要确定两个方向的基准线。通常用对称中心线、轴线和大端面作为基准线,如图 5-10(a)所示。

③根据形体分析,逐个画出各形体的三视图。画图顺序是:先画主要形体,后画次要形体。画某一形体时:先确定位置,再绘其形状。绘制形状时:一般先实(实形体)后空(挖去的形体);先大(大形体)后小(小形体)。同时要注意三个视图配合画,并先画反映形体特征的视图。该轴承座绘制过程如图 5-10(a)~(e)所示。

④加深。综合考虑、检查 、校对,按各线型要求加深,完成三面投影,如图 5-10(f)所示。

5.2.3 切割型组合体视图的画法

下面以图 5-11(a)所示的顶块为例,介绍切割型组合体视图的画法。

1.形体分析

该顶块可以看作是由四棱柱切去Ⅰ、Ⅱ、Ⅲ块和打了一个孔Ⅳ构成,如图 5-11(b)所示。它的形体分析方法和上例叠加型组合体基本相同,不同的是切割型组合体的各形体不是一块一块叠加上去的,而是一块一块切割下来的。

2.选择主视图

选择图 5-11(a)所示的大面朝下放置顶块,再选择 A 向作为主视图投射方向,因为 A 向投射,主视图最能反映该顶块的形状特征。

3.画图

①画四棱柱的三视图,如图 5-12(a)所示。

②切去形体Ⅰ。先画主视图,再画其他视图,如图 5-12(b)所示。

③切去形体Ⅱ。先画主视图,再画其他视图,如图 5-12(c)所示。

④切去形体Ⅲ。先画左视图,再画主视图,最后画俯视图,如图 5-12(d)所示。

⑤钻孔Ⅳ。先画俯视图,再画其他视图,如图 5-12(e)所示。

⑥检查加深图线,如图 5-12(f)所示。

画切割型组合体视图应注意两个问题:

①对于被切去的形体应先画反映其形状特征的视图,然后再画其他视图,如上例中切去形体Ⅰ、Ⅱ应先画主视图,而切去形体Ⅲ应先画左视图;

②画切割型组合体视图,应用线、面投射特征对视图进行分析、检查,以保证正确绘制。

5.3 读组合体视图的方法

读图是画图的逆过程。画图是通过形体分析法,按照基本形体的投影特点,逐个画出各基本立体的三视图,完成组合体的三视图。读图是根据组合体的三视图,首先利用形体分析法,分析、想象组合体的结构形状,对那些不易看懂的局部形状则应用线面分析法分析

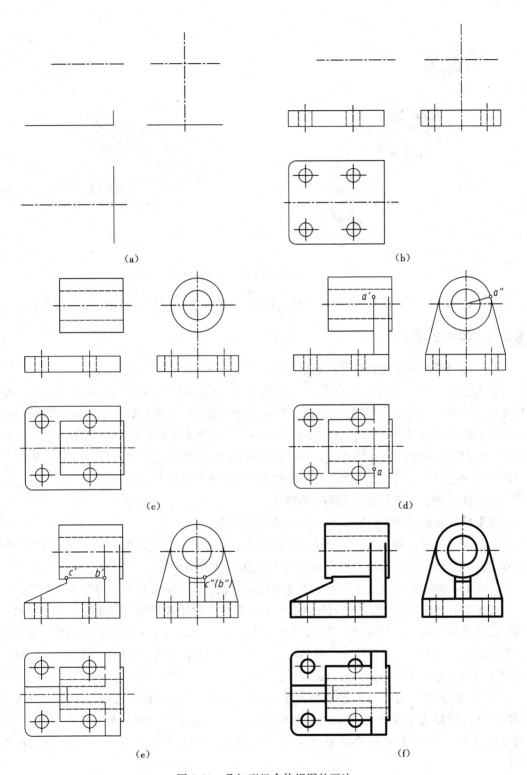

图 5-10　叠加型组合体视图的画法

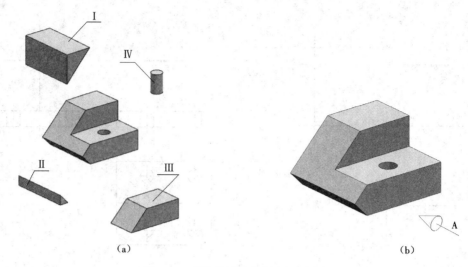

（a）　　　　　　　　　　　　　　　　　（b）

图 5-11　顶块的形体分析和视图选择

想象其局部结构。要能正确、迅速地读懂投影图，必须掌握一定的读图知识，反复练习。

5.3.1　读图的要点

1.读图时要将几个视图联系起来读

在没有标注尺寸的情况下，一般一个视图不能确定物体的空间形状，如图 5-13 所示的四个组合体的主视图完全相同，但是联系起俯视图来看，就知道它们表达的是四个不同的立体。有时选择不当，两个视图也不能确定物体的空间形状，如图 5-14 所示的三个组合体的主、俯视图均相同，但它们的左视图不同，因此，它们表达的是三个不同的立体。因此在读图时，必须把所给视图全部注意到并把它们联系起来进行分析。

2.读图时要从反映特征较多的视图看起

所谓特征视图是指形状特征视图和位置特征视图。

最能清晰地表达物体的形状特征的视图称为形状特征制图。如图 5-13 所示，俯视图明显地表达了物体的形状特征。图 5-14 的左视图为形状特征视图。

最能清晰地表达构成组合体各形体之间的相互位置关系的视图称为位置特征视图。

如图 5-15 所示，从主视图看，封闭线框 A 内有两个封闭线框 B、C，而且从主视图和俯视图比较明显地看出它们的形状特征，一个是孔，一个是凸出体，但并不能确定哪个是孔哪个是凸出体，而图（a）的左视图却明显地反映出形体 B 是孔，形体 C 是凸出体，图（b）相反。故左视图清晰地表达了物体间的位置特征。

可见，在读图时，首先从特征视图入手，再结合其他视图，就能比较快地想像出物体的空间形状。但要注意，物体的形状特征和位置特征并非完全集中在一个投影上，所以在读图时不但要抓住反映特征较多的视图（一般为主视图），还要配合其他视图一起分析，想像形状。

3.视图上图线与线框的含义

视图中每个封闭线框通常表示物体上的一个表面（平面或曲面）或基本形体的投影等。

116

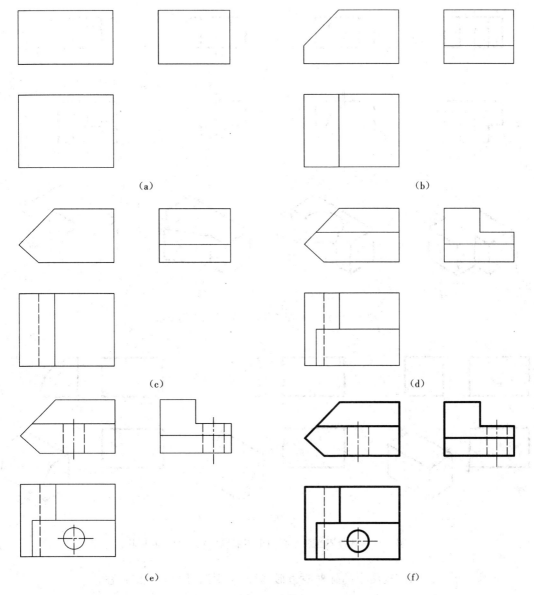

图 5-12　切割型组合体视图的画法

视图中的每条图线则可能是平面或曲面有积聚性的投影,也可能是两表面交线的投影,或是回转体转向轮廓线的投影等。因此,只有将几个视图联系起来对照分析,才能明确视图中的线框和图线的真正含义。

(1)线框的含义

视图中每个封闭的线框可能表示以下几种情况,如图 5-16(a)所示。

①平面。如主视图中的线框 a' 对应着俯视图中的斜线 a,表示四棱柱左前棱面(铅垂面)的投影。

②曲面。如主视图中的线框 b' 对应着俯视图种的圆线框 b,表示一个圆柱面的投影。

117

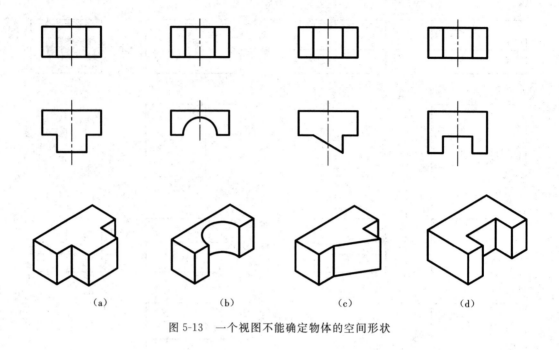

图 5-13　一个视图不能确定物体的空间形状

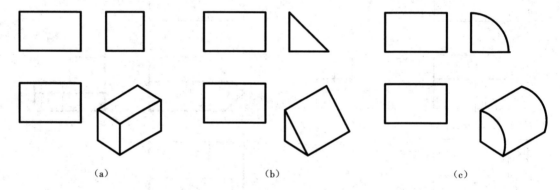

图 5-14　选择不当两个视图也不能确定物体的空间形状

③基本形体。如俯视图中的外框四边形,对照主视图可知为一四棱柱。

(2)图线的含义

视图中的每条图线,可能表示以下几种情况,如图 5-16(b)所示。

①垂直于投影面的平面或曲面。如俯视图中的直线 C 对应着主视图中的四边形 c',它是四棱柱右前棱面(铅垂面)的投影;俯视图中的圆 d 对应着主视图中的线框 d',表示一个圆柱面(曲面)的投影。

②两个表面的交线。如主视图中的直线 e' 对应着俯视图中积聚成一点的 e,它是四棱柱右前和右后两个棱面交线的投影。

③回转体的转向轮廓线。如主视图中的直线 f' 对应着俯视图圆框中的最左点 f,它表示的是圆柱面正面投射方向的转向轮廓线。

用同样的方法也可以去分析其他图线的含义。

118

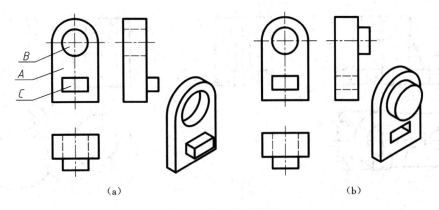

图 5-15 分析特征视图

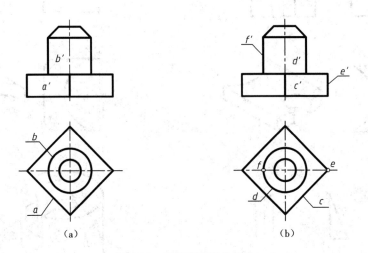

图 5-16 线框和图线的含义

5.3.2 读图的方法

组合体读图的基本方法有形体分析法和线面分析法。

1.形体分析法

这是读图的一种基本方法,基本思路是根据形体分析的原则,将已知视图分解成若干组成部分,然后按照正投影规律及各视图之间的关系,分析出各组成部分所代表的空间形状及相对位置,最后想象出物体的整体形状。

例 5-1 读图 5-17(a)所示支架的三视图,想象出支架的空间形状。

分析:

(1)按线框分解视图

首先从最能反映支架形状特征的主视图入手,根据形体分析的原则及视图中线框的含义,将支架分为Ⅰ、Ⅱ、Ⅲ、Ⅳ四个封闭线框 ,如图 5-17(a)所示。

(2)对投影,逐个分析各部分形状

119

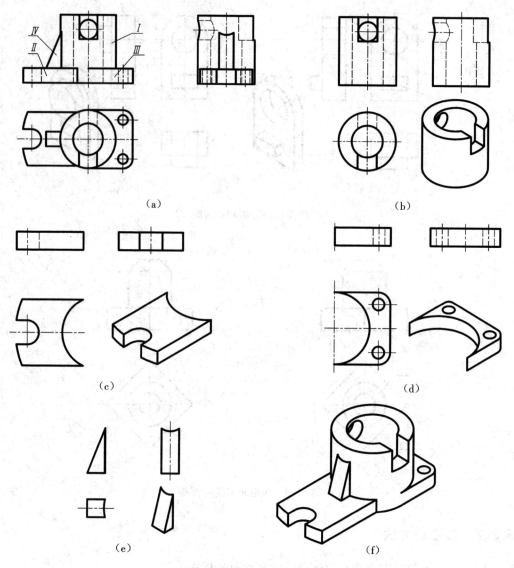

图 5-17　形体分析法读图举例

　　根据投影关系,分别找出线框Ⅰ、Ⅱ、Ⅲ、Ⅳ所对应的其余两视图,再根据各部分的三视图逐个想象出各部分的形状。

　　形体Ⅰ可看作前上方开一长方槽、后上方开一圆孔的空心圆柱,如图 5-17(b)所示。

　　形体Ⅱ可看成圆柱,前后对称截切、左端开一"U"型槽、右端与形体Ⅰ相交的左底板,如图 5-17(c)所示。

　　形体Ⅲ为右端带圆角及两个圆柱孔、左端与形体Ⅰ相切的右底板,如图 5-17(d)所示。

　　形体Ⅳ是一个放在形体Ⅱ上面、右端与形体Ⅰ相交的肋板,如图 5-17(e)所示。

　　(3)综合起来想整体

　　在看懂每部分形状的基础上,再分析已知视图,想象出各部分之间的相对位置、组合方式以及表面间的过渡关系,从而得出物体的整体形状。

120

分析支架的三视图可知,该物体为前后基本对称、叠加与切割混合而成的组合体,形体Ⅱ位于形体Ⅰ的左下方,形体Ⅲ位于形体Ⅰ的右下方,形体Ⅳ位于形体Ⅱ的上方前后对称位置,由此综合出该支架形状,如图5-17(f)所示。

2.线面分析法

线面分析法是形体分析法读图的补充,当形体被切割、形体不规则或形体投影相重合时,尤其需要这种辅助手段。线面分析法读图的基本思路是:根据面的投影特征及视图中图线、线框的含义分析物体表面的形状及相对位置,从而构思物体的形状。读图时要注意,面(平面或曲面)的投影特征是:要么积聚为线(面与投影面垂直),要么是一封闭的线框(面与投影面平行或倾斜);当一个面的多面投影都是封闭线框时,则这些封闭线框必为类似形。

例5-2 如图5-18所示压块的三视图,想象出压块的空间形状。

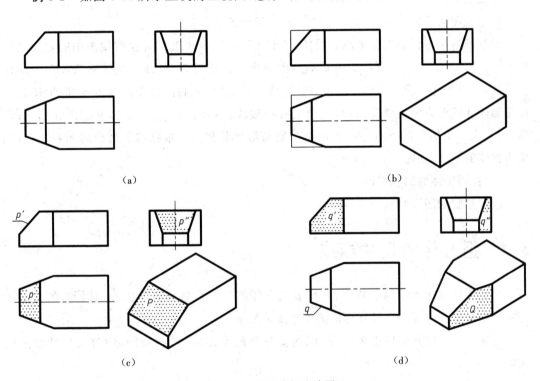

图5-18 线面分析法读图

(1)填平补齐想概貌

读图前先将视图中被切去的部分填平补齐,想象出切割前基本体的概貌,如图5-18(b)所示,将三个视图中切去的部分补齐,则三个视图的的外形轮廓都是矩形,可以设想该压块是由四棱柱切割而成。

(2)分线框,对投影,逐步构思物体的形成

从俯视图的梯形线框 p 看起,在"长对正"区域内,主视图中没有类似的体形,它对应的 V 面投影只可能为斜线 p',再由"高平齐、宽相等"找到它的 W 面投影 p''。由此可知,该四棱柱被一正垂面切去左上角,如图5-18(c)所示。

121

从主视图的五边形 q' 看起,在"长对正"的区域内,俯视图中没有类似的五边形,它对应的 H 面投影只可能为斜线 q,再由"高平齐、宽相等"得到它的 W 投影 q''。由此可知,该四棱柱还被两铅垂面前后对称地切去左前角、左后角,如图 5-18(d)所示。

综上可知,压块结构形状如图 5-18(d)所示。

5.3.3 读、画图举例

由物体的两面视图补画第三视图,一般分两步进行。首先是看懂视图想象出物体的结构形状,然后在看懂视图的基础上,再根据投影规律画出第三视图。

例 5-3 已知物体的主、俯视图,如图 5-19(a)所示,补画其左视图。

(1)看懂视图想象出物体的形状

按线框分解视图。

从主视图入手将其分解为 $1'$、$2'$、$3'$、$4'$、$5'$ 五个部分。

对投影逐个分析各部分形状。根据"长对正"关系,找出五部分在俯视图中的对应投影 1、2、3、4、5,如图 5-19(a)所示。由基本立体的投影特征可知,形体 I 是带圆角及四个圆柱孔的底板;形体 II 是位于形体 I 正上方的轴线铅垂的空心圆柱,且空心为阶梯孔;形体 III 是位于形体 II 正前方的马蹄形凸台,凸台上有一轴线正垂的圆柱孔与形体 II 的内孔相交;形体 IV、V 位于形体 I 的上方,右、左两端分别与形体 II 相交。根据这五部分的相对位置,想象出物体的形状,如图 5-19(b)所示。

(2)补画物体的第三视图

画图步骤如图 5-19(c)～(f)所示。

5.4 组合体的尺寸标注

视图表达立体的结构形状,尺寸则表达立体的确切形状和真实大小。因此,尺寸是工程图样的重要组成部分。尺寸标注的基本要求如下。

正确——尺寸数值应正确无误,标注要符合国家标准《机械制图》中有关尺寸注法的规定。

完整——尺寸必须齐全,不遗漏,不重复,不多余。

清晰——尺寸布置要整齐、清晰、醒目,便于阅读查找。

合理——尺寸基准选择合理,所标尺寸符合成形及组合过程。

如何正确标注尺寸已在第 1 章作过介绍。合理标注尺寸将在零件图中介绍。本节重点介绍尺寸标注的完整和清晰问题。

5.4.1 基本立体的尺寸标注

组合体由基本立体组合而成,要掌握组合体的尺寸标注,必须先能正确标注基本立体的尺寸。

图 5-19 读、画图举例

1.平面立体

棱柱标注底面尺寸和高,如图 5-20(a)(b)所示;棱锥标注底面尺寸和高,如图 5-20(c)所示;棱台标注大、小端尺寸及高,如图 5-20(d)所示。

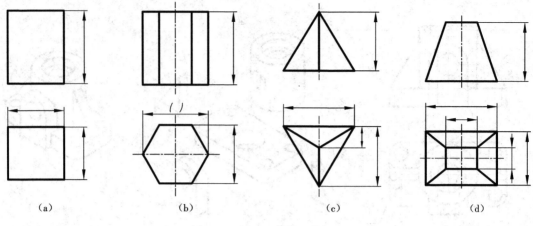

(a)　　　　　　　(b)　　　　　　　(c)　　　　　　　(d)

图 5-20　平面立体的尺寸标注

2.回转体

圆柱、圆锥标注底面直径和高,如图 5-21(a)所示;圆锥台标注顶、底面直径和高,如图 5-21(b)所示;圆球标注球径,球径数字前加注 $S\phi$,如图 5-21(c)所示。

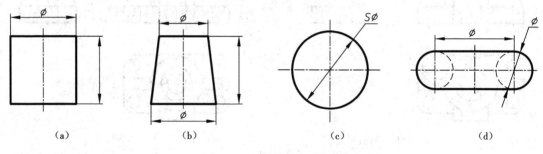

(a)　　　　　　　(b)　　　　　　　(c)　　　　　　　(d)

图 5-21　回转体的尺寸标注

3.其他基本形体

常见其他基本形体尺寸标注如图 5-22 所示。当组合体在某个方向上的端部为回转面时,总体尺寸已由"中心距加半径"确定,则该方向上不再标注总体尺寸。

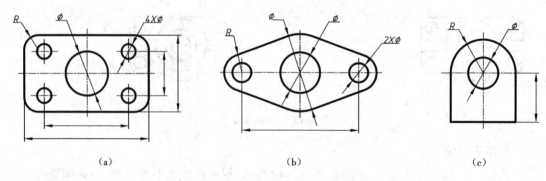

(a)　　　　　　　　　　(b)　　　　　　　　　　(c)

图 5-22　常见其他基本形体的尺寸标注

5.4.2 截切与相贯立体的尺寸标注

1.截切立体

标注截切立体的尺寸,除注出完整基本立体的定形尺寸外,还应注出截平面的位置尺寸,如图 5-23 所示。其中,尺寸 A、B 为截平面的位置尺寸。

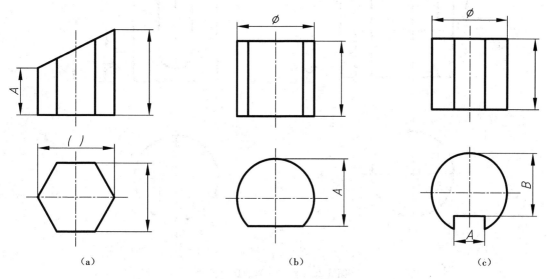

（a）　　　　　　　　　　（b）　　　　　　　　　　（c）

图 5-23　截切立体的尺寸标注(一)

当立体大小和截平面的位置确定以后,截交线也就确定,所以不应标注截交线的尺寸,如图 5-24 所示。图中带"×"的尺寸表示是错误的尺寸标注。

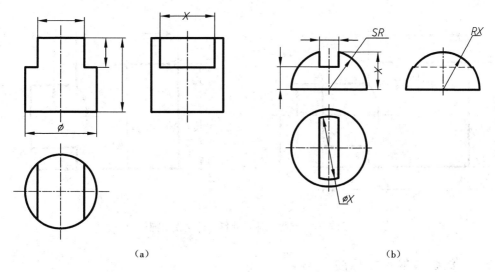

（a）　　　　　　　　　　　　　　　　（b）

图 5-24　截切立体的尺寸标注(二)

2.相贯立体

标注相贯立体的尺寸,除标注两相贯立体完整的定形尺寸外,还应标出两相贯体之间的相对位置尺寸,如图 5-25 所示。其中,尺寸 A 为两相贯体之间的相对位置尺寸。

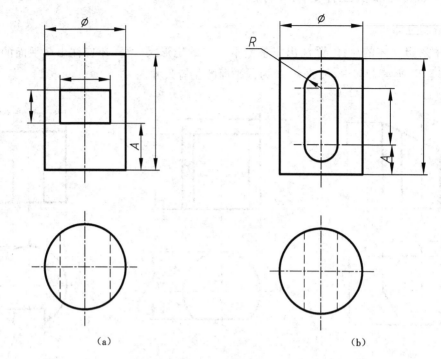

图 5-25　相贯立体的尺寸标注

　　当两相贯立体相对位置确定后,相贯线也就确定下来。因此,不应在相贯线上直接标注尺寸,如图 5-26 所示。其中,图(a)为正确的标注,图(b)带"×"的尺寸表示是错误的尺寸标注。

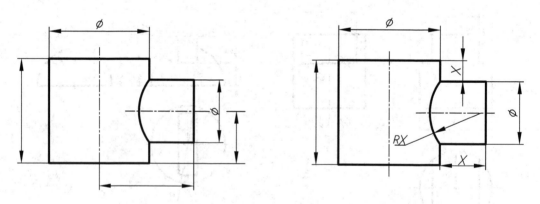

图 5-26　相贯立体尺寸标注的正误对照

5.4.3　组合体的尺寸标注

1.尺寸种类

（1）定型尺寸

确定组合体各组成部分形状大小的尺寸,如图 5-27 所示的尺寸 38、25、6、ϕ30、ϕ13、4×

$\phi 7$、$R3$。

（2）定位尺寸

确定组合体各组成部分之间相对位置的尺寸,如图 5-27 所示的尺寸 28、16、19。

（3）总体尺寸

确定组合体外形的总长、总宽、总高的尺寸,如图 5-27 所示的尺寸 38、25、32。当总体尺寸在某个方向上与已经标注的某定形尺寸一致时,不需要另行标注,如图 5-27 所示组合体外形的总长、总宽与底板的长、宽尺寸一致,因此不需另行标注。在标注总体尺寸时,要对该方向原有的尺寸做出调整,即要减少一个定形尺寸。如图 5-27 所示的组合体高度方向上标注了总体尺寸 32,则在该方向上减去了上部圆筒的高度 26。

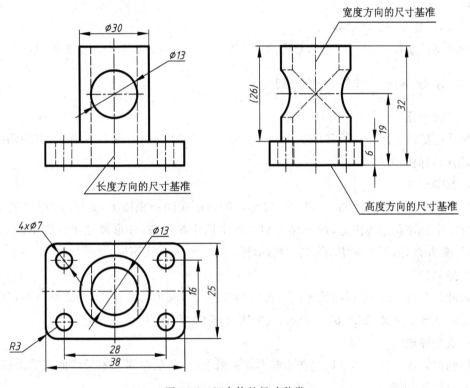

图 5-27　组合体的尺寸种类

2.尺寸基准

在组合体中,确定尺寸位置的点、直线、平面等称尺寸基准,简称基准。组合体的长、宽、高三个方向上都存在基准;同一方向上根据需要可以有若干个基准,这若干个基准中有一个为主要基准,其余的为辅助基准。

尺寸基准选择原则:对称的组合体选对称平面作该方向上的基准;非对称的组合体选较大的平面(底面或端面)为该方向上的基准;整体上具有回转轴线的组合体选其回转轴线作为两个方向上的基准。

如图 5-27 所示组合体左右对称,因此,选择左右对称面为长度基准;同时,该组合体前后对称,因此,选择前后对称面为宽度基准;该组合体上下不对称,因此,选择底面作为高度方向的尺寸基准。

3.组合体尺寸标注举例

下面以举例的方式说明组合体尺寸标注的方法和步骤。

例 5-4 完成图 5-28 所示的轴承座的尺寸标注。

①形体分析,确定尺寸基准。

轴承座形体分析如图 5-8 所示,选择轴承座前后对称面为宽度方向尺寸基准;底板及支承板共面的右端面为长度方向的尺寸基准;底板底面为高度方向的尺寸基准,如图 5-28(a)所示。

②按形体分析逐个标注出各基本几何体的定形尺寸和定位尺寸,如图 5-28(b)(c)(d)(e)所示。

③检查、整理并标注总体尺寸。

轴承座的总长尺寸为 26+1,总宽为 22,总高为 18+7(轴套半径),如图 6-21(f)所示。

5.4.4 清晰标注尺寸的一些原则

1.反映特征

尺寸应尽量标注在反映其形状特征和位置关系的视图上,如图 5-29 所示,其中图(a)标注好,图(b)标注不好。

2.集中标注

同一形体的定形尺寸和定位尺寸,应尽可能标注在同一视图上,如图 5-28(b)所示,底板尺寸集中标注在俯视图上;内形尺寸相对集中标注在一侧,外形尺寸相对集中标注在另一侧,避免混杂,如图 5-30 所示,其中图(a)标注好,图(b)标注不好。

3.排列整齐

尺寸排列要清晰,平行的尺寸应当按照"大尺寸在外,小尺寸在内"的原则排列,避免尺寸线与尺寸界限交叉,如图 5-31 所示,其中图(a)标注好,图(b)标注不好。

4.直径注法

同轴回转体的直径尽量标注在非圆形的视图上,即避免在同心圆较多的视图上标注过多的直径尺寸,如图 5-32 所示,其中图(a)标注好,图(b)标注不好。

5.半径注法

半径尺寸必须注在反映圆弧的投影上,且不能注出半径的个数,如图 5-33 所示,其中图(a)正确,图(b)、图(c)均为错误注法。

6.虚线不注

一般情况下,不应在虚线上标注尺寸,如图 5-32 所示。

7.避免封闭

一般应避免标注封闭尺寸,如图 5-34 所示,轴向尺寸 L1、L2、L3 都标注时,称为封闭尺寸。加工零件时,要想同时满足这三个尺寸,无论是工人的技术水平还是设备条件都是不允许的,所以不标注 L3;同样,图(b)中的 80 也不应注出。

128

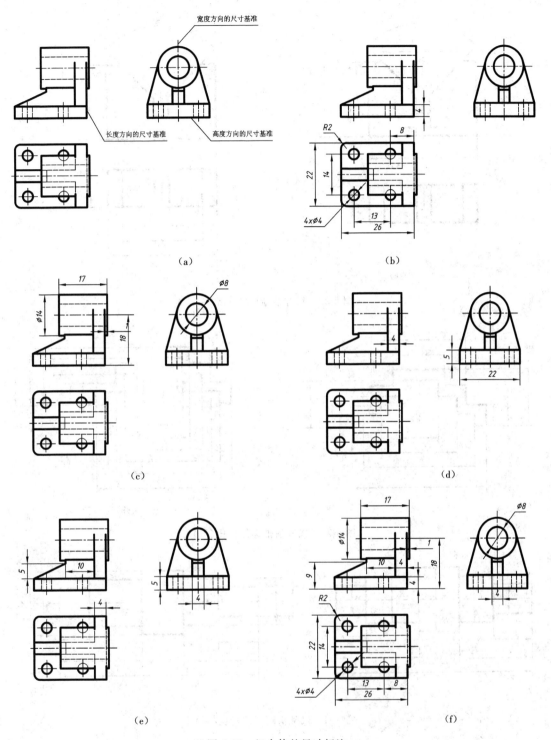

图 5-28　组合体的尺寸标注

8.对称结构注法

相对于某个尺寸基准对称的结构,其尺寸应合起来标注,如图 5-35 所示,其中图(a)中

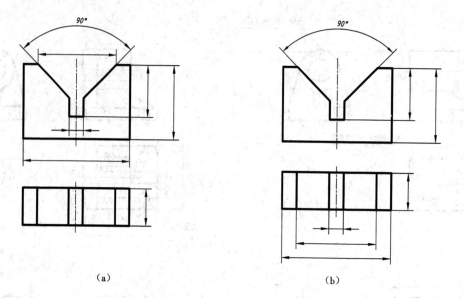

（a）　　　　　　　　　（b）

图 5-29　尺寸清晰标注对比（一）

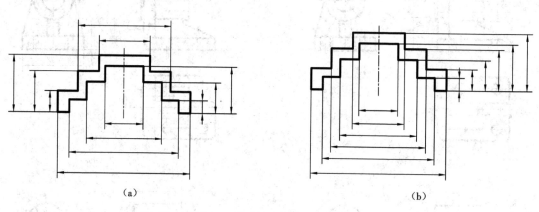

（a）　　　　　　　　　（b）

图 5-30　尺寸清晰标注对比（二）

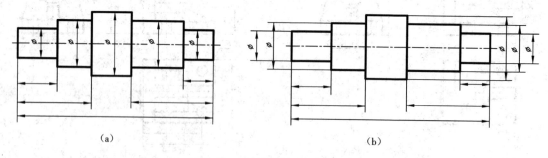

（a）　　　　　　　　　（b）

图 5-31　尺寸清晰标注对比（三）

的 38、44 标注正确,图（b）中的 19 和 22 标注错误。

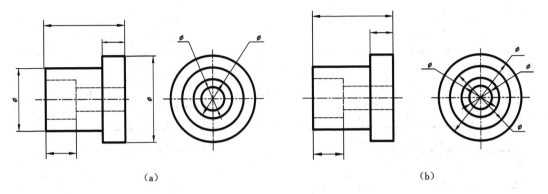

（a）   （b）

图 5-32   尺寸清晰标注对比（四）

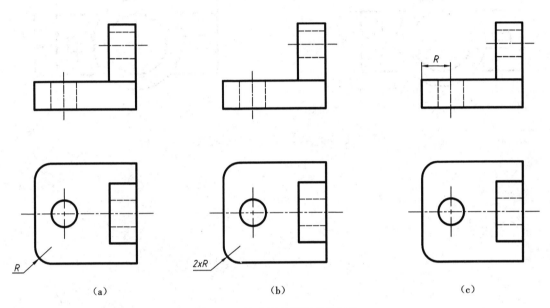

（a）   （b）   （c）

图 5-33   尺寸清晰标注对比（五）

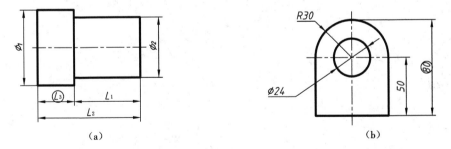

（a）   （b）

图 5-34   避免标注封闭尺寸

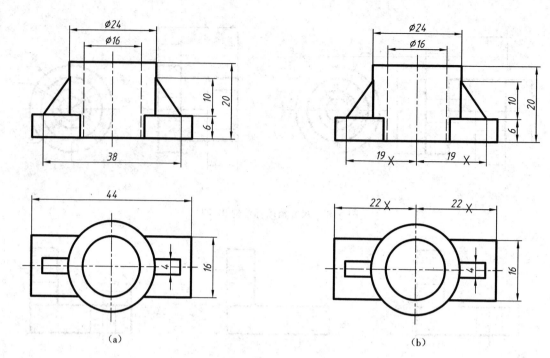

图 5-35　对称尺寸的正误对照

第6章 图样画法

在工程实际中,为了清楚表达内、外结构复杂的机件,国家标准《技术制图》和《机械制图》规定了绘制物体技术图样的基本方法,包括视图、剖视图、断面图及简化画法等。掌握这些表达方法是正确绘制和阅读机械图样的基本前提。灵活应用这些表达方法清楚、简洁地表达机件是绘制机械图样的基本原则。

6.1 视图

视图(GB/T 17451—1998、GB/T 4458.1—2002)主要用于表达机件的外部结构形状,视图分为基本视图、向视图、局部视图和斜视图四种。视图一般只画可见部分,必要时才用细虚线表达不可见部分。

6.1.1 基本视图

为了表达物体上、下、左、右、前、后六个方向的结构形状,国家标准中规定:用正六面体的六个面作为六个投影面,称为基本投影面。将物体置于六面体中间,分别向各投影面投射(如图 6-1 所示),得到以下六个基本视图:

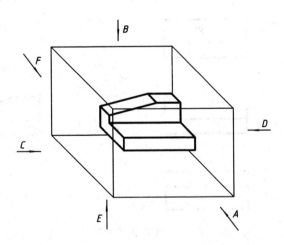

图 6-1 基本视图的形成

主视图——由物体的前方向后投射得到的视图;

俯视图——由物体的上方向下投射得到的视图;

左视图——由物体的左方向右投射得到的视图;

右视图——由物体的右方向左投射得到的视图;

仰视图——由物体的下方向上投射得到的视图;

后视图——由物体的后方向前投射得到的视图。

为了在同一个平面上表示物体,必须将六个投影面展开到一个平面。六个投影面展开时,规定正投影面不动,其余各投影面按图6-2所示的方向展开到正投影面所在的平面上。

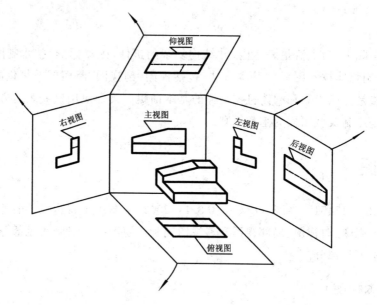

图 6-2　基本视图的展开

投影面展开后,六个基本视图的位置如图6-3所示,一旦物体的主视图被确定以后,其他基本视图与主视图的位置关系也随之确定,此时,可不标注视图的名称。

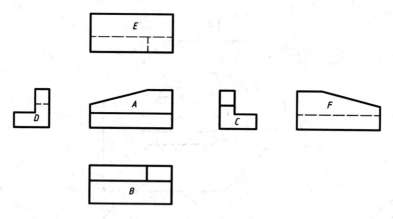

图 6-3　基本视图的配置

六面视图的投影对应关系:主、俯、仰视图"长对正";主、左、右、后视图"高平齐";俯、左、仰、右视图"宽相等",后视图与主视图长度相等,如图6-4所示。

六面视图的方位对应关系:除后视图外,靠近主视图的一边是物体的后面,远离主视图的一边是物体的前面,如图6-4所示。

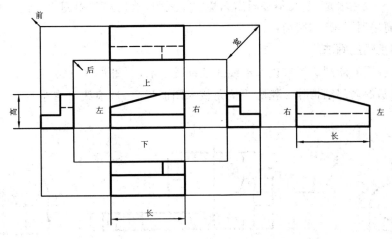

图 6-4 基本视图的投影及方位对应关系

6.1.2 向视图

向视图是可以自由配置的视图。向视图必须标注,标注方法是:在向视图的上方标注"✕"("✕"为大写拉丁字母);在相应视图的附近用箭头指明投射方向,并标注相同的字母,如图 6-5 所示。

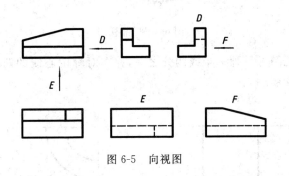

图 6-5 向视图

向视图标注时应注意的事项如下。

①采用向视图的目的是便于利用图纸空间。向视图是基本视图的另一种表现形式,它们的主要差别在于视图的配置发生了变化。在向视图中表示投射方向的箭头应尽可配置在主视图或左、右视图上。

②向视图的视图名称"✕"为大写拉丁字母,无论是在箭头旁的字母,还是视图上方的字母,均应与读图方向相一致,以便于识别。

6.1.3 局部视图

表达物体在平行于某基本投影面方向上的局部结构形状的视图称为局部视图。当物体在平行于某基本投影面的方向上仅有某局部形状需要表达,而又没有必要画出其完整的基本视图时,可采用局部视图表达机件的外形。如图 6-6 所示,机件左方凸台的形状在主、俯视图中均未表达清楚,但又不必画出完整的左视图,故用局部视图表达凸台形状,这样既重点突出、简单明了,又作图简便。

1.局部视图的画法

①局部视图的断裂边界应以波浪线或双折线表示,如图 6-6(a)(b)所示。

②当表示的局部结构外形轮廓线呈完整封闭图形时,波浪线可省略不画,如图 6-6(c)所示。

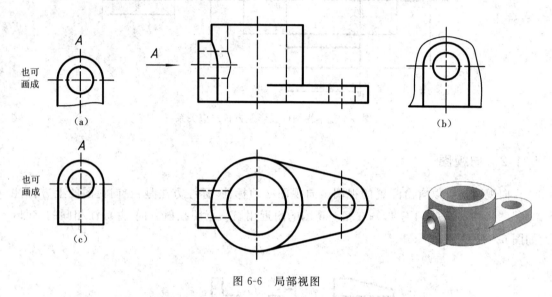

图 6-6 局部视图

③对称机件的视图可只画一半或四分之一,并在对称中心线的两端画出两条与其垂直的平行细实线 ,如图 6-7 所示。

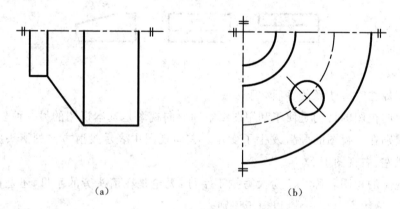

图 6-7 对称机件的局部视图

2.局部视图的标注

①局部视图若配置在基本视图位置上,中间又没有其他视图隔开可不必标注,如图 6-6(a)所示。

②局部视图若按向视图的形式配置,则必须加以标注。标注的形式同向视图,如图 6-6(b)(c)所示。

136

6.1.4 斜视图

斜视图是将机件向不平行于基本投影面的平面投射所得的视图,如图 6-8 所示。机件上倾斜结构的部分,在各基本视图中均不能反映该部分的实形。为了表达该部分的实形,选择一个平行于倾斜结构部分且垂直于某基本投影面的辅助投影面 P,将倾斜结构部分向 P 平面投射得到的视图称为斜视图。方法是利用换面法的原理画出的。

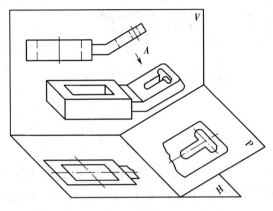

图 6-8　斜视图的形成

1.斜视图的画法

①斜视图只画出机件倾斜结构的部分,而原来平行于基本投影面的部分在斜视图中省略不画,其断裂边界用波浪线表示。作图时注意,斜视图的尺寸大小必须与相应的视图保持联系,严格按投影关系作图。

②斜视图一般按投射方向配置,也可配置在其他适当位置,并允许将图形旋转配置,如图 6-9 所示。

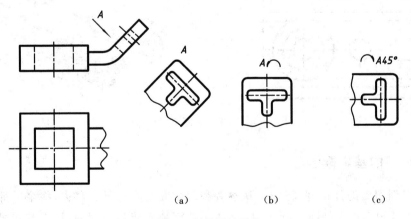

(a)　　　　　(b)　　　　　(c)

图 6-9　斜视图的画法

2.斜视图的标注

①斜视图标注同向视图,如图 6-9(a)所示。

②当图形旋转配置时必须标出旋转符号,如图 6-9 (b)所示。

③表示视图名称的字母应靠近旋转符号的箭头端,也允许将旋转角度值标在字母之后,如图 6-9(c)所示。

④旋转符号的方向应与实际旋转方向相一致。旋转符号的尺寸和比例如图 6-10 所示。

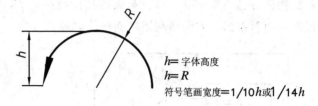

$h=$ 字体高度
$h=R$
符号笔画宽度$=1/10h$或$1/14h$

图 6-10 旋转符号的尺寸和比例

6.2 剖视图

用视图表达机件的结构形状时,如果机件的内部结构比较复杂,如图 6-11 所示,在视图中就会出现较多虚线,既影响图形的清晰,不便于读图,又不利于尺寸标注。为了清晰表达机件的内部结构,国家标准(GB/T 4458.6—2003)规定采用剖视图来表达。

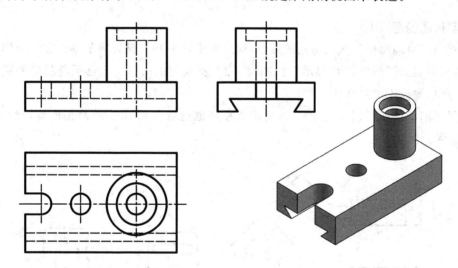

图 6-11 机件的立体图和三视图

6.2.1 剖视的基本概念

假想用剖切面剖开机件,将位于观察者和剖切面之间的部分移去,将余下部分向投影面投射所得的图形称为剖视图,如图 6-12 所示。剖视图简称为剖视,用来剖切机件的假想平面或曲面称为剖切面,剖切面可用平面或柱面,一般用平面。

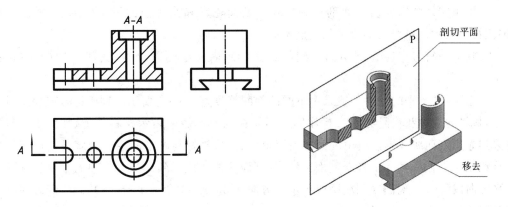

图 6-12 剖视图的形成

6.2.2 剖视图的画法及标注

1.剖视图的画法

①确定剖切面的位置。画剖视图的目的是为了表达物体内部结构的真实形状,因此剖切面一般应平行相应的投影面,且通过物体的对称平面或孔的轴线去剖切物体。如图 6-12 所示,剖切平面是正平面且通过物体的前后对称平面。

②擦去物体假想移去部分的轮廓线,如图 6-13(a)主视图所示。

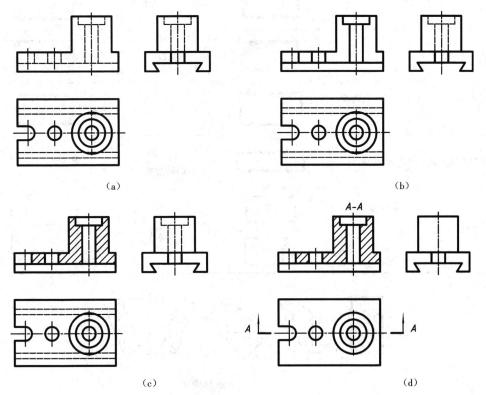

图 6-13 剖视图的画法及标注

③用粗实线画出剖切平面剖切到的物体断面轮廓和其后面的可见轮廓线,如图6-13(b)主视图所示。不可见的轮廓线一般不画。

④画剖面符号。应在剖切面切到的断面轮廓内画出剖面符号,如图6-13(c)主视图所示。

注意:不同类别的材料一般采用不同的剖面符号,如表6-1所示。剖面符号仅表示材料类型,材料的名称和代号必须另行注明。不需在剖面区域中表示材料的类别时,剖面符号可采用通用剖面线表示。通用剖面线为等距细实线,最好与图形的主要轮廓或剖面区域的对称线成45°;同一物体的各个剖面区域,其剖面线画法应一致。当图形中的主要轮廓线与水平方向成45°时,剖面线则应画成与水平方向成30°或60°角的平行线,其倾斜的方向仍与其他图形的剖面线一致,如图6-14所示。

表6-1　常用剖面符号

金属材料(已有规定剖面符号除外)		木质胶合板	
线圈绕组元件		基础周围的泥土	
转子、电枢、变压器和电抗器等迭钢片		混凝土	
非金属片材料		钢筋混凝土	
型砂、填砂、粉末冶金、砂轮、陶瓷刀片、硬质合金刀片等		砖	
玻璃及供观察用的其他透明材料		格网(筛网、过滤网等)	
木材	纵剖面	液体	
	横剖面		

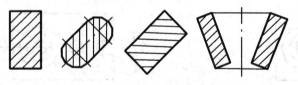

图6-14　通用剖面线画法

⑤整理。为了使剖视图清晰,在主视图上已经表达清楚的内部结构形状,在俯、左视图中细虚线省略不画,如图 6-13(d)所示。

2.剖视图的标注

①一般应在剖视图的上方用大写拉丁字母标出剖视图的名称"×—×"。字母必须水平书写。在相应的视图上用剖切符号及剖切线表示剖切位置和投射方向,并在剖切符号旁标注与剖视图相同的大写拉丁字母×,如图 6-13(d)所示。

②剖切符号是包含指示剖切面起、迄和转折位置(用长 5～10 mm 的粗短画表示,尽可能不要与图形的轮廓线相交)及投射方向(用箭头表示,画在剖切符号的两外端,并与剖切符号末端垂直)的符号。

③当剖视图按基本视图关系配置,且中间没有其他图形隔开时,可省略箭头,图 6-13(d)可省略箭头。

④当单一剖切平面通过物体的对称平面或基本对称平面,且剖视图按基本视图关系配置时,可以不加标注,图 6-13(d)可不必标注。

3.画剖视图应注意的问题

①假想剖切。剖视图是假想把物体剖切后画出的投影,其他未取剖视的视图应按完整的物体画出。

②细虚线处理。为了使剖视图清晰,凡是其他视图上已经表达清楚的结构形状,其细虚线省略不画。

③剖视图中不要漏线。剖切平面后的可见轮廓线应画出。剖视图中容易漏线的示例如图 6-15 所示。

6.2.3　剖视图的种类及应用

剖视图按剖切机件的范围可分为全剖视图、半剖视图和局部剖视图。

1.全剖视图

(1)概念

用剖切面将物体完全剖开后所得的剖视图称为全剖视图。

(2)适用范围

全剖视图主要用于外形简单、内部形状复杂且又不对称的机件。

(3)全剖视图的画法

如图 6-12 所示的主视图就是采用全剖视图的画法。

(4)全剖视图的标注

全剖视图的标注采用前述剖视图的标注方法。

2.半剖视图

(1)概念

当物体具有对称平面时,在垂直于对称平面的投影面上的投影所得的图形,可以对称中心线为分界,一半画成剖视图以表达内形,另一半画成视图以表达外形,称为半剖视图。

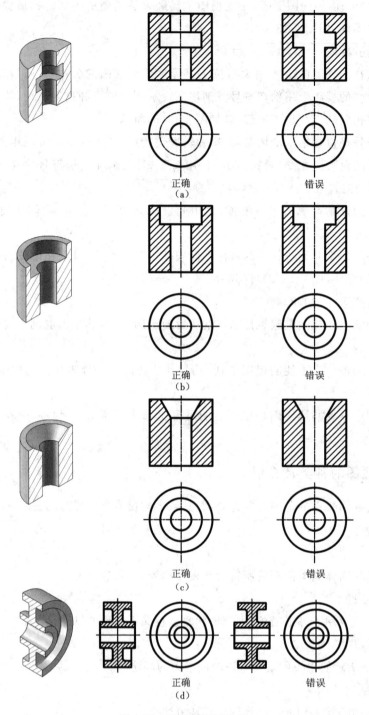

图 6-15　正误剖视图对比

（2）适用范围

半剖视图主要用于内、外形状都需要表达的对称物体。

如图 6-16(a)所示，该机件的内外形状都比较复杂，若主、俯视图取全剖，则该机件前方的凸台、顶板和地板小孔的形状将无法表达,如图 6-16(b)所示。由于该机件前后、左右对称,为了清楚地表达该机件顶板和前方凸台的形状,将主视图和俯视图都画成半剖视图,如图 6-16(c)所示。

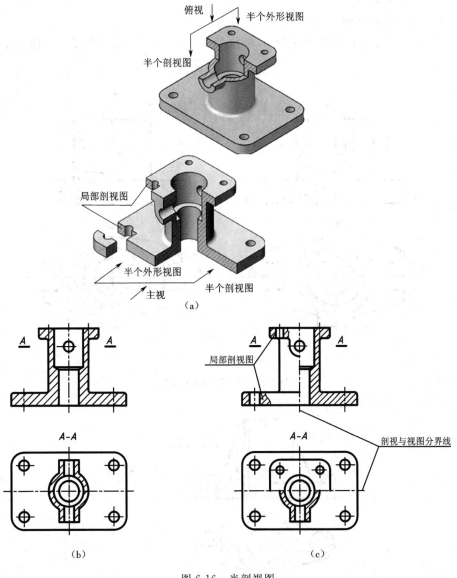

图 6-16 半剖视图

(3)画半剖视图的注意事项

①半剖视图中视图与剖视的分界线必须是对称平面位置的细点画线,不能画成粗实线。

②由于物体对称,所以在剖视部分表达清楚的内部结构,在表达外部形状的半个视图中应不画细虚线。

③半剖视图中,剖视部分的位置一般按以下原则配置:主视图中位于对称线右边;俯视

143

图位于对称线前边或右边;左视图中位于对称线右边。

④当机件的形状接近于对称,且其不对称部分已另有视图表达清楚时,也允许画成半剖视图,如图 6-18 所示。

(4)半剖视图的标注

①半剖视图的标注同全剖视图。

②应特别注意:剖切符号不能在中心位置画出垂直相交的剖切符号,如图 6-17(b)所示。

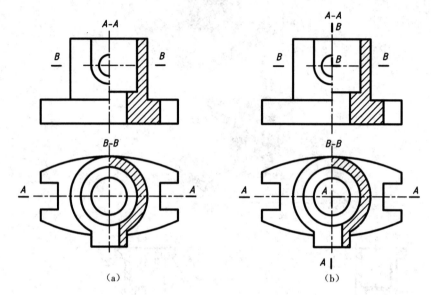

(a)　　　　　　　　　　(b)

图 6-17　半剖视图的标注

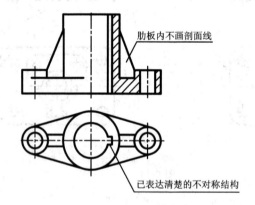

图 6-18　接近对称机件的半剖视图

3.局部剖视图

(1)概念

用剖切面局部地剖开机件,所得的剖视图称为局部剖视图,如图 6-19 所示。局部剖视图的剖切位置及范围可根据实际需要而定,它是一种比较灵活的表达方法。运用得好,可使视图简明、清晰,但在一个视图中局部剖视图数量不应过多,以免图形支离破碎,给看图带来不便。

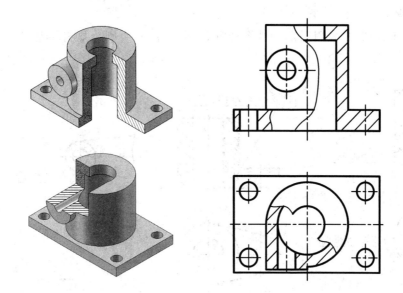

图 6-19　局部剖视图

（2）适用范围

①局部剖视图一般用于内外结构形状均需表达的不对称的机件,如图 6-19 所示。

②物体具有对称面,但不宜采用半剖视图表达内部形状,如图 6-20 所示。

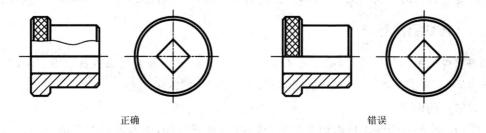

正确　　　　　　　　　　　　　　　错误

图 6-20　局部剖视图适用范围(一)

③物体上只有局部的内部结构形状需要表达,而不必画成全剖视图,如图 6-21 所示。

（3）画局部剖视图应注意的问题

①在局部剖视图中,视图与剖视之间用波浪线或双折线分界。

②波浪线只能画在物体表面的实体部分,不得穿越孔或槽(应断开),也不能超出视图之外,如图 6-22(a)所示。

③波浪线不应与其他图线重合或画在他们的延长

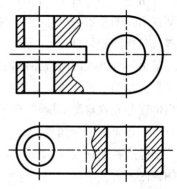

图 6-21　局部剖视图适用范围(二)

145

线位置上,如图 6-22(b)所示。

④当被剖切结构为回转体时,允许将该结构的轴线作为局部剖视与视图的分界线,如图 6-22(c)所示。

⑤在一个视图中,采用局部剖视图的部位不宜过多,否则会显得零乱,以致影响图形清晰。

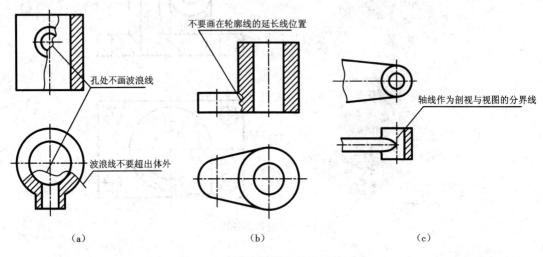

图 6-22　局部剖视图中波浪线的画法

(4)局部剖视图的标注

局部剖视图的标注与全剖视图相同,但当单一剖切平面的剖切位置明确时,不必标注。

6.2.4　剖切面的种类

根据机件的结构特点,国家标准 GB/T 17452—1998 中规定可以选择以下三种剖切面剖开物体:单一剖切面、几个平行的剖切面、几个相交的剖切面。

1.单一剖切面

①用一个平行于基本投影面的平面(或柱面)剖开物体,如前所述的全剖视图、半剖视图、局部剖视图所用到的剖切面都是单一的剖切平面。

②用一个不平行于任何基本投影面的单一剖切平面(投影面的垂直面)剖开物体得到的剖视图如图 6-23 所示。这种剖切方法一般用来表达机件上倾斜部分的内部结构形状,其原理与斜视图相同。

采用这种剖视图时应注意以下几点。

①剖视图尽量按投射关系配置,如图 6-23(a)所示的 A—A 全剖视图;也可以移到其他适当位置并允许将图形旋转,但旋转后应在图形上方指明旋转方向并标注字母,如图 6-23(b)所示;也可将旋转角度标在字母之后,如图 6-23(c)所示。

②画这种剖视图时,必须进行标注,即用剖切符号和字母标明剖切位置及投射方向,并在剖视图上方注明剖视图名称"×—×",且注意字母一律水平书写,如图 6-23 中的"A—A"所示。

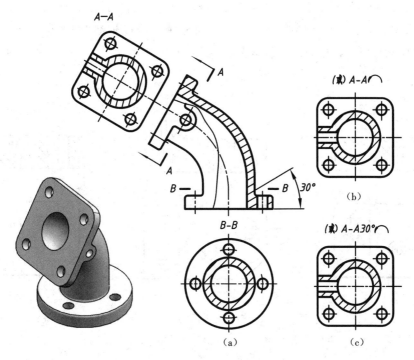

图 6-23　单一剖切平面产生的全剖视图

2.几个平行的剖切平面

这种剖视图多用于表达不在同一平面内且不具有公共回转轴的机件。如图 6-24 所示，机件上部的小孔与下部的轴孔只用一个剖切平面是不能同时剖切到的。为此需用两个互相平行的剖切平面分别剖开小孔和轴孔,移去左边部分,再向侧面投射,即得到全剖视图。

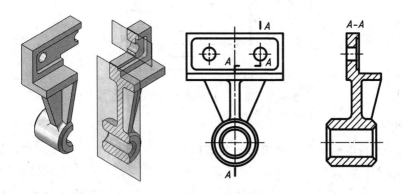

图 6-24　两个平行剖切平面获得的全剖视图

(1)采用这种剖视图时应注意的问题

①由于剖切是假想的,因此在采用几个平行的剖切平面剖切所获得的剖视图时,不应画出各剖切平面转折面的投影,即在剖切平面的转折处不应产生新的轮廓线,如图 6-25(a)所示。

②要正确选择剖切平面的位置,剖切平面的转折处不应与视图中的粗实线或细虚线重

147

合,如图 6-25(b)所示,在图形内不应出现不完整的要素,如图 6-25(c)所示。

③当物体上两个要素在图形上具有公共对称中心线或轴线时,才可以各画一半。此时,不完整要素应以对称中心线或轴线为界,如图 6-26 所示。

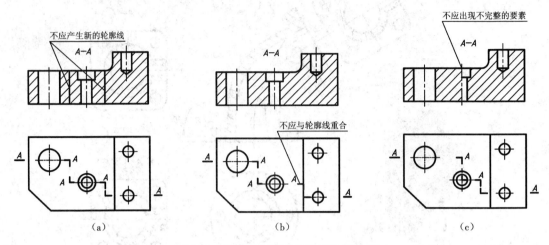

图 6-25   阶梯剖切平面的位置选择(一)

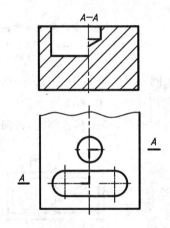

图 6-26   阶梯剖切平面的位置选择(二)

(2)标注

采用几个平行的剖切平面剖切时不能省略标注。在剖切平面的起讫和转折处画出剖切符号并标注相同的大写字母,各剖切平面的转折处必须是直角的剖切符号,同时在剖视图上方注出相应的名称"×—×"。当转折处位置不够时,允许省略转折处字母,如图 6-26 所示。

3.几个相交的剖切面

几个相交的剖切面必须保证其交线垂直于某一基本投影面。

(1)两相交的剖切平面

这种剖视图多用于表达具有公共回转轴的机件,如轮盘、回转体类机件和某些叉杆类机件。如图 6-27 所示,圆盘上分布的四个孔与左侧的凸台只用一个剖切平面不能同时剖切到。为此需用两个相交的剖切平面分别剖开孔和凸台,移去左边部分,并将倾斜的部分旋转到与侧平面平行后,再进行投射而得到左视图。

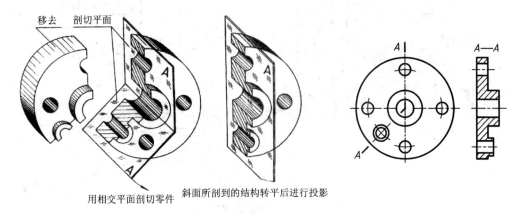

图 6-27 "先剖切、后旋转、再投影"的方法示例

采用两相交的剖切平面剖切时注意事项如下。

①两剖切面的交线一般应与物体的轴线重合。先假想按剖切位置剖开物体,然后将与所选投影面不平行的剖切面剖开的结构及有关部分旋转到与选定的投影面平行再进行投射。用这种"先剖切、后旋转、再投影"的方法绘制的剖视图,往往有些部分图形会伸长,如图 6-27 所示。

②在剖切面后的其他结构仍按原来位置投射,如图 6-28 中的小油孔。

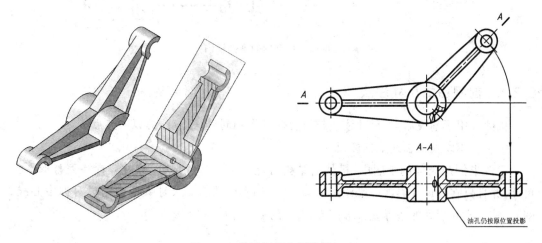

图 6-28 旋转剖的全剖视图(一)

③当剖切后产生不完整要素时,应将此部分按不剖绘制,如图 6-29 所示。

(2)几个相交的剖切平面和柱面

将用几个相交的剖切平面和柱面剖开物体的方法称为复合剖,如图 6-30 所示。

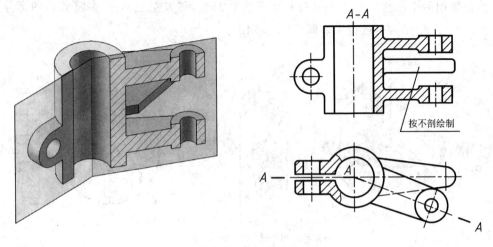

图 6-29　旋转剖的全剖视图(二)

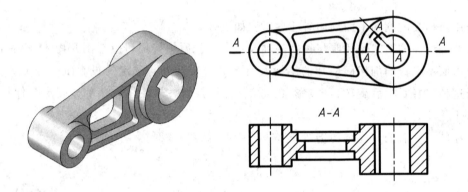

图 6-30　复合剖的全剖视图

6.2.5　剖视图的尺寸注法

机件采用了剖视后,其尺寸注法与组合体基本相同,但还应注意以下几点。

①一般不应在细虚线上标注尺寸。

②在半剖或局部剖视图中,机件的结构可能只画一半或部分,这时应标注完整的形体尺寸,并且只在有尺寸界限一端画出箭头,另一端不画箭头。尺寸线应略超过对称中心线、圆心、轴线或断裂处的边界线。如图 6-31 中的 $\phi24$、$\phi16$、$\phi12$。

6.3　断面图

6.3.1　基本概念

1.断面图的概念

假想用剖切面将机件的某处切断,仅画出剖切平面与机件接触部分的图形,这样的图

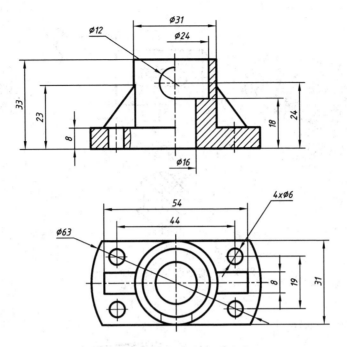

图 6-31　剖视图中的尺寸注法

形称为断面图,简称断面。为了得到断面结构的实形,剖切平面一般应垂直于机件的轴线或该处的轮廓线。

2.适用范围

断面一般用于表达机件某部分的断面形状,如轴、杆上的孔、槽等结构。

3.断面图与剖视图的区别

断面图是面的投影,仅画出断面的形状;剖视图是体的投影,剖切面之后的结构应全部投影画出,如图 6-32 所示。

6.3.2　断面图的种类

断面图分为移出断面和重合断面两种。

1.移出断面

画在视图轮廓线外的断面图称为移出断面。移出断面的轮廓线用粗实线绘制,如图 6-32 所示。

（1）移出断面图的配置与画法

①移出断面应尽量配置在剖切符号或剖切线（剖切线是指示剖切面位置的线,用细点画线画出）的延长线上,也可以按基本视图配置或画在其他适当位置,如图 6-32 所示。

②当断面图形对称时,也可画在视图的中断处,如图 6-33 所示。

③由两个或多个相交的剖切平面剖切物体得出的移出断面图,其中间一般应断开绘制,如图 6-34 所示。

（2）移出断面图画法的特殊规定

151

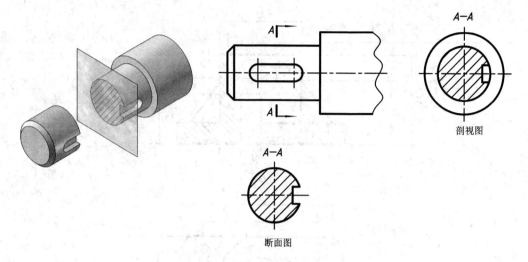

图 6-32　断面图与剖视图的对比

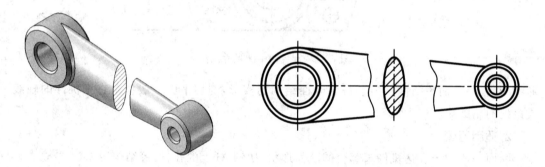

图 6-33　移出断面画在视图中断处

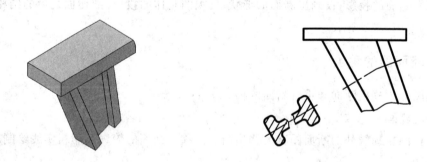

图 6-34　用两相交剖切平面剖切的移出断面图画法

①当剖切面通过回转面形成的孔或凹坑的轴线时,这些结构应按剖视图绘制,如图 6-35 所示。

②当剖切面通过非圆孔而导致出现完全分离的两个断面时,这些结构应按剖视图绘制。在不致引起误解时,允许将图形旋转,如图 6-36 所示。

(3)移出断面图的标注

1)完整标注　在相应视图上画剖切符号来表明剖切位置和观察方向,用大写拉丁字母

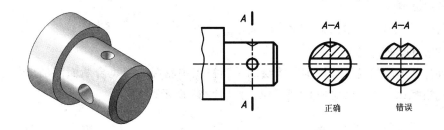

图 6-35　剖切面通过圆孔或凹坑轴线的画法正误对比

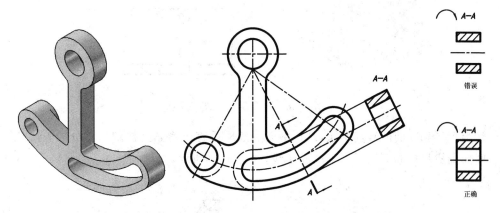

图 6-36　导致出现完全分离的两个断面时的移出断面图画法

在断面图的上方注出断面图的名称,并在剖切符号附近注写相同字母,如图 6-37(d)所示。

2)部分省略标注　①省略名称。配置在剖切符号延长线上的移出断面可以省略名称,如图 6-37(c)所示。②省略箭头。对称移出断面不管配置在何处均可省略箭头,如图 6-37(b)所示。不对称移出断面按投影关系配置时可省略箭头,如图 6-37(e)所示。

3)完全省略标注　配置在剖切符号延长线上的对称移出断面则不必标注,如图 6-37(a)所示。

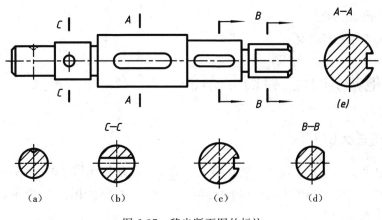

图 6-37　移出断面图的标注

2.重合断面

画在视图之内的断面图称为重合断面图。

(1)重合断面图的画法

①重合断面图的轮廓线用细实线绘制。当视图中轮廓线与重合断面图的图形重叠时，视图中的轮廓线仍应连续画出，不可间断，如图6-38所示。

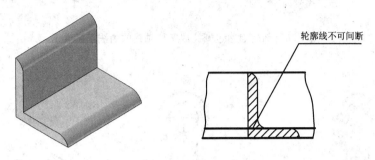

图 6-38　重合断面画法(一)

②为了得到断面的真实形状，剖切平面一般应垂直于物体上被剖切部分的轮廓线。当重合断面画成局部断面图时可不画波浪线，如图6-39所示。

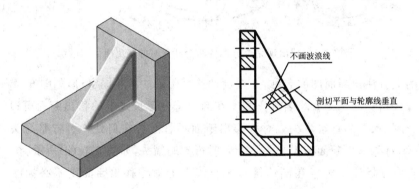

图 6-39　重合断面画法(二)

(2)重合断面的标注

重合断面图不加任何标注。

6.4　其他规定画法和简化画法

6.4.1　局部放大图

机件上某些细小结构在视图中表达得不够清楚或不便标注尺寸时，可将这部分结构用大于原图形所采用的比例画出，画出的图形称为局部放大图，如图6-40所示。画局部放大图应注意以下几点。

①局部放大图可画成视图、剖视图、断面图，其画法与被放大部分原来的表达方法无

关,如图 6-40 的"Ⅰ"处。局部放大图应尽量配置在被放大部位的附近。局部放大图上被放大的范围用波浪线确定。

②画局部放大图时,应在原图形上用细实线(圆或长圆)圈出被放大的部位。当机件上被放大的部位仅一处时,在局部放大图的上方只需注明所采用的比例,若同一机件上有几个放大的部位时,必须用罗马数字依次标明被放大的部位,并在局部放大图的上方标出相应的罗马数字和所采用的比例,如图 6-40 所示。

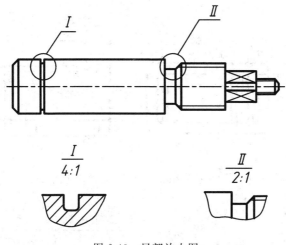

图 6-40　局部放大图

6.4.2　简化画法

①当物体具有若干相同结构(孔、齿、槽等)并按一定规律分布时,只需画出几个完整的结构,其余用细实线连接,如图 6-41(a)所示;或用对称中心线表示孔的中心位置,如图 6-41(b)所示。

②当机件回转体上均匀分布的肋、轮辐和孔等结构不处于剖切平面上时,可将这些结构旋转到剖切平面上按对称形式画出,如图 6-42 所示。

③对于物体上的肋、轮辐及薄壁等,如按纵向(剖切面通过板厚的对称平面或通过轮辐的轴线)剖切时,这些结构都不画剖面符号,而且用粗实线将它与其相邻部分分开,但若按横向(剖切平面平行于肋、轮辐及薄壁厚度方向)剖切时,这些结构应按规定画出剖面符号,如图 6-43 所示。

④圆柱形法兰盘和类似物体上均匀分布的孔可按图 6-44 所示的方法表示。

⑤较长的物体(轴、杆、型材、连杆等)沿长度方向的形状一致或按一定规律变化时,可断开后缩短绘制。断裂处的边界线可采用波浪线、中断线、双折线绘制,但必须按原来实际长度标注尺寸,如图 6-45 所示。

⑥在不致引起误解时,移出断面图允许省略剖面符号,但剖切位置和断面图的标注必须遵照原规定,如图 6-46 所示。

⑦当回转体物体上某些平面在图形中不能充分表达时,可用平面符号(两条相交的细

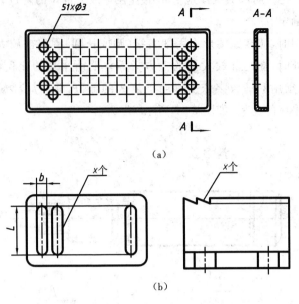

(a)

(b)

图 6-41　成规律分布相同结构的简化画法

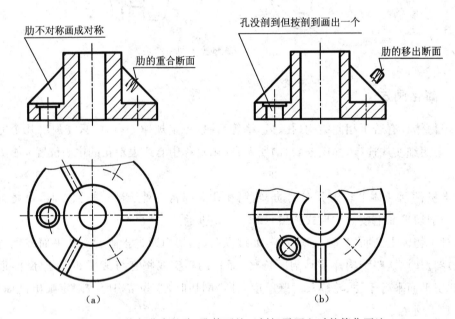

(a)　　　　　　　　　　　　　(b)

图 6-42　均匀分布的肋、孔等不处于剖切平面上时的简化画法

实线)表示这些平面,如图 6-47(a)所示。如果平面结构已有断面图表示,则在该视图上不画平面符号,如图 6-47(b)所示。

⑧如果物体上较小的结构在一个视图中已表示清楚,则其他视图可简化或省略,如图6-48 所示。

⑨圆柱形物体上的孔、键槽等较小结构产生的表面交线,其画法允许简化,但必须有一个视图能清楚表达这些结构的形状,如图 6-49 所示。

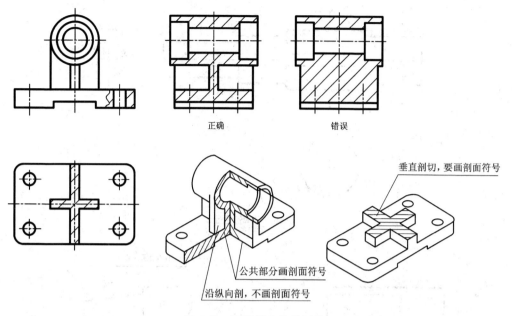

图 6-43   剖视图中肋的画法

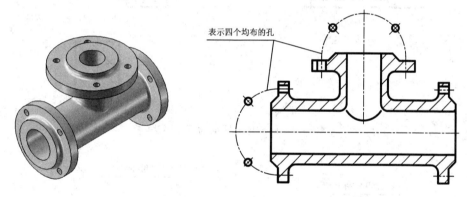

图 6-44   均布孔的简化画法

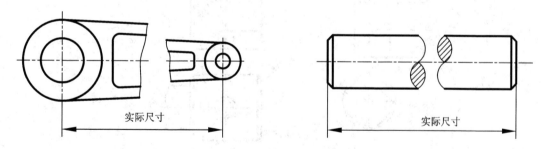

图 6-45   较长机件的简化画法

⑩与投影面倾斜角度小于或等于30°的圆或圆弧,其投影可以用圆或圆弧代替,如图6-50所示。

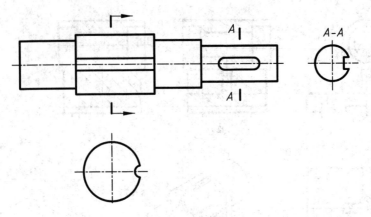

图 6-46　省略剖面线

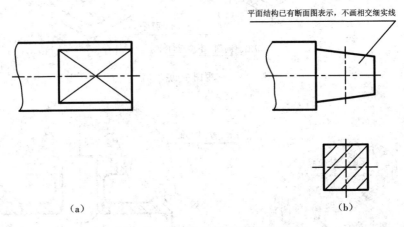

（a）　　　　　　　　　（b）

图 6-47　回转体上平面的规定画法

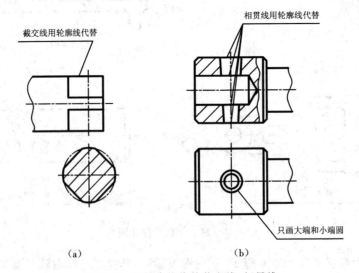

（a）　　　　　　　　　（b）

图 6-48　用轮廓线代替截交线、相贯线

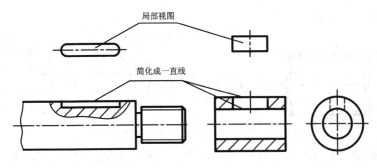

图 6-49　对称结构局部视图的简化画法

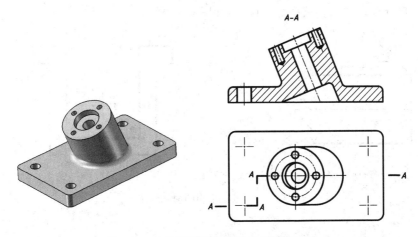

图 6-50　小角度斜面上圆投影的简化画法

⑪物体上斜度不大的结构,如在一个视图中已表达清楚时,在其他视图上可按小端画出,如图 6-51 所示。

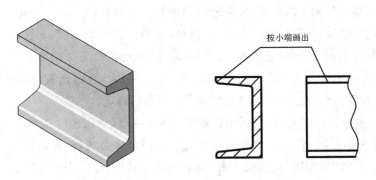

图 6-51　小斜度的简化画法

⑫网状物、编织物或物体的滚花部分,可在轮廓线附近用细实线示意画出,并在零件图上或技术要求中注明这些结构的具体要求 ,如图 6-52 所示。

⑬在需要表达位于剖切平面前的结构时,应按假想画法用细双点画线绘制出轮廓线,如图 6-53 所示。

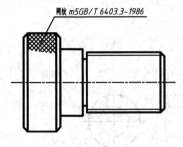

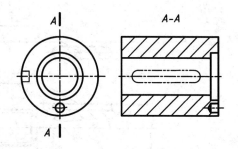

图 6-52　滚花的简化画法图　　　　　　　　　　图 6-53　剖切平面前的结构的简化画法

⑭在不致引起误解时,零件图中的小圆角、锐边的小倒圆或 45°小倒角允许省略不画,但必须注明尺寸或在技术要求中加以说明,如图 6-54 所示。

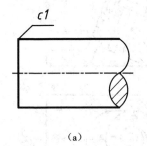

（a）

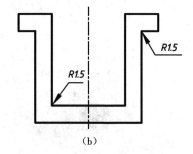

（b）

图 6-54　较小结构的简化画法

6.5　图样画法的综合应用举例

前面介绍了机件的各种表达方法——视图、剖视、断面等。在实际绘图中,选择何种表达方法,则应根据机件的结构形状、复杂程度等进行具体分析,以完整、清晰为目的,以看图方便、绘图简便为原则。同时力求减少视图数量,既要注意每个视图、剖视和断面图等具有明确的分工,重点突出,还要注意各视图之间的联系,正确选择适当的表达方法。一个机件往往可以选用几种不同的表达方案。它们之间的差异很大,通过比较,最后确定一个较好的方案。下面以图 6-55 泵体为例,讨论视图表达方案的确定。

如图 6-55 所示,其内外结构形状均较复杂。为了完整、清晰地将其表达出来,首先分析它的各组成部分的形状、相对位置和组合方式。如该泵体由底板、壳体、支承板、肋板和两个带圆形法兰盘的圆柱组成,从结构上看,左右对称。其次,确定表达方案。对一个较复杂的机件,需要各种表达方案进行比较,从中选出一个较好的表达方案,如图 6-56 给出了两种表达方案供选择。

方案一　如图 6-56(a)所示。

该方案采用了三个基本视图(主视图、俯视图和左视图),D 向、E 向两个局部视图和一个 C—C 断面图。

主视图为 A—A 半剖视图。其剖视部分主要表达泵体的内部结构形状以及圆筒内孔与

160

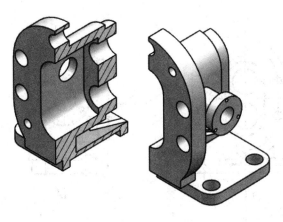

图 6-55　泵体的立体图

壳体内腔的连通情况;视图部分主要表达各部分的外形及长度和高度方向的相对位置。左视图为局部剖视图将泵体凸缘上的通孔表达出来。其视图部分主要表达泵体各组成部分在高度、宽度方向上的相对位置和圆形法兰盘上孔的分布情况及肋板形状。俯视图为 B—B 半剖视,主要表达泵体内腔的深度和底板的形状等。上述三个基本视图尚未将泵体底面凹槽及壳体后面突出部分的形状表达清楚,因此采用 D 向和 E 向两个局部视图来表达。至于肋板和支承板连接情况,则采用 C—C 断面表达。

　　方案二　如图 6-56(b)所示。

　　该方案采用了三个基本视图和一个局部视图。

　　主视图与方案一相同。左视图为局部剖视图,剖视部分既表达凸缘上的通孔,又表达泵体内腔的深度。视图部分表达法兰盘上孔的分布情况和肋板的形状。俯视图为 B—B 全剖视图并画出一部分虚线,表达了底板及其上的凹槽形状。上述三个基本视图尚未将泵体后面突出部分的形状表达清楚,因此采用了 C 向局部视图。

　　上述两个方案均将泵体各部分结构形状完整地表达出来了。但是,方案一视图数量较多,画图较繁。方案二各视图表达较精练,重点明确、图形清晰、视图数量较少,画图简便,看图也方便。所以方案二是比较理想的表达方案。

6.6　第三角画法简介

　　在中国和有些国家采用第一角投影,因此本书根据国标规定主要介绍了第一角投影,而有些国家(如美国、加拿大、日本等)采用第三角画法绘制物体的图样。为了便于国际间的技术交流,本节对第三角画法作简单介绍。

6.6.1　第三角画法的概念

　　相互垂直的 V、H、W 三个投影面将空间分为八个部分,如图 6-57 中罗马数字所示,称为八个分角。把物体放在第一分角中,按"观察者——物体——投影面"的相对位置关系作正投影,这种方法称为第一角画法。前面所讲的视图均采用第一角画法。

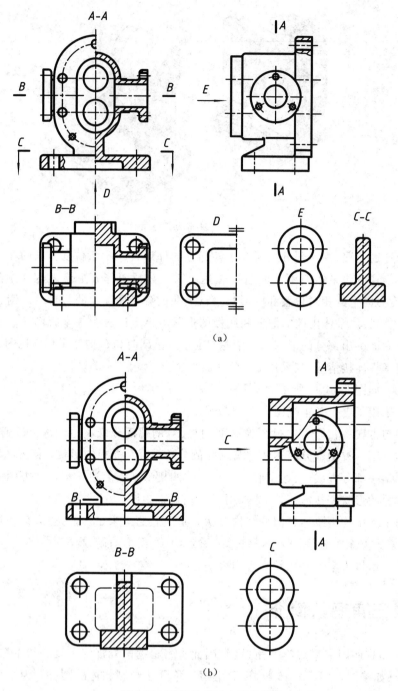

图 6-56　泵体的表达方案比较

　　把物体放在第三分角中，按"观察者——投影面——物体"的相对位置关系作正投影，这种方法称为第三角画法。采用第三角画法进行投影时就好像隔着玻璃看物体一样，在 V 面上所得的投影仍称为主视图，在 H 面上所得的投影仍称为俯视图，在 W 面上所得的投影则称为右视图，如图 6-58(a)所示。

展开投影面时,仍规定 V 面不动,H 面绕 OX 轴向上翻转 $90°$,W 面绕 OZ 轴向右翻转 $90°$,投影面展开后,俯视图位于主视图的正上方,右视图位于主视图的正右侧,如图 6-58(b) 所示。

如将物体置于六投影面体系中,就好像物体被置于透明的正六面体中,正六面体的六个面就是六个基本投影面,按"观察者——投影面——物体"的相对位置关系分别向六个投影面作正投影,得到六个基本视图,展开后六个基本视图的配置如图 6-59 所示。

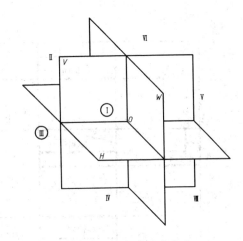

图 6-57　空间的八个分角

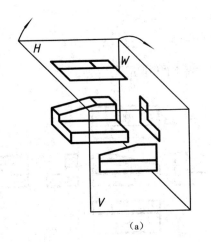

(a)

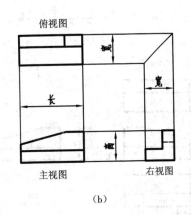

(b)

图 6-58　第三角投影的形成及画法

6.6.2　第三角画法与第一角画法的比较

1.共性

两者都是采用正投影法,都具有正投影的基本特征,具有视图之间的"长对正、高平齐、宽相等"的三等对应关系。

2.差别

①投影时观察者、物体、投影面的相互位置关系不同。第一角画法中为"人—物—面"关系;第三角画法中为"人—面—物"关系。

②各视图的位置关系和对应关系不同,如图 6-60 所示。图(a)为第三角画法,图(b)为第一角画法。

③在投影图中反应空间方位不同。第一角画法中,靠近主视图的一方是物体的后方;第三角画法中,靠近主视图的一方是物体的前方。

④两种画法的识别符号不同。国际标准 ISO128 规定第一角画法与第三角画法等效使用。为了便于识别,特别规定了识别符号,如图 6-61 所示。采用第三角画法时,必须在图样

163

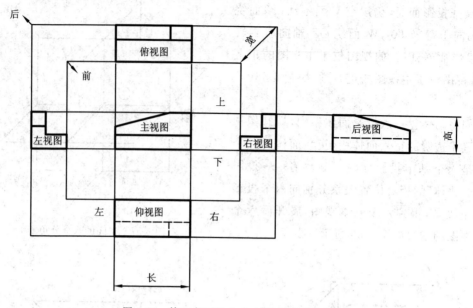

图 6-59　第三角画法中六个基本视图的配置

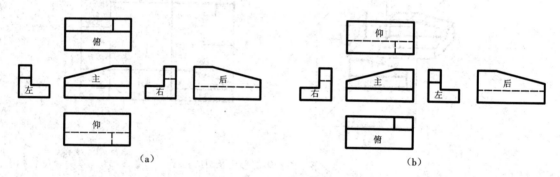

图 6-60　第三角画法与第一角画法的对比

中画出第三角画法的识别符号,如图 6-61(a)所示,而在国内采用第一角画法时,通常省略识别符号见图 6-61(b)。

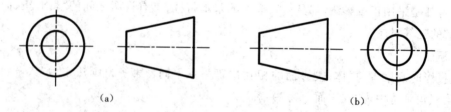

图 6-61　第三角画法与第一角画法的识别符号

　　以上仅介绍了第三角画法的基本知识,如果熟练掌握了第一角画法,就能触类旁通,不难掌握第三角画法。

第7章 标准件与常用件

任何机器或部件都是由若干零件按特定的关系装配而成的。在其装配和安装过程中，有一些种类的零件由于使用广泛，用量大，因此，为了提高产品质量和生产效率，便于专业化大批量生产以及降低生产成本，故对这些零件进行标准化。其中结构、尺寸、画法和标记已经全部标准化的零件称为标准件，例如螺纹紧固件（螺栓、螺柱、螺钉、螺母、垫圈等）、键、销、轴承、弹簧等。使用广泛，但仅部分尺寸参数标准化的零件称为常用件，例如齿轮、弹簧等。本章主要介绍标准件和常用件的基本知识、规定画法、代号及标注方法。

7.1 螺纹

7.1.1 螺纹的形成及工艺结构

1.螺纹的形成

螺纹是指在圆柱或圆锥表面上，沿螺旋线运动所形成的具有相同断面的连续凸起和沟槽。在圆柱或圆锥外表面上形成的螺纹称为外螺纹，在圆柱或圆锥孔内表面上形成的螺纹称为内螺纹。螺纹凸起的顶部称为牙顶，螺纹沟槽的底部称为牙底。

形成螺纹的加工方法很多。在实际生产中，螺纹通常是在车床上加工的，工件等速旋转，车刀沿轴向等速移动，即可加工出螺纹。图 7-1 表示在车床上车削内、外螺纹。

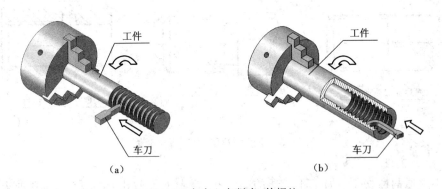

图 7-1 车床上车削内、外螺纹

对于直径较小的外螺纹，可直接用板牙加工出螺纹（俗称套扣），如图 7-2（a）所示；对于直径较小的内螺纹，可以先用钻头钻出光孔，再用丝锥加工出螺纹（俗称攻丝），如图 7-2（b）所示。

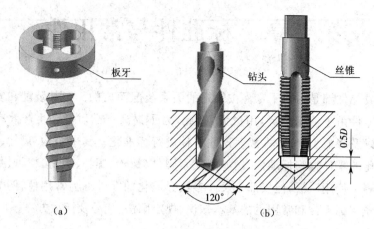

图 7-2 套扣和攻丝

2.螺纹的工艺结构

1）螺尾 在车削螺纹时,刀具接近螺纹末尾处,需逐渐离开工件表面时,会出现一段牙型不完整的螺纹,称为螺尾,如图 7-3(a)所示。螺尾是一段不能正常工作的部分。

2）螺纹退刀槽 为避免产生螺尾,可预先在产生螺尾的部位加工出退刀槽,退刀槽结构的图形表达如图 7-3(b)(c)所示。

3）螺纹倒角 螺纹在使用时需内外螺纹相互旋合,形成螺纹副。为了方便旋入,防止起始圈损坏,需要在内外螺纹的旋入端加工一小部分圆锥面,称为倒角,如图 7-3 所示。

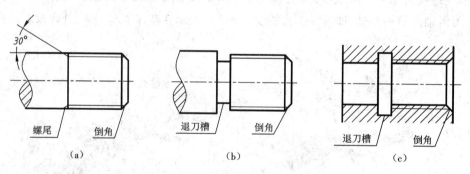

图 7-3 螺纹的螺尾、退刀槽与倒角

4）不穿通的螺纹孔 加工不穿通的螺纹孔,要先进行钻孔,钻头使不通孔的末端形成圆锥面,然后再加工出螺纹,如图 7-4 所示。

螺纹工艺结构的尺寸参数可查阅附表 14。退刀槽的尺寸按"槽宽×直径"或"槽宽×槽深"的形式标注;螺纹长度应包括退刀槽和倒角在内,其尺寸标注如图 7-5(a)(b)所示;45°倒角一般采用图 7-5(c)(d)(e)的形式标注,如 $C2$ 中 2 代表倒角宽度,C 表示 45°倒角。

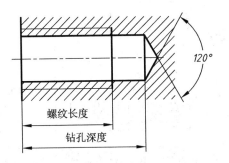

图 7-4　不穿通的螺纹孔

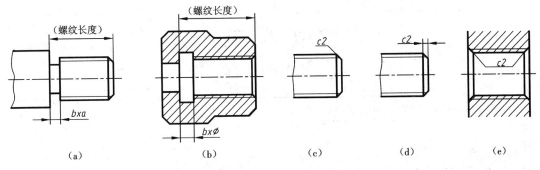

（a）　　　　　　　（b）　　　　　　（c）　　　　　（d）　　　　（e）

图 7-5　退刀槽、45°倒角和螺纹长度的尺寸标注

7.1.2　螺纹的要素

1.牙型

在通过螺纹轴线的断面上,螺纹的轮廓形状称为螺纹牙型。常见的牙型有三角形、梯形、矩形等,不同牙型的螺纹用途也不相同,由此规定了螺纹的种类及特征代号,见表 7-1。螺纹的种类很多,表中只列举了一些常用的螺纹的种类。

表 7-1　常用螺纹的种类、代号、牙型、特点和用途

		特征代号	外形图	特点及用途
紧固螺纹	粗牙普通螺纹	M	60°	牙型的原始三角形为等边三角形,强度好,一般情况下优先选用
	细牙普通螺纹			牙型与粗牙螺纹相同,用于直径较大、薄壁零件或轴向尺寸受到限制的场合
管用螺纹	55°非密封管螺纹	G		牙型的原始三角形为等腰三角形,螺纹副本身不具有密封能力,用于管路的机械连接

		特征代号	外形图	特点及用途
传动螺纹	梯形螺纹	Tr		牙型为等腰梯形,用来传递运动和力,常用于机电产品中将旋转运动转变为直线运动
	锯齿形螺纹	B		牙型为锯齿形,用于承受单向轴向力的传动,如千斤顶的丝杠
	矩形螺纹			非标准螺纹,牙型为矩形,常用于虎钳等传动丝杠上

注:管用螺纹还包括55°密封管螺纹,此处略。

2. 直径

如图 7-6 所示,螺纹的直径包括大径、小径和中径。

1) 大径 d、D　指与外螺纹牙顶或内螺纹牙底重合的假想圆柱的直径,如图 7-6 所示。外螺纹的大径用 d 表示,内螺纹的大径用 D 表示。代表螺纹尺寸的直径称为公称直径,规定用大径作为螺纹的公称直径。

2) 小径 d_1、D_1　指与外螺纹牙底或内螺纹牙顶重合的假想圆柱的直径,如图 7-6 所示。外螺纹的小径用 d_1 表示,内螺纹的小径用 D_1 表示。

3) 中径 d_2、D_2　在大径和小径之间,有一个假想圆柱的直径,该圆柱的母线是牙型上凸起和沟槽宽度相等的位置,该假想圆柱称为中径圆柱,其直径称为螺纹的中径。如图 7-6 所示。外螺纹的小径用 d_2 表示,内螺纹的小径用 D_2 表示。

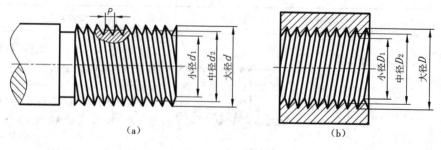

图 7-6　螺纹的直径

3. 线数 n

线数是指圆柱表面形成螺纹的螺旋线条数。螺纹有单线螺纹和多线螺纹之分。沿一条螺旋线形成的螺纹称为单线螺纹,如图 7-7(a)所示;沿轴向等距分布的两条或两条以上的螺旋线形成的螺纹称为双线或多线螺纹,如图 7-7(b)所示。

4.螺距 P 和导程 P_h

螺距是指螺纹相邻两牙在中径线上对应两点间的轴向距离,如图 7-6、图 7-7 所示。导程是指同一条螺旋线上相邻两牙在中径线上对应两点之间的轴向距离,如图 7-7 所示。由此可以得到螺距、导程和线数之间的关系为 $P_h = nP$。

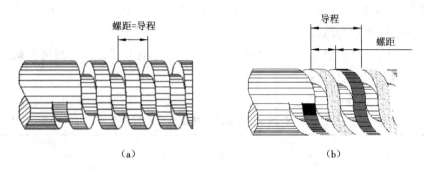

图 7-7　螺纹的线数、导程和螺距

5.旋向

螺纹分左旋螺纹和右旋螺纹两种。逆时针旋转旋入的螺纹为左旋螺纹,如图 7-8(a)所示,顺时针旋转旋入的螺纹为右旋螺纹,如图 7-8(b)所示。

图 7-8　螺纹的旋向

以上五个螺纹要素全部相同的内、外螺纹才可以形成螺纹副。国家标准对牙型、直径和螺距都作了规定。这三项均符合国标规定的螺纹称为标准螺纹;牙型符合标准、直径或螺距不符合国家标准的螺纹称为特殊螺纹;牙型不符合标准的螺纹称为非标准螺纹。表 7-1 中的矩形螺纹为非标准螺纹。

螺纹的尺寸由公称直径和螺距两个要素构成,标准螺纹的公称直径和螺距是固定搭配的。粗牙普通螺纹的螺距一般是每个公称直径所对应的数个螺距中最大的一个,其他螺距对应的都是细牙螺纹,参见附表 1。

7.1.3　螺纹的规定画法

为简化作图,国家标准 GB/T 4459.1—1995“机械制图螺纹及螺纹紧固件表示法”中规定了螺纹的画法,其适用于各种牙型螺纹的表达。

1.内、外螺纹的画法

螺纹牙顶圆柱的投影用粗实线表示。在投影为非圆的视图中,牙底圆柱的投影用细实线表示,并应画入倒角,螺纹的终止线是有效螺纹的终止界线,用粗实线表示。在投影为圆的视图中,用粗实线圆表示牙顶圆,用约 3/4 圈细实线圆弧表示牙底圆。此时,螺杆或螺孔上的倒角圆省略不画。内、外螺纹的具体画法及说明见表 7-2。

2.内、外螺纹旋合的画法

内外螺纹旋合后,其旋合部分按外螺纹画,其余部分仍按照各自的画法去画。内、外螺纹旋合的具体画法及说明见表 7-2。

表 7-2 外螺纹、内螺纹和螺纹旋合的规定画法

种类	规定画法	说明
外螺纹	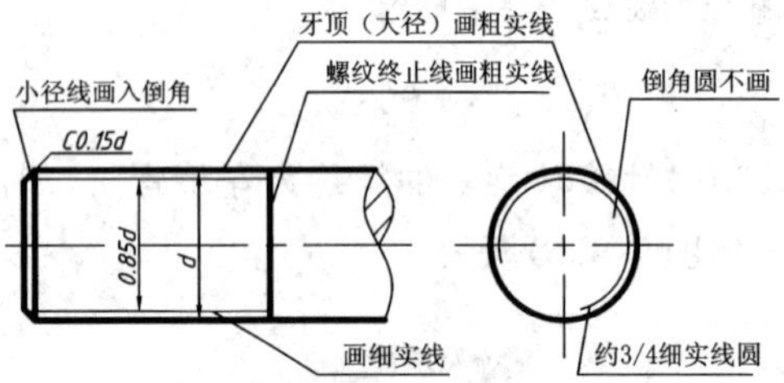	(1)外螺纹牙顶(大径)用粗实线表示,牙底(小径)用细实线绘制,且画入端部倒角处。 (2)螺纹小径尺寸约为 0.85d(d 为外螺纹大径),倒角约为 0.15d。 (3)左视图中,螺纹大径用粗实线圆表示,螺纹小径用约 3/4 圈细实线圆弧表示,且倒角圆不画出
	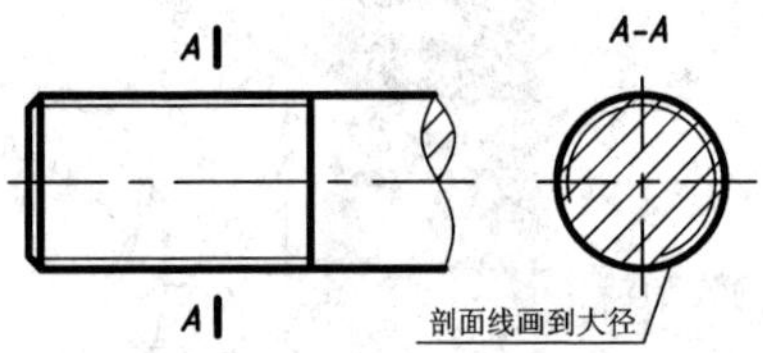	当反映圆的视图采用剖视图时,剖面线应画到表示大径的粗实线圆
	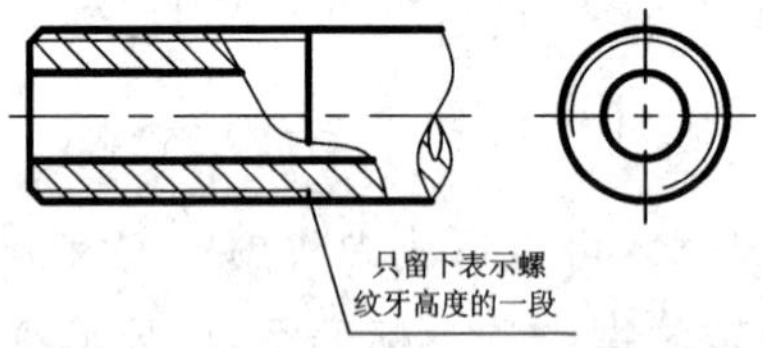	在画带孔的外螺纹时,为了表示孔的情况,可以采用半剖或局部剖,这时被剖切的螺纹终止线仅留下表示螺纹牙高度的一段

种类	规定画法	说明
内螺纹	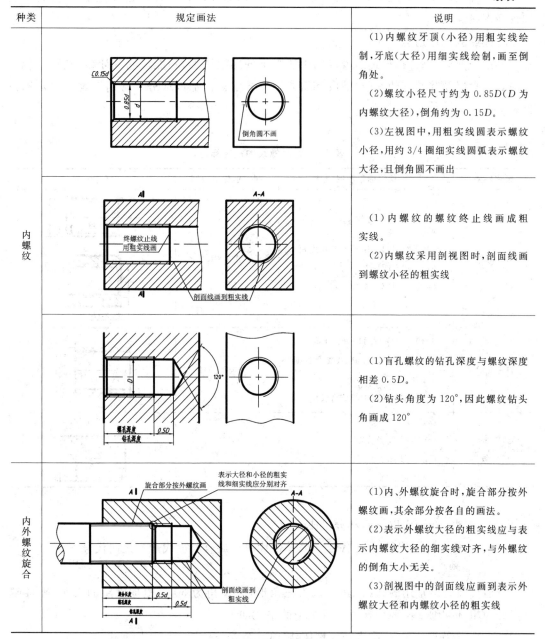	(1)内螺纹牙顶(小径)用粗实线绘制,牙底(大径)用细实线绘制,画至倒角处。 (2)螺纹小径尺寸约为 0.85D(D 为内螺纹大径),倒角约为 0.15D。 (3)左视图中,用粗实线圆表示螺纹小径,用约 3/4 圈细实线圆弧表示螺纹大径,且倒角圆不画出
		(1)内螺纹的螺纹终止线画成粗实线。 (2)内螺纹采用剖视图时,剖面线画到螺纹小径的粗实线
		(1)盲孔螺纹的钻孔深度与螺纹深度相差 0.5D。 (2)钻头角度为 120°,因此螺纹钻头角画成 120°
内外螺纹旋合		(1)内、外螺纹旋合时,旋合部分按外螺纹画,其余部分按各自的画法。 (2)表示外螺纹大径的粗实线应与表示内螺纹大径的细实线对齐,与外螺纹的倒角大小无关。 (3)剖视图中的剖面线应画到表示外螺纹大径和内螺纹小径的粗实线

7.1.4　螺纹的种类与标注方法

1.螺纹的种类

螺纹按其用途可分为连接螺纹和传动螺纹两类。

连接螺纹是用于两个被连接件之间的连接和紧固。常用的连接螺纹包括普通螺纹和管螺纹,螺纹牙型为三角形。普通螺纹分为粗牙普通螺纹和细牙普通螺纹。

171

传动螺纹用于传递运动和动力。按牙型分为梯形螺纹和锯齿形螺纹；按线数分为单线螺纹和多线螺纹。

2.螺纹的标注方法

不论是何种螺纹，按国标所规定的画法画出的螺纹图形，不能表明其牙型、螺距、线数、旋向等要素以及其精度的参数，螺纹都需要依据规定标记加以区分。常用螺纹的规定标记见表7-3。

表 7-3　常用螺纹的规定标记

螺纹种类	螺纹标记示例	螺纹副标记示例	标注示例
普通螺纹	M14—5g6g （外螺纹、粗牙、中等旋合长度） M15×2—LH （内螺纹、细牙、左旋）	M12×1.5	
梯形螺纹	Tr40×14(P7)LH—7e—L （外螺纹、双线、左旋、长旋合长度） Tr32×7—7H （内螺纹、单线、中等旋合长度）	Tr40×7—7H/7e	
55°非密封 管螺纹	G1/2A （外螺纹、A级公差） G1/2—LH （内螺纹、左旋）	G1/2 A	

完整的螺纹标记由以下四部分组成：

螺纹特征代号 尺寸代号－公差带代号－旋合长度代号－旋向代号

（1）普通螺纹

普通螺纹是最常用的螺纹，其牙型为三角形，牙型角为 60°。根据螺距的大小，普通螺纹又分为粗牙和细牙两种。普通螺纹标记的格式如下：

特征代号 公称直径×螺距 旋向－公差带代号－旋合长度代号

①特征代号。普通螺纹的特征代号为"M"。

②公称直径。普通螺纹的公称直径指螺纹的大径。

③螺距。查国标可知，粗牙普通螺纹的同一公称直径只对应一个螺距，所以省略不注螺距；细牙普通螺纹同一公称直径对应几个螺距，需标注出螺距。

④公差带代号。公差带代号包括中径公差带代号和顶径公差带代号，它表示螺纹的加工精度，由表示公差等级的数值和表示基本偏差的字母组成，内螺纹的基本偏差用大写字母，外螺纹的基本偏差用小写字母。若中径公差带代号和顶径公差带代号相同，则应只标

注一个公差带代号。

⑤旋合长度代号。普通螺纹分为短、中、长三个旋合长度,分别用 S、N、L 表示。旋合长度代号与公差带代号之间用"－"号分开,中等旋合长度不标注其代号。

⑥旋向。旋向分为左旋和右旋。右旋螺纹不需注出旋向,左旋螺纹应注出"LH"。

例如,公称直径为 10 mm,螺距为 1 mm,中径公差带代号为 5 g,顶径公差带代号为 6 g,短旋合长度的普通细牙外螺纹,其标记为 M10×1－5g6g－S;若公称直径为 10 mm,左旋,中径和顶径公差带代号均为 5H,中等旋合长度的普通粗牙内螺纹,其标记为 M10－5H－LH。

(2)梯形螺纹

梯形螺纹用来传递双向动力,其标记的格式如下。

单线螺纹标记:特征代号 公称直径×螺距 旋向－公差带代号－旋合长度代号

多线螺纹标记:特征代号 公称直径×导程(P 螺距) 旋向－公差带代号－旋合长度代号

①特征代号。梯形螺纹的特征代号为"Tr"。

②公称直径。梯形螺纹的公称直径指螺纹的大径。

③螺距和导程。单线螺纹只注螺距,多线螺纹要注导程和螺距。

④旋向。旋向分为左旋和右旋。右旋螺纹不需注出旋向,左旋螺纹应注出"LH"。

⑤公差带代号。梯形螺纹的公差带代号只注中径公差带代号。

⑥旋合长度代号。梯形螺纹的旋合长度分为中等旋合长度和长旋合长度两种,分别用 N、L 表示。中等旋合长度不用标注"N"。

例如,公称直径为 40 mm,螺距为 3 mm,导程为 6 mm,左旋,中径公差带代号为 7e,长旋合长度的双线梯形螺纹,标记为 Tr40×6(P3)LH－7e－L;公称直径为 32 mm,螺距为 6 mm,中径公差带代号为 7H,中等旋合长度的单线梯形螺纹,标记为 Tr32×6－7H。

普通螺纹和梯形螺纹的标记应直接注在大径的尺寸线上或注写在其引出线上,标注示例见表 7-3。

(3)55°非密封管螺纹

螺纹标记形式为:

特征代号 尺寸代号 公差等级代号－旋向

55°非密封管螺纹的特征代号为 G,尺寸代号的数值代表的规格大小用英寸表示,但不是螺纹的公称直径。外螺纹的公差等级分为 A、B 两级,必须注出;内螺纹的公差等级只有一种,不标注。左旋螺纹旋向注"LH",右旋不注。标记示例见表 7-3。

根据 55°非密封管螺纹的标记可以从国标中查出相应管螺纹的基本尺寸,见附表 4。

55°非密封管螺纹的标记一律注在引出线上,引出线应由大径处引出,标注示例见表 7-3。

(4)螺纹副的标记及其标注方法

①普通螺纹副和梯形螺纹副的标记与相应的螺纹标记基本相同,只是公差带代号要用分式的形式注写为:内螺纹的公差带代号/外螺纹的公差带代号。标记示例见表 7-3。例如,普通螺纹,公称直径为 20 mm,螺距为 2 mm,公差带代号为 6H 的内螺纹与公差带代号

为 5g6g 的外螺纹组成配合,标注方法为 M20×2－6H /5g6g。

②55°非密封管螺纹螺纹副的标记只标注外螺纹的标记代号,标记示例见表 7-3。

7.2 螺纹紧固件

7.2.1 常用螺纹紧固件的种类和规定标记

1.常用螺纹紧固件的种类

螺纹紧固件的种类很多,常用的有螺栓、双头螺柱、螺钉、螺母、垫圈等,如图 7-9 所示。它们的结构形式都有不同的类别。因为它们都已标准化(标准件),所以,在设计时,只需根据设计要求,按国家标准进行选取即可;在使用时,可以按规定标记直接外购即可。

六角头螺栓	双头螺柱	六角螺母	六角开槽螺母
内六角圆柱头螺钉	开槽圆柱头螺钉	开槽沉头螺钉	紧定螺钉
平垫圈	弹簧垫圈	圆螺母用止动垫圈	圆螺母

图 7-9　常见螺纹紧固件

螺栓、双头螺柱和螺钉都是在圆柱外表面加工出螺纹,起连接作用。螺母是和螺栓、双头螺柱一起进行连接的。垫圈一般放在螺母下面,可避免旋紧螺母时损伤被连接零件的表面。弹簧垫圈可防止螺母松动脱落。

2.常用螺纹紧固件的规定标记

GB/T 1237—2000 规定的螺纹紧固件标记包括类别(产品名称)、标准编号、螺纹规格或公称尺寸、其他直径或特征、公称长度(规格)、螺纹长度或杆长、产品型式、性能等级或硬度或材料、产品等级、扳拧型式、表面处理等项内容。根据标记的简化原则,可以简化标记。

螺纹紧固件的简化标记为:

名称　国标代号　规格

表 7-4 列出了几种常用螺纹紧固件的结构简图和标记示例,表中各标准的摘录见附表 5～附表 13。

174

表 7-4 常用螺纹紧固件的规定标记

名称	结构简图	标记示例及说明
六角头螺栓		标记示例:螺栓 GB/T 5782—2000 M10 × 50 名称:螺栓 国标代号:GB/T 5782—2000 螺纹规格:d＝M10 公称长度:l＝50 mm
双头螺柱	A型 B型	标记示例:螺柱 GB/T 898—1988 AM10 × 45 名称:螺柱 国标代号:GB/T 898—1988 螺纹规格:d＝M10 公称长度:l＝45mm。 若为 B 型,则省略标记"B", 例如,螺柱 GB/T 899—1988 M10×50,其他与 A 型相同。 注:旋入端的长度 b_m 由被旋入零件的材料决定
开槽盘头螺钉		标记示例:螺钉 GB/T 67—2000 M10×50 名称:螺钉 国标代号:GB/T 67—2000 螺纹规格:d＝M10 公称长度:l＝50 mm
开槽锥端 紧定螺钉		标记示例:螺钉 GB/T 71—1985 M12×35 名称:螺钉 国标代号:GB/T 71—1985 螺纹规格:d＝M12 公称长度:l＝35 mm
六角螺母		标记示例:螺母 GB/T 6170—2000 M12 名称:螺母 国标代号:GB/T 6170—2000 螺纹规格:D＝M12
平垫圈 A级		标记示例:垫圈 GB/T 97.1—2002 12 名称:垫圈 国标代号:GB/T 97.1—2002 公称尺寸:d_1＝ϕ13 螺纹规格:12(表示与配合使用的螺栓或螺柱的 螺纹规格为 $M12$)

175

名称	结构简图	标记示例及说明
标准型弹簧垫圈	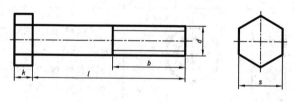	标记示例:垫圈 GB/T 93—1987　12 名称:垫圈 国标代号:GB/T 93—1987 公称尺寸:$d_1 = \phi 12.2$ 螺纹规格:12(表示与配合使用的螺栓或螺柱的螺纹规格为 M12)

7.2.2　常用螺纹紧固件连接的装配图画法

1.装配图中螺纹紧固件的画法规定

①两个零件的接触表面画一条线,不接触表面画两条线。

②两零件邻接时,它们的剖面线方向应相反,或者方向相同但间距不等。同一零件在不同剖视图中的剖面线方向、间距应一致。

③在剖视图中当剖切平面通过螺纹紧固件的轴线时,螺柱、螺栓、螺钉、螺母及垫圈等标准件均按不剖绘制。

2.装配图中零件尺寸的确定

(1)查表法

螺纹紧固件都是标准件,根据它们的标记,在机械设计手册中可以查到它们的结构形式和全部尺寸。

例 7-1　螺栓 GB/T 5782 M12×50。

根据标记和 M12,在附表 5 中可查出 k、s、b 的值分别为 7.5、18、30,并在附表 2 中查出螺纹小径的值为 10.106,根据这些数据可画出该螺栓,如图 7-10 所示。

图 7-10　查表法

(2)比例法

为了节省查表时间,一般不按实际尺寸作图,除公称长度 l 需经计算,并查国标选定外,其余各部分尺寸都按与螺纹大径 d(或 D)成一定比例确定,各相关比例见表 7-5。

表 7-5 比例法确定螺纹紧固件的尺寸

名称	比例画法
螺栓	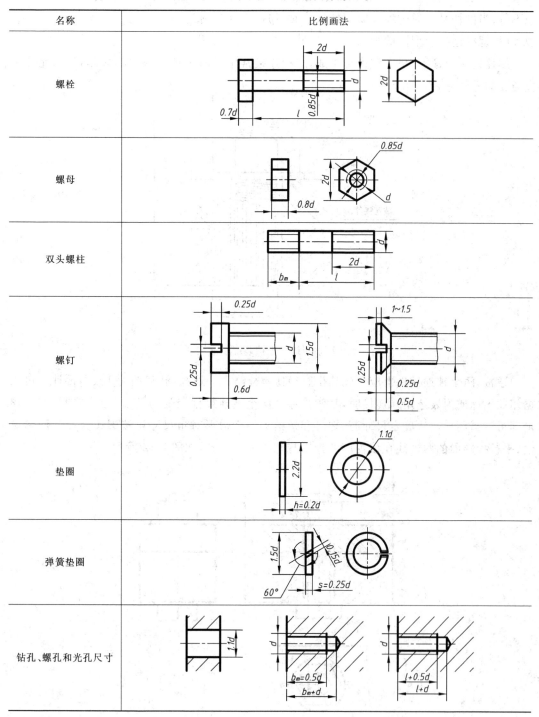
螺母	
双头螺柱	
螺钉	
垫圈	
弹簧垫圈	
钻孔、螺孔和光孔尺寸	

3.螺纹紧固件的装配画法

螺纹紧固件有三种连接方式:螺栓连接、双头螺柱连接和螺钉连接。

根据画装配图的一般规定,两个零件间的接触表面画一条线,不接触的相邻表面应画两条线,以表示其间隙;相互邻接的金属零件,其剖面线的倾斜方向不同,或方向一致而间距不等;当剖切平面通过螺纹紧固件轴线时,均按不剖绘制。

(1)螺栓连接装配图的画法

螺栓连接由螺栓、垫圈和螺母构成,螺栓连接常用于两个被连接件不太厚,且均允许钻成通孔的零件,如图 7-11 所示。

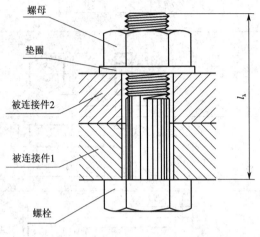

图 7-11　螺栓连接装配示意图

通常,两个被连接件上应预先钻出直径比螺栓略大的通孔(孔径约为 $1.1d$,设计时可依据相关国标或附表选用),连接时,将螺栓穿过两个被连接件上的通孔,再穿出垫圈,拧紧螺母即可。当用比例法确定尺寸时,螺母和螺栓头的六边形对角尺寸可按螺纹大径的两倍取值,平行投影面的两棱线在该视图的投影与螺纹大径对齐,如图 7-12 所示。

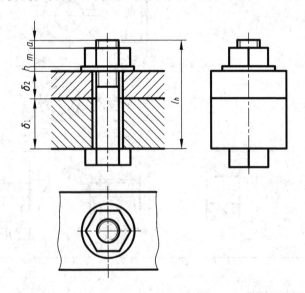

图 7-12　螺栓连接装配图的画法

螺栓的公称长度 l 指螺栓杆部的标准长度。确定螺栓公称长度的步骤是:根据螺栓的

178

公称直径 d 从相应的标准中查出或按比例计算出垫圈、螺母的厚度 h、m 的值。如图 7-12 所示,按下式算出螺栓公称长度的画图值 l_h:

$$l_h = \delta_1 + \delta_2 + h + m + a$$

式中　δ_1、δ_2——两个被连接件连接处的厚度;

　　　h——垫圈的厚度,由表 7-5 可确定 $h = 0.2d$;

　　　m——螺母的厚度,由表 7-5 可确定 $m = 0.8d$;

　　　a——螺栓末端伸出螺母的余量,一般取 $a = 0.3d$,d 为螺栓的公称直径。

从螺栓标准的长度系列值中选取螺栓的公称长度值 l,$l \geqslant l_h$。

注意:这里螺栓的画图长度 l_h 是画螺栓连接装配图时用到的尺寸,与螺栓规定标记中用到的螺栓的公称长度 l 不同。

例 7-2　画出螺栓连接装配图。已知上板厚 $\delta_1 = 15$ mm,$\delta_2 = 30$ mm,板宽 $= 30$ mm,用螺栓 GB/T 5782 M10×l,螺母 GB/T 6170 M10,垫圈 GB/T 97.1 10 将两板连接。

首先,根据 M10 按照表 7-5 中给出的比例确定螺母和垫圈的厚度:$m = 8$ mm,$h = 2$ mm。

算出螺栓公称长度的画图值:$l_h = 58$ mm;从附表 5 中选取螺栓的公称长度值 $l = 60$ mm。

具体画图步骤如下:

①定出基准线,如图 7-13(a)所示;

②画出被连接两板(主视图全剖,孔径 1.1d),如图 7-13(b)所示;

③画出螺栓的三个视图(螺栓各部分尺寸参照表 7-5 中的比例确定),在俯视图中,只画出外螺纹的投影,如图 7-13(c)所示;

④画出垫圈的三视图(垫圈各部分尺寸参照表 7-5 中的比例确定),如图 7-13(d)所示;

⑤画出螺母的三视图(螺母各部分尺寸参照附表 7-5 中的比例确定),并在俯视图中画出螺母的外形投影,如图 7-13(e)所示;

⑥画出主视图中的剖面线(注意剖面线的方向、间隔),全面检查、描深,如图 7-13(f)所示。

(2)双头螺柱连接装配图的画法

当两个被连接的零件中有一个是较厚、不能或不允许钻成通孔且需要经常拆卸的零件时,常采用双头螺柱连接,如图 7-14 所示。双头螺柱连接由双头螺柱、垫圈和螺母构成。通常,双头螺柱两端都制有螺纹,一端旋入较厚零件的不穿通的螺孔中,称为旋入端。另一端穿过较薄的零件的通孔,套上垫圈,再用螺母拧紧,称为紧固端。

如图 7-15 所示,确定螺柱公称长度的步骤是:根据螺柱的公称直径 d 从相应的标准中查得或按比例计算出弹簧垫圈 s、螺母的厚度 m 的值;按下式算出螺柱公称长度的画图值

$$l_h = \delta + s + m + a$$

式中　δ——较薄被连接件连接处的厚度;

　　　s——弹簧垫圈的厚度,由表 7-5 可确定 $s = 0.25d$;

　　　m——螺母的厚度,由表 7-5 可确定 $m = 0.8d$;

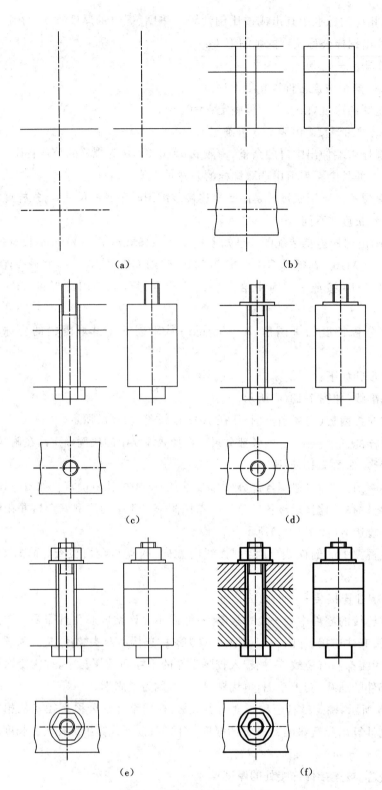

（a）

（b）

（c）

（d）

（e）

（f）

图 7-13　螺栓连接的作图步骤

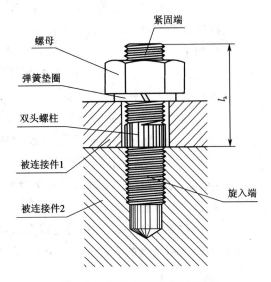

图 7-14 螺柱连接装配示意图

a——螺栓末端伸出螺母的余量,一般取 $a = 0.3d$,d 为螺柱的公称直径。

从螺柱标准的长度系列值中选取螺柱的公称长度值 l,$l \geqslant l_h$。

例如,当 $\delta = 30$ mm,$d = 10$ mm,代入上式,可得到双头螺柱的画图长度 $l_h = 43.5$ mm,查附表 7,假设螺柱为 GB/T 898 类型的,当螺纹规格 d 为 M10 mm 时,查出 $b_m = 12$ mm;由 $l \geqslant 43.5$ mm,得 l/b 选 $(40 \sim 120)/26$,即 40 mm$< l \leqslant$120 mm;再由 l(系列)可知,应选 $l = 45$ mm。

由图 7-15 还可以看到,螺柱旋入端的长度 b_m 需要知道,b_m 由其旋入的被连接件的材料决定,b_m 的值与材料硬度有关,标准如下。

①GB/T 797　$b_m = d$,用于旋入钢和青铜材料的零件;

②GB/T 797　$b_m = 1.25d$,用于旋入铸铁材料的零件;

③GB/T 799　$b_m = 1.5d$,用于旋入铸铁或铝合金材料的零件;

④GB/T 900　$b_m = 2d$,用于旋入铝合金材料的零件。

(3)螺钉连接装配图的画法

螺钉按用途分为连接螺钉和紧定螺钉两类。螺钉的形式、尺寸及规定标记,可查阅附表 8~附表 10 或有关国家标准。螺钉连接中的几种螺钉的结构简图见表 7-4。

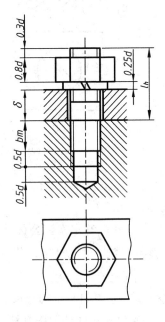

图 7-15　双头螺柱连接的装配图的画法

181

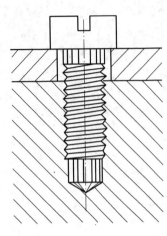

图 7-16　螺钉连接装配示意图

①螺钉连接的装配图画法。螺钉连接适用于不经常拆卸且受力较小的场合。如图 7-16 所示,连接螺钉用于连接两个零件,被连接件之一应带有通孔或沉孔,另一个应制有螺孔。连接时螺钉穿过通孔,旋入螺孔,依靠螺钉头部压紧被连接件,实现连接。

图 7-17 是常见的两种螺钉连接装配图的简化画法。图 7-17(a)为开槽圆柱头螺钉连接的简化画法。图 7-17(b)为开槽沉头螺钉连接的简化画法。在螺钉连接装配图中,旋入螺孔一端的画法与双头螺柱相似,但螺纹终止线必须高于螺孔孔口,以便连接可靠。

若按照图 7-17 所示的连接方式,则确定这两种螺钉连接的公称长度的方法相同,其确定方法如下:

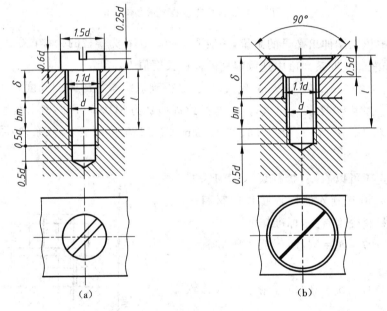

（a）　　　　　　　　　（b）

图 7-17　螺钉连接装配图的简化画法

　a.根据选定的螺钉的公称直径 d 和带有螺孔的被连接件的材料,确定螺钉旋入螺孔部分的深度 b_m；

　b.按 $l_h = \delta + b_m$ 算出螺钉公称长度的计算值 l_h,其中 δ 为带有通孔的被连接件连接处的厚度,b_m 为螺钉旋入长度,与被旋入零件的材料有关,参考前面双头螺柱连接中 b_m 值的确定；

　c.令 $l \geq l_h$,从螺钉标准的长度系列值中,选取螺钉的公称长度值 l。

②紧定螺钉连接的装配图画法。紧定螺钉用于固定两个被连接零件的相对位置,使其不产生相对运动。常用的紧定螺钉分为锥端、柱端和平端三种。紧定螺钉连接装配图的近似画法如图 7-18 所示。使用过程中,锥端紧定螺钉旋入一个零件的螺纹孔中,将其尾端压

进另一个零件的凹坑中(图 7-18(a));柱端紧定螺钉旋入一个零件的螺纹孔中,将其尾端插入另一个零件的环形槽中(图 7-18(b)),或压进另一个零件的圆孔中,(图 7-18(c));平端紧定螺钉有时利用其平端面的摩擦作用来固定两个零件的相对位置,有时也将其"骑缝"旋入(先将两零件装好,再加工螺纹孔,使螺纹孔在两零件上各有一半,然后旋入螺钉)固定零件(图 7-18(d))。

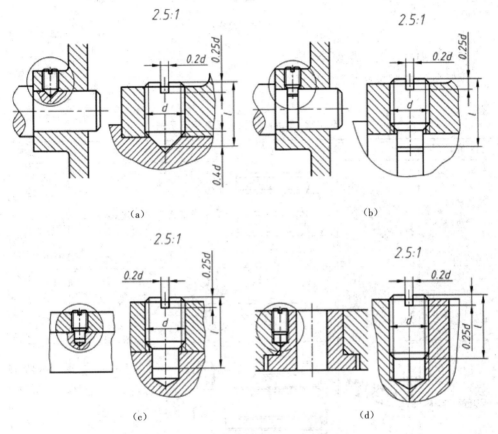

图 7-18　紧定螺钉连接装配图近似画法

7.3　键和销

7.3.1　键

键是标准件。键连接是通过键来实现轴与轴上零件间(如齿轮、带轮等)的轴向固定,以传递运动和转矩。常用的键有普通平键、半圆键、钩头楔键、花键等。如图 7-19 所示。

键连接具有结构简单、紧凑、可靠,装拆方便和成本低廉等优点。

1.键的结构型式和标记

在机械设计中,键要根据受力情况和轴的大小经计算按标准选取,不需要单独画出其图样,但要正确标记。键的完整标记形式为:

图 7-19　键联结

国家标准编号　键　类型与规格

常用键的结构型式及标记示例见表 7-6。

表 7-6　键的结构型式及其标记示例

名称和国标	结构型式及图例	标记示例	说明
普通平键 GB/T 1096—2003		GB/T 1096 键 5×5×20	圆头普通平键 $b=5$ mm $h=5$ mm $L=20$ mm 标记中省略"A"
半圆键 GB/T 1099—2003		GB/T 1099 键 6×10×25	半圆键 $b=6$ mm $h=10$ mm $d_1=25$ mm
钩头楔键 GB/T 1565—2003		GB/T 1565 键 7×10×50	钩头楔键 $b=7$ mm $h=10$ mm $L=50$ mm

2．常用键连接的画法

键连接是先将键嵌入轴上的键槽内,再对准轮毂上的键槽,将轴和键同时插入孔和槽内,这样就可以使轴和轮毂一起转动。

用普通平键连接(图 7-20(a))和半圆键连接(图 7-20(b))轴和轮毂时,键的两侧面是工作面,连接时,分别与轮毂和轴上键槽的两个侧面相接触,键的下底面和轴上键槽的底面相接触,这些接触面均画一条线;而键的上顶面与轮毂键槽的底面之间留有一定的间隙,应画两条线。

钩头楔键(图 7-20(c))的顶面有 1:100 的斜度,装配时,需将键打入键槽内,靠上、下底面在轴和轮毂键槽之间接触挤压的摩擦力而连接,因此,键的上、下底面是工作面,各画一条线;键的侧面为非工作面,连接时,与键槽的侧面不接触,应画两条线。钩头供拆卸用。

184

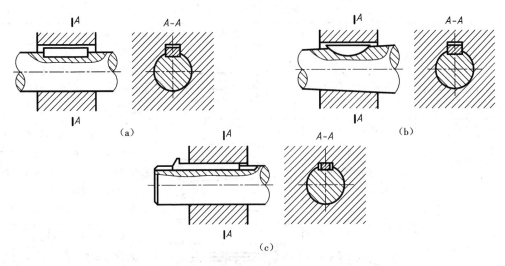

图 7-20 常用的键连接的装配图画法

在键连接画法中,剖切平面通过键的对称平面时,键按不剖绘制,如图 7-20 所示。

3. 普通平键连接的键槽的画法及标注

轴和轮毂上的键槽尺寸可以从 GB/T 1095 中查到,见附表 17,键槽的画法及尺寸标注如图 7-21 所示。

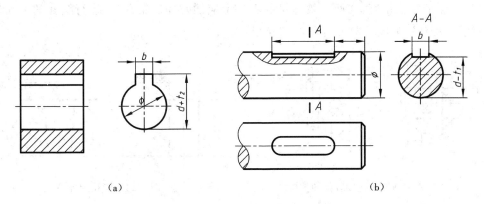

图 7-21 键槽的画法

7.3.2 销

销通常用于零部件的定位或连接。常用的有圆柱销、圆锥销和开口销。销是标准件,其结构和尺寸可以从 GB/T 119.1—2000、GB/T 119.2—2000、GB 117—2000、GB/T 91—2000 中查出,圆柱销和圆锥销见附表 19、附表 20,开口销未列出。销的结构形式及规定标记见表 7-7。

销的标记形式与紧固件类似。

表 7-7　销的结构形式及规定标记

名称和国标	结构形式	图例	规定标记及说明
圆柱销 GB/T 119.2—2000			公称直径 d＝6 mm，公差为 m6，公称长度 l＝30，材料为钢，不经表面处理的圆柱销的标记为 销 GB/T 119.1—2000　6m6×30
圆锥销 GB/T 117—2000		A 型（磨削） 注：B 型（车削）	公称直径 d＝10 mm，公称长度 l＝60 mm，材料为 35 钢，热处理硬度为 28～38HRC，表面氧化处理的 A 型圆锥销的标记为 销 GB/T 117—2000　10×60
开口销 GB/T 91—2000			公称直径 d＝5，公称长度 l＝50，材料为低碳钢，不经表面处理的开口销规定标记为 销 GB/T 91—2000 5×50

　　在销连接画法中，剖切平面通过销的轴线时，销按不剖绘制。圆柱销和圆锥销连接装配图的画法如图 7-22 所示。

　　为了保证定位精度，在两个被连接的零件上应同时加工销孔，在进行销孔的尺寸标注时应注明"配作"，如图 7-23 所示。

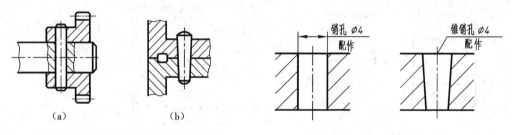

（a）	（b）

图 7-22　圆柱销和圆锥销连接装配图的画法　　　　图 7-23　销孔的标注

7.4　滚动轴承

　　滚动轴承是用来支承旋转轴的部件，具有结构紧凑，摩擦力小的优点，应用非常广泛。

　　滚动轴承一般由外圈（座圈）、内圈（轴圈）、滚动体、保持架（隔离架）四部分构成，如图 7-24 所示。外圈装在机座的孔内，固定不动；内圈套在转动轴上，随轴转动；滚动体处在内外圈之间，由保持架将它们隔开，防止其相互之间的摩擦和碰撞。滚动体的形状有球形、圆柱形、圆锥形等。

7.4.1 滚动轴承的类型

滚动轴承的种类很多,按其承受力的方向分为以下三类。

①向心轴承:主要承受径向载荷,如深沟球轴承,如图 7-24(a)所示。

②向心推力轴承:能同时承受径向和轴向两个垂直方向的载荷,如圆锥滚子轴承,如图 7-24(b)所示。

③推力轴承:只能承受轴向载荷,如推力球轴承,如图 7-24(c)所示。

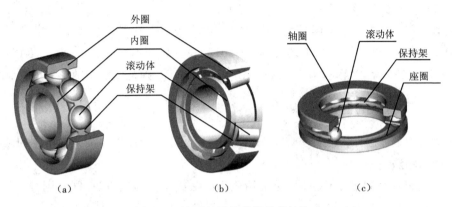

图 7-24　滚动轴承的种类及其结构

7.4.2 滚动轴承的代号及标记

1.滚动轴承代号

当游隙为基本组、公差等级为 C 级时,滚动轴承常用基本代号来表示。滚动轴承的基本代号包括:轴承类型代号、尺寸系列代号、内径代号。

①轴承类型代号:用数字或字母表示,见表 7-8。

表 7-8　滚动轴承的类型代号

代号	轴承类型	代号	轴承类型
0	双列角接触球轴承	6	深沟球轴承
1	调心球轴承	7	角接触球轴承
2	调心滚子轴承	7	推力圆柱滚子轴承
3	圆锥滚子轴承	N	圆柱滚子轴承
4	双列深沟球轴承	U	外球面球轴承
5	推力球轴承	QJ	四点接触球轴承

②尺寸系列代号:由轴承的宽(高)度系列代号(一位数字)和外径系列代号(一位数字)左、右排列组成。

③内径代号:当 10 mm≤内径 d≤495 mm 时,代号数字 00,01,02,03 分别表示内径 d

$=10~\mathrm{mm}$, $d=12~\mathrm{mm}$, $d=15~\mathrm{mm}$ 和 $d=17~\mathrm{mm}$;代号数字大于等于 04,则代号数字乘以 5,即为轴承内径 d 的尺寸的毫米数字。

例如,轴承的基本代号为 6203。其中,6 为滚动轴承代号类型,表示深沟球轴承;(0)2 为尺寸系列代号,深沟球轴承左边为 0 时可省略;03 为内径尺寸,内径尺寸为 17 mm。

例如,轴承的基本代号为 30207。其中,3 为滚动轴承代号类型,表示圆锥滚子轴承;02 为尺寸系列代号;07 为内径代号,内径尺寸为 $7\times5=40~\mathrm{mm}$。

2.滚动轴承的标记

滚动轴承的标记形式为:

滚动轴承　基本代号　国标编号

例如,滚动轴承　51305　GB/T 301—2015。其中,基本代号为 51305,表示推力球轴承,尺寸系列代号为 13,内径为 25 mm,GB/T 301—2015 则是该滚动轴承的国标编号。

7.4.3　滚动轴承的画法

滚动轴承是标准件,GB/T 4459.7—1997 规定了在装配图中标准滚动轴承的画法。

1.简化画法

用简化画法绘制滚动轴承时,应采用通用画法或特征画法,但在同一图样中一般只采用其中一种画法。

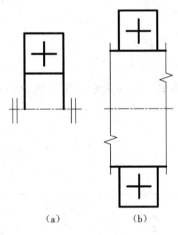

图 7-25　滚动轴承的通用画法

(a)　(b)

（1）通用画法

在剖视图中,当不需要确切地表示滚动轴承的外形轮廓、载荷特性、结构特征时,可用矩形线框及位于线框中央正立的十字形符号表示,如图 7-25 所示。十字形符号不应与矩形线框相接触。通用画法应绘制在轴的两侧。

（2)特征画法

在剖视图中,如需较形象地表示滚动轴承的结构特征时,可采用在矩形线框内画出其结构要素符号的方法表示。滚动轴承的结构特征要素符号可在国标中查到。

2.规定画法

必要时,在滚动轴承的产品图样、产品样本、产品标准、用户手册和使用说明书中可采用规定画法绘制滚动轴承。规定画法一般绘制在轴的一侧,另一侧按特征画法绘制。各种滚动轴承的规定画法可在国标中查到。

表 7-9 摘录了三种常用滚动轴承的画法。表中的尺寸除"A"可以计算得出外,其余尺寸可由滚动轴承代号从 GB/T 276—2013、GB/T 297—2015、GB/T 301—2015 中查出。

表 7-9　常用滚动轴承的画法

轴承类型	结构、标准号、代号	规定画法和通用画法	特征画法
深沟球轴承	GB/T 276—2013 60000 型		
平底推力球轴承	GB/T 297—2015 30000 型		
圆锥滚子轴承	GB/T 301—2015 50000 型		

7.5 弹簧

弹簧的用途很广,主要用于减震、储能和测力等,其特点是去掉外力后能立即恢复原状。

弹簧的种类很多,常见的有压缩弹簧、拉伸弹簧、扭转弹簧、涡卷弹簧等,如图 7-26 所示。本节仅介绍圆柱螺旋压缩弹簧。

圆柱螺旋压缩弹簧最为常用的标准件,在国标中对其标记作了规定。但在实际工程设计中往往买不到合适的标准弹簧,所以需要绘制其零件图,以供制造加工。

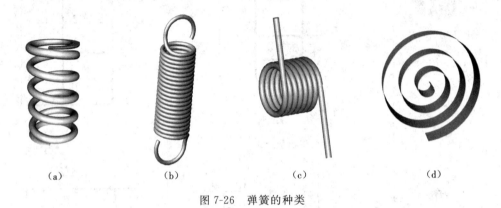

（a） （b） （c） （d）

图 7-26 弹簧的种类

7.5.1 圆柱螺旋压缩弹簧各部分的名称、代号及尺寸关系

参考图 7-27(a),圆柱螺旋压缩弹簧各部分的名称、代号及尺寸关系下。

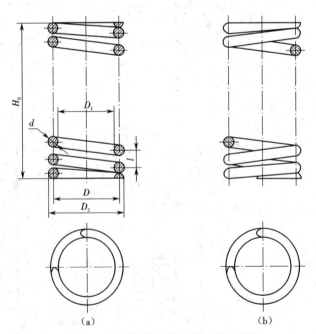

（a） （b）

图 7-27 圆柱螺旋压缩弹簧的规定画法

190

①簧丝直径 d：弹簧钢丝的直径。

②弹簧外径 D_2：弹簧的最大直径。

③弹簧内径 D_1：弹簧的最小直径，$D_1 = D_2 - 2d$。

④弹簧中径 D：弹簧外径与内径之和的平均值，$D = D_2 - d$。

⑤有效圈数 n、支承圈数 n_z 和总圈数 n_1　为了使螺旋压缩弹簧工作时受力均匀，增加稳定性，弹簧两端需要并紧、磨平，这些并紧、磨平的圈仅起支承作用，称为支承圈。当材料直径 $d \leqslant 7$ mm 时，支承圈数为 $n_z = 2$；当 $d > 7$ mm 时，$n_2 = 1.5$。除了支承圈外，能进行有效工作的圈称为有效圈，有效圈数与支承圈数之和为总圈数，即 $n_1 = n + n_z$。

⑥节距 t　有效圈相邻两圈对应点之间的轴向距离。

⑦自由高度 H_0　弹簧不受外力作用时的高度（或长度），$H_0 = nt + (n_z - 0.5)d$。

⑧展开长度 L　制造一个弹簧所用簧丝的长度。弹簧绕一圈所需要的长度为 $l = \sqrt{(\pi D)^2 + t^2}$，也可以近似地取为 $l = \pi D_2$。整个弹簧的展开长度 $L = n_1 l$。

⑨旋向　弹簧有左旋和右旋之分，常用右旋。

7.5.2　圆柱螺旋压缩弹簧的规定画法

1. 单个弹簧的画图规定

圆柱螺旋压缩弹簧的真实投影较复杂，为了画图方便，GB/T 4459.4—2003 对圆柱螺旋压缩弹簧的画法作了如下规定（如图 7-27 所示）：

①在平行于螺旋压缩弹簧轴线的视图上，各圈轮廓画成直线；

②圆柱螺旋压缩弹簧均可画成右旋，左旋弹簧只需在图的技术要求中注出；

③不论支承圈数多少和并紧情况如何，均可按图 7-27 绘制；

④有效圈数四圈以上的螺旋弹簧中间部分可以省略，当中间部分省略后，可适当缩短图形的长度。

2. 单个弹簧的画图步骤

①根据 D 和 H_0 画出弹簧的中径线和自由高度的两端线，如图 7-28 （a）所示。

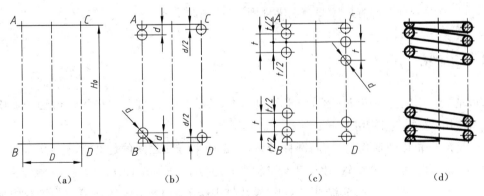

(a)　　　　(b)　　　　(c)　　　　(d)

图 7-28　圆柱螺旋压缩弹簧的画图步骤

②根据 d 画出弹簧的支承圈，如图 7-28 （b）所示。

③根据 t 画出有效圈,如图 7-28 (c)所示。

④按右旋方向作相应圈的公切线,并画剖面线,整理、加深,完成弹簧的全剖视图,如图 7-28 (d)所示。此步骤也可以按图 7-27 (b)进行连线、整理,画成外形视图。

3.弹簧在装配图中的画法

国标规定如下:

①被弹簧挡住的结构一般不画,可见部分从弹簧的外轮廓线或从簧丝断面的中心线画起,如图 7-29(a)所示;

②簧丝直径在图形上小于等于 2 mm 时,可以用涂黑表示其剖面;也允许用示意图表示,如图 7-29(b)所示。

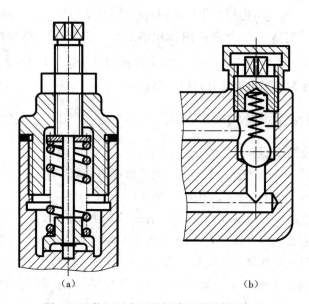

(a)   (b)

图 7-29 装配图中圆柱螺旋压缩弹簧的画法

7.5.3 圆柱螺旋压缩弹簧的零件图

图 7-30 是一圆柱螺旋压缩弹簧的零件图,供画图时参考。

7.6 齿轮

齿轮是应用广泛的传动零件,用于传递动力、改变转动速度和方向等。齿轮必须成对或成组使用,才能达到使用要求。

常见的齿轮传动形式有三种:圆柱齿轮,用于两平行轴之间的传动;圆锥齿轮,用于两相交轴之间的传动;蜗杆蜗轮,用于两交叉轴之间的传动,如图 7-31 所示。

齿轮属于一般常用件,国标对其齿形、模数等进行了标准化,齿形和模数都符合国标的齿轮称为标准齿轮。国标还制订了齿轮的规定画法。设计中,根据使用要求选定齿轮的基本参数,由此计算出齿轮的其他参数,并按规定画法画出齿轮的零件图及齿轮副的啮合图。

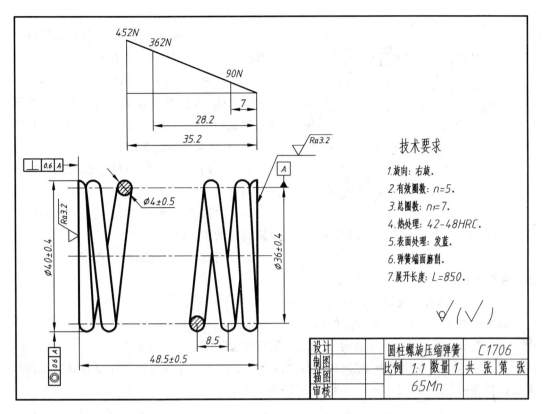

图 7-30　圆柱螺旋压缩弹簧的零件图

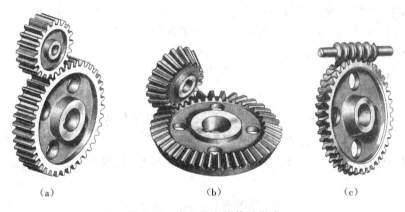

（a）　　　　　　　（b）　　　　　　　（c）

图 7-31　常见的齿轮传动形式

齿轮的轮齿有直齿、斜齿、人字齿等,齿廓曲线多为渐开线。本节只介绍渐开线直齿圆柱齿轮。

7.6.1　直齿圆柱齿轮各部分的名称及尺寸代号

单个直齿圆柱齿轮各部分的名称及尺寸代号,如图 7-32 所示。

1)齿顶圆　齿顶所在圆柱面与端平面(垂直于齿轮轴线的平面)的交线称为齿顶圆,直

193

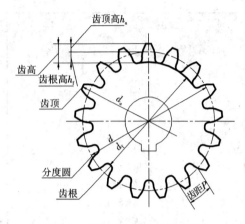

图 7-32　直齿圆柱齿轮的尺寸代号

径用 d_a 表示。

2）齿根圆　齿根所在圆柱面与端平面的交线称为齿根圆，直径用 d_f 表示。

3）分度圆　分度圆柱面与端平面的交线称为分度圆，直径用 d 表示。在分度圆上齿厚和齿槽宽相等，分度圆是进行各部分尺寸计算的基准圆，也是分齿的基准圆。

4）齿顶高 h_a　齿顶圆与分度圆之间的径向距离称为齿顶高。

5）齿根高 h_f　齿根圆与分度圆之间的径向距离称为齿根高。

6）全齿高 h　齿顶圆与齿根圆之间的径向距离称为全齿高，且 $h = h_a + h_f$。

7）齿厚 s　齿在分度圆上的弧长为齿厚。

8）齿槽宽 e　齿槽在分度圆上的弧长为齿槽宽。

9）齿距 p　相邻两齿同侧在分度圆上的弧长为齿距，且 $p = s + e = 2s = 2e$。

10）齿形角 α　在端面内，过齿廓和分度圆交点处的径向直线与齿廓在该点处的切线所夹的锐角称为齿形角，用 α 表示。我国一般采用 $\alpha = 20°$。

7.6.2　直齿圆柱齿轮的基本参数

1）齿数 z　一个齿轮的轮齿总数。

2）模数 m　齿数 z、齿距 p 和分度圆直径 d 之间的关系为：

分度圆的周长 $= \pi d = zp$

即　　　　$d = zp/\pi$

令 $m = p/\pi$，则 $d = mz$。

将 m 定义为模数。显然模数与齿厚成正比，m 反映了轮齿的大小。模数是设计、加工齿轮的一个重要参数，不同模数的齿轮要用不同模数的刀具加工。为了便于设计和制造，减少齿轮刀具的种类，GB/T 1357—1977 规定了标准模数，见表 7-10。

表 7-10　标准模数（GB/T 1357—2008）

第一系列	1　1.25　1.5　2　2.5　3　4　5　6　8　10　12　16　20　25　32　40　50
第二系列	1.125　1.137　1.75　2.25　2.75　3.5　4.5　5.5　(6.5)　7　9　11　14　18　22　28　36　45

注：优先选用第一系列，括号内的模数尽可能不用。

7.6.3　直齿圆柱齿轮的尺寸计算

齿轮基本参数确定后，即可计算出其各部分结构的尺寸，计算公式见表 7-11。

194

表 7-11　标准渐开线圆柱齿轮的尺寸计算公式

名称	代号	计算公式	备注
齿顶高	h_a	$h_a = m$	
齿根高	h_f	$h_f = 1.25m$	
齿高	h	$h = 2.25m$	m 取标准值
分度圆直径	d	$d = mz$	$\alpha = 20°$
齿顶圆直径	d_a	$d_a = m(z+2)$	z 应根据设计需要确定
齿根圆直径	d_f	$d_f = m(z-2.5)$	

7.6.4　齿轮啮合参数

如图 7-33 所示,正常啮合的两个齿轮其模数和齿形角必须分别相等。一对齿轮的啮合传动,可以假想为直径分别是 d_1'、d_2' 的两个圆作无滑动的纯滚动,这两个圆称为两个齿轮的节圆;两节圆的切点称为节点,用 P 表示。标准安装一对标准直齿圆柱齿轮时,它们的节圆与分度圆分别重合,$d' = d$。

1)中心距 a　标准安装时两齿轮轴线间的距离称为中心距。

$$a = m(z_1 + z_2)/2$$

2)传动比 i　主动轮的转速与从动轮的转速之比。

$$i = n_1/n_2 = z_2/z_1$$

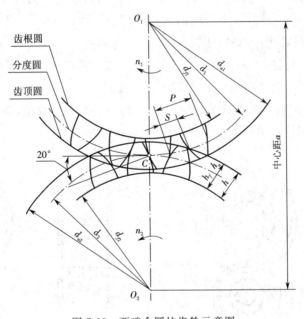

图 7-33　两啮合圆柱齿轮示意图

7.6.5　直齿圆柱齿轮的规定画法

1.单个直齿圆柱齿轮的规定画法(GB/T 4459.2—2003)

①齿顶圆和齿顶线用粗实线绘制,分度圆和分度线用细点画线绘制,齿根圆和齿根线

用细实线绘制或省略不画,如图 7-34(a)所示。

②在剖视图中,当剖切平面通过齿轮的轴线时,轮齿一律按不剖绘制,齿根线用粗实线绘制,如图 7-34(b)所示。

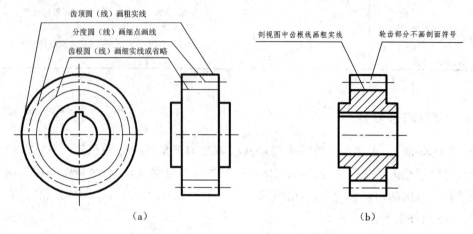

图 7-34　单个直齿圆柱齿轮的规定画法

2.齿轮副的啮合画法

齿轮副的啮合画法如图 7-35 所示。

①投影为非圆的视图一般画为剖视图,剖切平面通过齿轮副的两条轴线。在啮合区内两齿轮的节线重合为一条线,一个齿轮的齿顶线用粗实线绘制,另一个齿轮的齿顶线被遮挡部分用细虚线绘制,如图 7-35(a)所示,细虚线也可以省略不画。

②在投影为圆的视图中两齿轮的节圆应相切,啮合区内的齿顶圆均用粗实线绘制,如图 7-35(b)所示,也可以省略不画,如图 7-35(d)所示。

③当非圆视图不剖时,啮合区内只画一条节线,并用粗实线绘制,如图 7-35(c)所示。

另外,图 7-36 可以看出两个不等宽齿轮啮合时的画法。

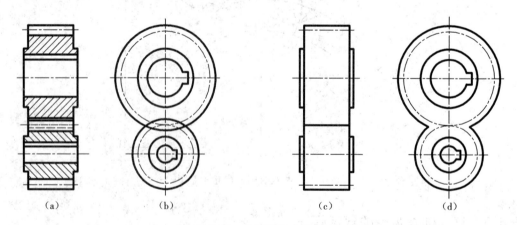

图 7-35　齿轮的啮合画法

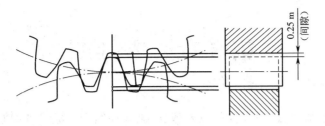

图 7-36　齿轮啮合区的画法

7.6.6　直齿圆柱齿轮的零件图

图 7-37 是直齿圆柱齿轮的零件图,供画图时参考。

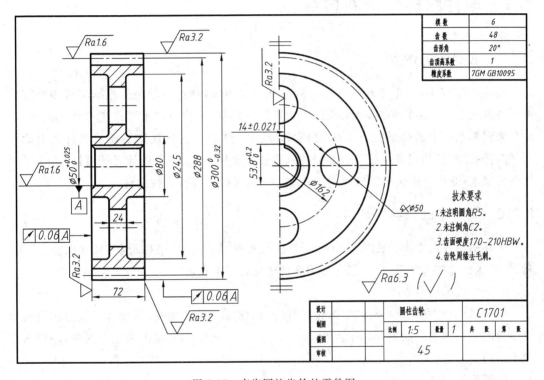

图 7-37　直齿圆柱齿轮的零件图

第8章 零件图

零件图是用于加工、检验零件的重要依据,画零件图和看懂零件图是人们从事技术工作的基础。本章学习的目的是学习零件图的绘制和阅读。根据所表达零件的功能和制造工艺过程,掌握分析典型零件表达方法和尺寸标注的方法和步骤。能够查阅相关的技术标准文件,并在零件图样上正确标注表面结构、尺寸公差和几何公差等技术要求。

8.1 零件图的作用和内容

8.1.1 零件图的作用

在生产过程中,加工和制造各种不同形状的机器零件时,一般是先根据零件图对零件材料和数量的要求进行备料,然后按图纸中零件的形状、尺寸与技术要求进行加工制造,同时还要根据图纸上的全部技术要求,检验被加工零件是否达到规定的质量指标。由此可见,零件图是设计部门提交给生产部门的重要技术文件,它反映了设计者的意图,表达了对零件的要求,是生产中进行加工制造与检验零件质量的重要技术性文件。

8.1.2 零件图的内容

零件图中应提供零件成品生产的全部技术资料,如零件的结构形状、尺寸大小、重量、材料、应达到的技术要求等,一张完整的零件图应包括下列内容。

1.一组视图

综合运用机件的各种表达方法(包括视图、剖视、断面等)准确、完整、清晰、简洁地表达出零件的结构形状。如图 8-1 所示的阀芯,用主、左视图表达,主视图采用全剖视,左视图采用半剖视。

2.完整的尺寸

零件图中应正确、完整、清晰、合理地标注出表示零件各部分的形状大小和相对位置的尺寸,为零件的加工制造提供依据。如图 8-1 所示,阀芯的主视图中标注的尺寸 $S\phi40$ 和 32 确定了阀芯的轮廓形状,中间的通孔直径为 $\phi20$,上部凹槽的形状和位置通过主视图中的尺寸 10 和左视图中的尺寸 $R34$,14 确定。

3.技术要求

用规定的符号、代号和文字说明标注出零件在加工、检验过程中应达到的技术指标。如表面结构、极限与配合以及几何公差、材料、热处理等。如图 8-1 中注出的表面结构参数 $Ra6.3\ \mu m$、$Ra3.2\ \mu m$、$Ra1.6\ \mu m$ 等,以及技术要求中表面高频淬火硬度 50~55HRC(进行表面淬火热处理并达到这样的硬度要求)及去毛刺和锐边等。

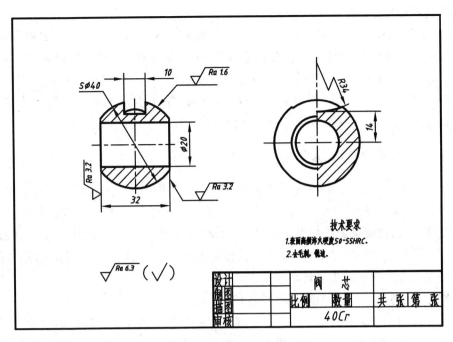

图 8-1　阀芯零件图

4.标题栏

在图幅的右下角按标准格式画出标题栏,以填写零件的名称、材料、图样的编号、比例及设计、审核、批准人员的签名、日期等信息。

8.2　零件图的视图选择和尺寸标注

8.2.1　零件图的视图选择

零件图的视图选择以组合体的视图选择为基础。首先是选择主视图,主视图的投射方向一般应将最能反映零件结构形状和相互位置关系的方向作为主视图的投射方向。除要考虑较多地表达零件结构形状,便于读图以外,还要考虑零件的加工位置,以及零件在机器中的安放位置等。

零件的加工位置是指零件在主要加工工序中的装夹位置。主视图与加工位置一致,主要是为了使制造者在加工零件时看图方便。如轴、套、轮盘等零件的主要加工工序是在车床或磨床上进行的,因此,这类零件的主视图应将其轴线水平放置。如图 8-3 所示的泵轴,主视图的选择能较好地反映该零件的结构形状和各部分的相对位置以及该零件的加工位置。

零件的工作位置是指零件在机器或部件中工作时的位置。如支座、箱壳等零件,它们的结构形状比较复杂,加工工序较多,加工时的装夹位置经常变化,因此在画图时使这类零件的主视图与工作位置一致,可方便零件图与装配图直接对照。如图 8-6 所示的泵体,主视

199

图的选择能较好地反映零件工作位置。

对于主视图未表示清楚的结构,再选用适当的其他视图表达。选择其他视图时,既要考虑将零件各部分结构形状及其相对位置表达清楚,又要使每个视图表达的内容重点突出,避免重复表达,还要兼顾尺寸标注的需要,做到完整、清晰地表达零件内、外结构。在选择视图时,应优先选用基本视图和在基本视图上作适当的剖视,在充分表达清楚零件结构形状的前提下,尽量减少视图数量,力求画图和读图简便。

8.2.2　零件图的尺寸标注

制造零件时,尺寸是加工和检验零件的依据。零件图中的尺寸包括公称尺寸和上下极限偏差,尺寸除满足正确、完整和清晰的要求外,还应尽量满足合理性要求。标注的尺寸既能满足设计要求,又便于加工和检验时测量。做到合理标注尺寸,应对零件的设计思想、加工工艺及工作特点进行全面了解,还应具备相应机械设计与制造方面的知识,本节简要介绍合理标注尺寸应考虑的几个问题。

1.零件图上的主要尺寸必须直接注出

主要尺寸是指直接影响零件在机器或部件中的工作性能和准确位置的尺寸,如零件间的配合尺寸、重要的安装尺寸、定位尺寸等,而不应采取通过其他尺寸间接计算得到,从而造成尺寸误差的积累。

2.合理地选择基准

尺寸基准是加工、测量和检验零件时确定位置的依据,一般选择零件上的一些面和线。面基准常选择零件上较大的加工面、与其他零件的结合面、零件的对称平面、重要端面和轴肩等。线基准一般选择轴和孔的轴线、对称中心线等。在标注零件尺寸时,一般在长、宽、高三个方向均需确定一个主要尺寸基准,在同一方向上还可以有一个或几个与主要尺寸基准有尺寸联系的辅助基准。按用途,基准可分为设计基准和工艺基准,设计基准是以面或线来确定零件在部件中准确位置的基准,工艺基准是为便于加工和测量而选定的基准。

3.避免出现封闭尺寸链

一组首尾相接的尺寸标注形式称为尺寸链,如图 8-2(a)所示的阶梯轴上标注的长度尺寸 A、B、D。组成尺寸链的各个尺寸称为组成环,未注尺寸一环称为开口环。在标注尺寸时,应尽量避免出现图 8-2(b)所示标注成封闭尺寸链的情况。因为长度方向尺寸 A、B、C首尾相连,每个组成环的尺寸在加工后都会产生误差,则尺寸 D 的误差为三个尺寸误差的总和,不能满足设计要求。所以,应选一个次要尺寸空出不注,以便所有尺寸误差积累到这一段,保证主要尺寸的精度。

4.标注尺寸要便于加工和测量

标注的尺寸还要符合加工过程和加工顺序的需要,对于同一加工工序所需尺寸,尽量集中标注,以便于加工时测量。

8.2.3　各类典型零件的视图表达和尺寸标注

零件的结构形状千差万别,因此其视图的选择和尺寸标注也各有特点。工程上习惯按

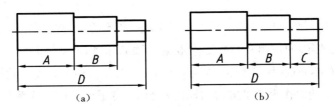

(a)   (b)

图 8-2 避免出现封闭尺寸链

零件的结构特点将其分为四大类,即轴套类零件,如图 8-3 所示;盘盖类零件,如图 8-4 所示;叉架类零件,如图 8-5 所示;箱体类零件,如图 8-6 所示。一般来说,后一类零件比前一类零件在形状结构上要复杂,因而需要的视图个数和尺寸也多些。按各类零件的结构特征归纳出的一般规律如下。

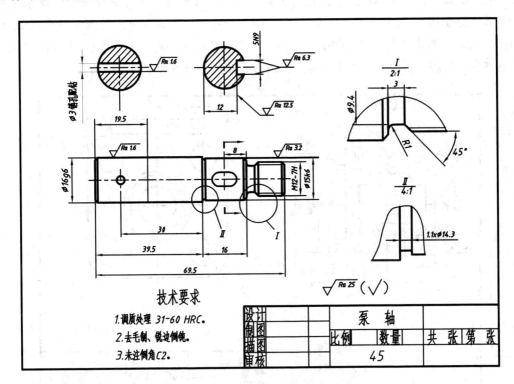

图 8-3 泵轴零件图

1.轴套类零件

这类零件包括轴、轴套、衬套等。其形状特征一般是由若干段不等直径的同轴回转体构成,通常在零件上有键槽、销孔、退刀槽等结构。

这类零件的主要加工方向是轴线水平。为了便于加工时看图,主视图中零件的摆放按加工位置(即轴线水平)放置。对零件上的槽、孔等结构,采用局部剖、断面图、局部放大等方法表达,如图 8-3 所示的轴,采取轴线水平放置的加工位置画出主视图,反映了轴的细长和台阶状的结构特点、各部分的相对位置以及倒角、退刀槽、键槽等形状,又补充了两个移出断面图和两个局部放大图,用来表达前后通孔、键槽的深度、退刀槽和砂轮越程槽等局部结构。

此类零件有两个主要尺寸基准,轴向尺寸基准(长度方向)和径向(宽度、高度方向)尺寸基准。一般根据零件的作用及装配要求取某一轴肩作轴向尺寸基准,如图 8-3 中选用泵轴 $\phi16g6$ 圆柱的右端面(装配接触面)作为长度方向的尺寸基准,由此注出了尺寸 30、39.5、16 等。选用泵轴左端面作为长度方向的辅助基准,注出了 69.5,19.5 等尺寸。取轴线作径向尺寸基准,并按所选尺寸基准标注轴上各部分的直径尺寸。由此注出 $\phi16g6$、$\phi15k6$、M12－7H 等。

2.盘盖类零件

盘盖类零件主要是由回转体或其他平板结构组成。这类零件包括端盖、轮盘、带轮、齿轮等。其形状特征是:主要部分一般由回转体构成,轴向尺寸小,径向尺寸大,成扁平的盘状。且沿圆周均匀分布各种肋、孔、槽等结构。零件主视图采取轴线水平放置。常采用两个基本视图表达,主视图采用过轴线的全剖视图,另一视图则表达外形轮廓和各组成部分。如图 8-4 所示,阀盖零件图中,采用了两个视图,为表达阀盖回转部分的形状,主视图采用了全剖视图。反映外形的左视图用来表达带圆角的方形凸缘和四个均布的通孔。

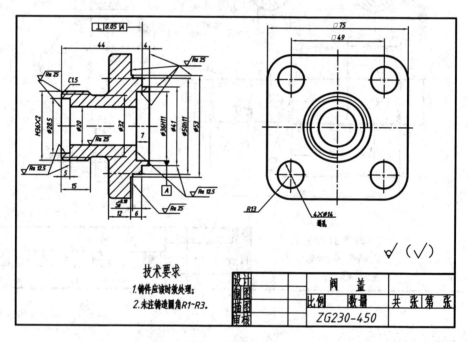

图 8-4 阀盖零件图

标注此类零件尺寸时,通常以轴孔的轴线作为径向(高度方向和宽度方向)尺寸基准,图 8-4 中选择了 $\phi20$ 的轴线作为径向尺寸基准,由此注出了 $\phi20$、$\phi28.5$、$\phi53$ 等尺寸。以某一重要端面作为长度方向尺寸基准,图 8-4 中的阀盖就选用了 $\phi50H11$ 圆柱右端面(装配接触面)为长度方向尺寸基准,由此注出了 44、4 等尺寸。为便于看图,对于沿圆周分布的槽、孔等结构的尺寸,尽量标注在反映其分布情况的视图中。如 4 个 $\phi14$ 的通孔,其定形和定位尺寸均注在反映分布情况的左视图中。

3. 叉架类零件

叉架类零件的外形比较复杂,形状不规则,常带有弯曲和倾斜结构,也常有肋板、轴孔、耳板、底板等结构,局部结构常有油槽、油孔、螺孔和沉孔等,且加工位置多变,工作位置亦不固定。这类零件包括托架、拨叉、连杆等。在选择主视图时,一般是在反映主要特征的前提下,按工作(安装)位置放置主视图。当工作位置是倾斜的或不固定时,可将其放正后画出主视图。表达叉架类零件通常需要两个以上的基本视图,并多用局部剖视兼顾内外形状来表达。倾斜结构常用向视图、斜视图、旋转视图、局部视图、斜剖视图、断面图等表达。如图 8-5 所示,踏脚座零件图中采用两个主要视图。主视图按形体特征,并参考工作位置放置,反映零件的轮廓形状和各结构的相对位置,上部采用局部剖,表达 $\phi8$ 孔与 $\phi20_0^{+0.05}$ 孔的相通关系;俯视图反映零件外形轮廓,同时也表达了 $\phi16$ 凸台的前后位置,两处局部剖表达了 $\phi20_0^{+0.05}$ 孔和踏板上长圆孔的内部形状;用移出断面图表达连接板和肋板断面形状,并用"A"向局部视图表达踏板的形状。

这类零件通常以主要孔的轴线、对称平面、安装基准面或某个重要端面作主要尺寸基准。图 8-5 所示踏脚座以踏板的左端面作长度方向尺寸基准,注出尺寸 74、4、10;以安装板的上下对称平面作高度方向尺寸基准,注出尺寸 90、80、20 等;选择踏板前后方向的对称面为宽度方向尺寸基准,注出尺寸 30、40、60 等。

4. 箱体类零件

箱体类零件主要用来支承、包容其他零件,内外结构都比较复杂。这类零件包括减速器箱体、壳体、阀体、泵体等。由于箱体在机器中的位置是固定的,因此,箱体的主视图经常按工作位置和形状特征来选择。其他视图的选择应根据零件的结构选取,一般需要三个或三个以上的基本视图,结合剖视图、断面图、局部视图等多种表达方法,才能清楚地表达零件内外结构形状。

如图 8-6 所示泵体零件图中,零件图采用了主视图、左视图和俯视图三个基本视图。主视图采取了半剖视,表达了零件外形结构和三个 M6 螺纹孔的分布位置,并表达了右侧凸台上螺纹孔和底板上沉孔的结构形状,同时,还表达了两个 $\phi6$ 通孔的位置;左视图采用了局部剖,保留了零件的外形结构,表达出 M6 螺纹孔的深度、内腔与 $\phi14H7$ 孔的深度和相通关系;俯视图采取了全剖视图,表达了底板与主体连接部分的断面形状,同时表达了底板的形状和其上两沉孔的位置。

标注箱体类零件尺寸时,通常选用主要轴线、重要的安装面、装配接触面和箱体的对称平面或底板的底面等作主要尺寸基准。对于箱体上需要切削加工的部分,尽量按便于加工和测量的要求标注尺寸。从图中可以看出,零件是由壳体、底板、连接板等结构组成。壳体为圆柱形,前面有一个均布三个螺孔的凸缘,左右各有圆形凸台,凸台上有螺纹孔与内腔相通;后面有一圆锥形凸台,凸台里边有一盲孔;内腔后壁上有两个小通孔。底板为带圆角的长方形板,其上有两个 $\phi11$ 的沉孔,底部中间有凹槽,底面为安装基面。壳体与底板由断面为 T 字形的柱体连接。零件中长、宽、高三个方向的主要尺寸基准分别是左右对称面、前端面和 $\phi14H7$ 孔的轴线。各主要尺寸都是从主要基准直接注出的。图中还注出了各配合表面尺寸公差和各表面结构要求以及几何公差等。

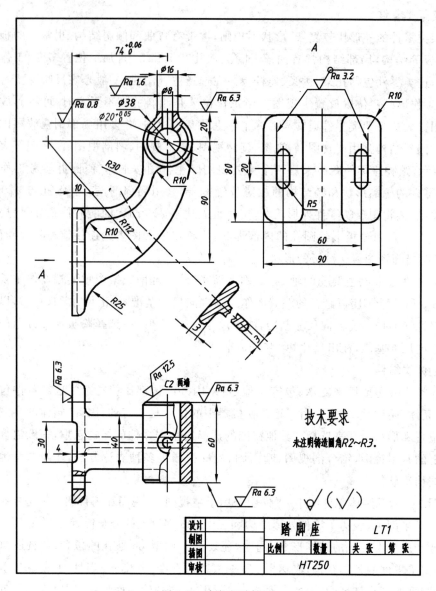

图 8-5　踏脚座零件图

8.3　常见零件的工艺结构

零件的结构形状主要是根据它在机器或部件中的功能而定。但在设计零件结构形状的实际过程中,除考虑其功能外,还应考虑在加工制造过程中的工艺要求。因此,在绘制零件图时,应使零件的结构既能满足使用上的要求,又要方便加工制造。本节介绍一些常见的工艺结构。

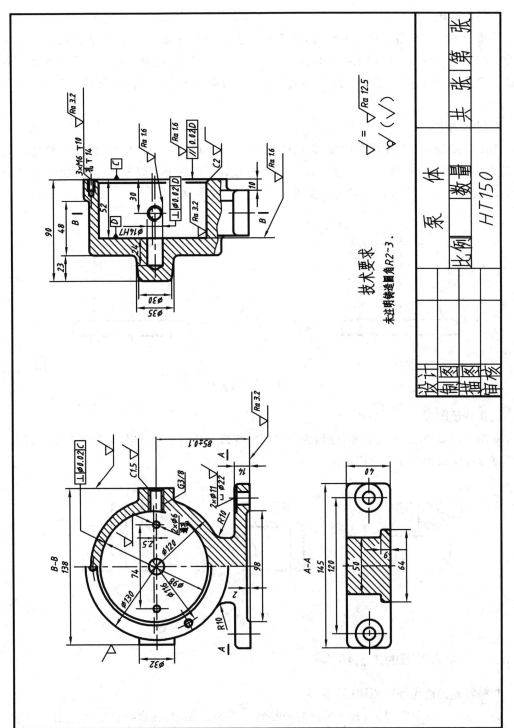

技术要求

未注明铸造圆角R2~3.

$\sqrt{} = \sqrt{Ra\ 12.5}$

$\sqrt{} (\sqrt{})$

泵	体		
	数量		
比例	HT150		
设计			
制图			共 张 第 张
描图			
审核			

图 8-6 泵体零件图

8.3.1 铸造零件的工艺结构

1.铸造圆角

用铸造的方法制造零件的毛坯时,因铸造工艺的要求,在铸造零件表面的转角处制成圆角,如图 8-7(a)所示,以防止浇铸时铁水冲坏型砂转角,同时还避免铁水在冷却收缩时铸件的尖角处开裂或产生缩孔。绘制零件图时,一般需画出铸造圆角,圆角半径为 $R3 \sim R5$ mm。

2.起模斜度

为了将模型从砂型中顺利取出,常在模型起模方向设计成 1:20 的斜度,这个斜度称为起模斜度,如图 8-7(a)所示。对起模斜度无特殊要求时,在图上可以不予标注,如图 8-7(b)所示,必要时可在技术要求中用文字说明。

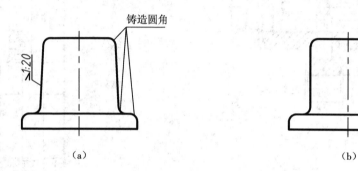

图 8-7　铸造工艺及标注

3.铸件壁厚

如图 8-8(a)所示,在浇铸零件时,为了避免因各部分冷却速度不同而产生裂纹和缩孔,铸件壁厚应保持大致相等或逐渐过渡,如图 8-8(b)(c)所示。

图 8-8　铸件壁厚

8.3.2 零件加工面的工艺结构

1.螺纹退刀槽和砂轮越程槽

为了在加工时便于退刀,且在装配时与相邻零件保证靠紧,在台肩处应加工出退刀槽,如图 8-9(a)(b)和砂轮越程槽如图 8-9(c)(d)所示。螺纹退刀槽和砂轮越程槽的尺寸系列可查阅附表21。

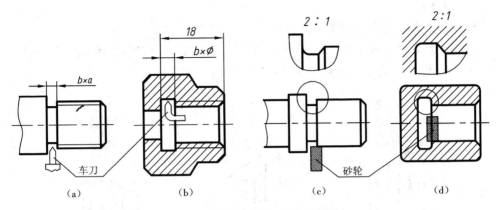

图 8-9 螺纹退刀槽与砂轮越程槽

2.倒角与倒圆

为了避免因应力集中而产生裂纹,在轴肩处通常加工成圆角,称为倒圆,如图 8-10(a)所示。为了去除零件的毛刺、锐边和便于装配,在轴端和孔口的端部,一般都加工成 45°、30°或 60°倒角,如图 8-10(b)(c)(d)所示。倒角、倒圆的形状和尺寸见附表 14。

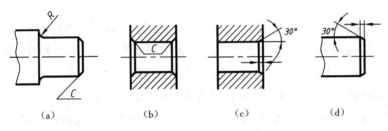

图 8-10 倒角与倒圆

3.凸台与凹坑

零件上凡与其他零件接触的表面一般都要加工,为了保证两零件表面的良好接触,同时减少接触面的加工面积,以降低制造费用,在零件的接触表面处常设计出凸台或凹坑等结构,如图 8-11 所示。

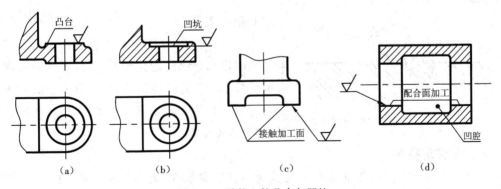

图 8-11 零件上的凸台与凹坑

4.钻孔结构

零件上经常有不同用途和不同结构的孔,这些孔常常使用钻头加工而成。钻孔时,钻头的轴线应尽量垂直于被加工的表面,否则会使钻头弯曲甚至折断,如图 8-12(a)所示。对于零件上的倾斜面,可设置凸台或凹坑,如图 8-12(b)(c)所示。

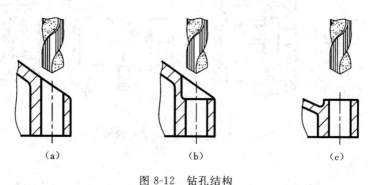

（a）　　　　　　　（b）　　　　　　　（c）

图 8-12　钻孔结构

8.4　零件图中的技术要求

零件图中不仅表达零件的结构、形状和尺寸,还要给出制造和检验应达到的技术要求。技术要求主要是指对零件几何精度的要求。一般包括:零件的表面粗糙度(表面结构要求的一种)、极限与配合、几何公差(形状、位置和跳动公差等);零件理化性能方面的要求,包括热处理、表面涂镀等;零件制造、检验的要求等。在绘制零件图时,通常用符号、代号或标记直接注写在视图中。没有规定标记时,用简明的文字说明注写在标题栏附近。

8.4.1　表面结构

在零件图中,根据机器设备功能的需要,对零件的表面质量提出的精度要求称为表面结构,是表面粗糙度、表面波纹度、表面缺陷和表面几何形状的总称。表面结构的几何特征直接影响机械零件的功能、使用性能和工作寿命。因此,应在满足零件表面功能的前提下,合理选用表面结构参数并标注在零件图中。

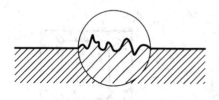

图 8-13　表面微观几何形状特征

1.基本概念

加工零件时,由于刀具在零件表面上留下刀痕和切削时表面金属的塑性变形等,使零件表面存在着间距较小的轮廓峰谷,如图 8-13 所示。这种表面上具有较小间距的峰谷所组成的微观几何形状特性,称为表面结构。

2.常用评定参数

国家标准规定了三种轮廓类型:R 轮廓为粗糙度参数,W 轮廓为波纹度参数,P 轮廓为原始轮廓参数。评定零件表面质量常用的为 R 轮廓参数。GB/T 131—2006 中规定了表面结构要求在图样中的标注方法。这里仅介绍评定粗糙度轮廓(R 轮廓)中的一个高度参数

Ra。Ra 是指在一个取样长度内纵坐标值 $Z(x)$ 绝对值的算术平均值，$Ra = \frac{1}{l} \int_0^l |z(x)|$ dx，如图 8-14 所示。

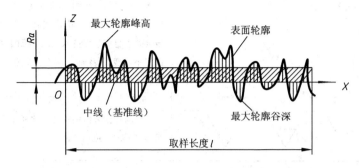

图 8-14　轮廓算术平均偏差 Ra 示意图

零件表面有配合要求或有相对运动要求时 Ra 值要小，Ra 值越小，表面质量就越高，加工成本也高。在满足使用要求的前提下，尽量选用较大的 Ra 值，以降低加工成本。常用 Ra 值对应的表面情况及相应的加工方法如表 8-1 所示。

表 8-1　常用 Ra 数值不同的表面情况及相应的加工方法和应用举例

$Ra/\mu m$	表面特征	主要加工方法	应用举例
12.5	微见刀痕	粗车、刨、立铣、平铣、钻等	不接触表面、不重要接触面，如螺钉孔、倒角、机座表面等
6.3	可见加工痕迹	精车、精铣、精刨、铰、钻、粗磨等	没有相对运动的零件接触面，如箱、盖、套筒要求紧贴的表面、键和键槽工作表面；相对运动速度不高的接触面，如支架孔、衬套、带轮轴孔的工作表面等
3.2	微见加工痕迹		
1.6	看不清加工痕迹		
0.8	可辨加工痕迹方向	精车、精铰、精拉、精铣、精磨等	要求很好密合的接触面，如与滚动轴承配合的表面、锥销孔等；相对运动速度较高的接触面，如内外花键的定心内径、外花键键侧及定心外径等

3.标注表面结构的方法

图样上表示零件表面结构要求的图形符号、参数及其含义见表 8-2。

表 8-2　常见的图形符号及含义

符号类别	符号	意义及说明
基本图形符号	$\sqrt{}$	表示表面可用任何工艺方法获得。仅适用于简化代号标注，当通过注释时可以单独使用，没有补充说明时不能单独使用
去除材料的扩展图形符号	$\sqrt{}$	基本图形符号上加一短画，表示表面是用去除材料的方法获得，例如通过车、铣、钻、磨、气割、电火花加工等，仅在简化代号标注中可单独绘制

符号类别	符号	意义及说明
不去除材料的扩展图形符号		基本符号加一小圆,表示表面是用不去除材料的方法获得。例如铸造、锻压、冲压变形、热轧、冷轧、粉末冶金等。也用于保持原供应状况的表面(包括保持上道工序形成的表面),仅在简化代号标注中可单独绘制
完整图形符号		当要求标注表面结构特征的补充信息时,在以上各图形符号的长边加一横线
工件各表面图形符号		在上述三种符号上均可加一小圆,表示某视图中封闭轮廓的所有表面具有相同的表面结构要求

表面结构符号画法如图 8-15 所示。图中 a,b 为注写表面结构要求的位置,c 为注写加工方法、表面处理、涂镀或其他加工工艺要求的位置,字体高度 $h=$尺寸数字高度,符号线宽 $d=h/10$,$H_1=1.4h$,H_2 与 H_1 尺寸对应关系如表 8-3 所示。

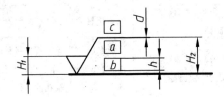

图 8-15　表面结构符号

表 8-3　尺寸的对应关系　　　　　　　　　　　　　　　　(mm)

数字和字母高度 h	2.5	3.5	5	7	10	14	20
符号线宽 d'	0.25	0.35	0.5	0.7	1	1.4	2
字母线宽 d							
高度 H_1	3.5	5	7	10	14	20	28
高度(最小值) H_2	7.5	10.5	15	21	30	42	60

注:H_2 取决于标注内容。

4. 表面结构代号含义

表面结构代号的含义及表面结构要求的标注示例见表 8-4。

表 8-4　表面结构代号的含义示例

代号	意义及说明
$\sqrt{}$ Ra 6.3	表示用去除材料方法获得,单向上限值,默认取样长度,R 轮廓,算数平均偏差 6.3 μm,评定长度为 5 个取样长度(默认)"16％规则"(默认)
$\sqrt{}$ Ra 6.3	表示用不去除材料方法获得,单向上限值,默认取样长度,R 轮廓,算数平均偏差 6.3 μm,评定长度为 5 个取样长度(默认)"16％规则"(默认)
$\sqrt{}$ 0.008-0.8/Ra 3.2	表示用去除材料方法获得,单向上限值,取样长度 0.008～0.8 mm,R 轮廓,算数平均偏差 3.2 μm,评定长度为 5 个取样长度(默认)"16％规则"(默认)
$\sqrt{}$ U Ramax 3.2 L Ra 0.8	表示用不去除材料方法获得,双向极限值,两极限值均使用默认取样长度,R 轮廓,上限值算数平均偏差 3.2 μm,评定长度为 5 个取样长度(默认),"最大规则";下限值算数平均偏差 0.8 μm,评定长度为 5 个取样长度(默认),"16％规则"(默认)

5.表面结构代号在图样中的注法

在同一图样上,每一表面一般只标注一次代号,并尽可能注在相应的尺寸及公差的同一视图上,参数值的大小及书写方向与尺寸数值一致,所标注的表面结构要求是对完工零件表面的要求。其符号应标注在可见轮廓线或其延长线的外表面上,符号尖端由材料外指向并接触零件的外表面。

表面结构在图样中的标注方法见表 8-5。

表 8-5　表面结构代号注写

标注示例	注法说明
	直接标注在零件的表面轮廓线上
	用带箭头或黑点的指引线引出标注
	可以标注在公差框格的上方

标注示例	注法说明
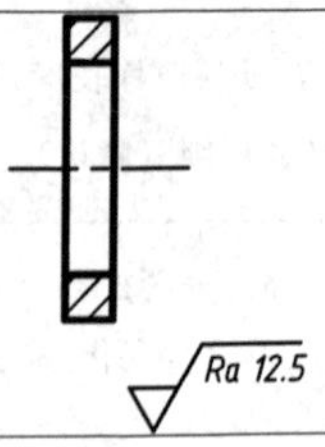	当零件所有表面有相同的表面结构要求时,表面结构可统一标注在标题栏附近
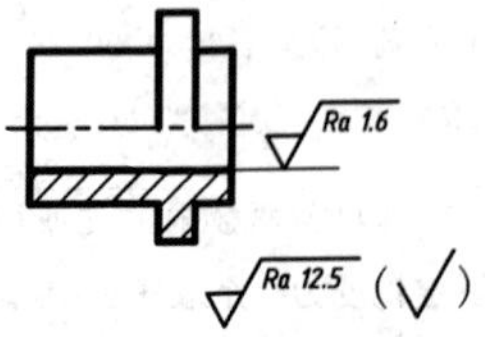	零件有多个相同的表面结构要求,可统一标注在标题栏附近。 对多个表面统一标注时,表面结构要求的符号后面应标注以下内容之一: ——在圆括号内给出无任何其他标注的基本符号 ——在圆括号内给出不同的表面结构要求(不同的表面结构要求应在图中直接标注)
	当同一表面有不同的表面结构要求时,用细实线作为分界线,并分别注出相应的表面结构代号和参数值
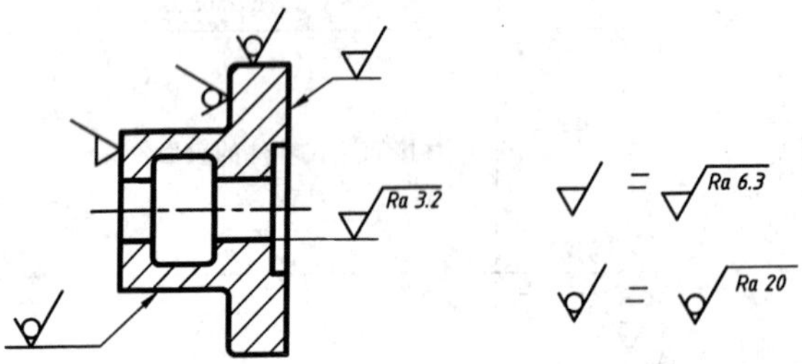	当图纸空间有限时,可将相同的表面结构要求用表面结构符号以等式的方式标注在标题栏附近

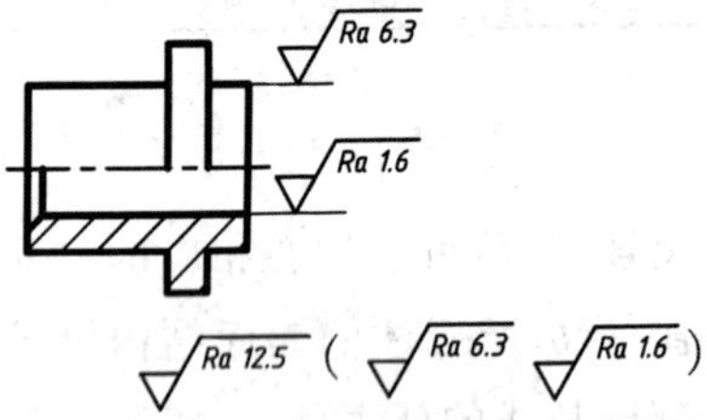

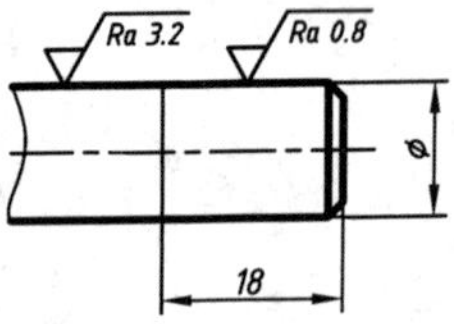

8.4.2 极限与配合

极限是零件图中重要的技术要求,配合是装配图中重要的技术要求。极限与配合也是检验产品质量的技术要求。

1.零件的互换性

当装配部件或机器时,从一批规格大小相同的零件中任取一件,不经任何挑选或修配就能顺利地装配到机器上,并能满足机器的工作性能要求,零件的这种性质称为互换性。零件具有了互换性,不仅给机器的装配和维修带来方便,而且也为大批量和专门生产创造了条件,从而缩短生产周期,提高了劳动效率和经济效益。

为使零件具有互换性,国家标准总局发布了《极限与配合》GB/T 1800.1—2009、GB/T 1800.2—2009、GB/T 1801—2009、GB/T 4458.5—2003 等标准。

2.尺寸公差

零件在制造过程中,受技术和生产条件的影响,完工后的实际尺寸总存在一定的误差。为保证零件的互换性,允许零件的实际尺寸在一个合理的范围内变动,这个允许的尺寸变动范围称为尺寸公差,简称公差。下面以图 8-16 所示的圆柱孔和轴为例,介绍极限与配合制中的术语。

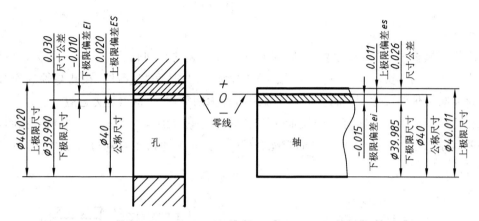

图 8-16　极限与配合制中的术语图解

①公称尺寸——设计时给定的理想形状要素的尺寸,如图所示的 $\phi40$。

②实际尺寸——对某一孔或轴加工完成后通过实际测量获得的尺寸。

③极限尺寸——允许尺寸变动的两个极限值,它以基本尺寸为基数来确定。包括上极限尺寸:尺寸要素允许的最大尺寸;下极限尺寸:尺寸要素允许的最小尺寸。成品零件的实际尺寸在两个极限尺寸之间的零件为合格。

孔:最大极限尺寸 40+0.020=40.020,最小极限尺寸 40+(-0.010)=39.990。

轴:最大极限尺寸 40+(+0.011)=40.011,最小极限尺寸 40+(-0.015)=39.985。

④零线——在极限与配合图解中,表示公称尺寸的一条直线,如图 8-16 所示。

⑤极限偏差——极限尺寸减去公称尺寸所得代数差。偏差值可以是正值、负值或零。偏差有上极限偏差和下极限偏差,孔的上、下极限偏差分别用 ES 和 EI 表示;轴的上、下极限偏差分别用 es 和 ei 表示。

孔:上极限偏差 ES=40.020-40=+0.020,下极限偏差 EI=39.990-40=-0.010。

轴:上极限偏差 es=40.011-40=+0.011,下极限偏差 ei=39.985-40=-0.015。

⑥尺寸公差(简称公差)——允许尺寸的变动量,即最大极限尺寸减去最小极限尺寸,或上偏差减去下偏差。尺寸公差恒为正值。

孔的公差=40.020-39.990=0.030　或+0.020-(-0.010)=0.030。

轴的公差=40.011-39.985=0.026　或+0.011-(-0.015)=0.026。

⑦公差带——公差带是由代表上、下偏差的两条直线所限定的一个区域。为简化起

见,用公差带图表示公差带。如图 8-17 所示公差带图是以放大形式画出的方框,方框的上、下两边直线分别表示上极限偏差和下极限偏差,方框的左右长度可根据需要任意确定。方框内画出的 45°斜线表示孔的公差带,方框内画出的 135°斜线表示轴的公差带。

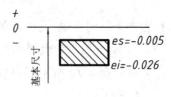

图 8-17　公差带图

3.配合

在机器装配中,基本尺寸相同的、相互配合在一起的孔和轴公差带之间的关系称为配合。由于孔和轴的实际尺寸不同,装配后可能产生"间隙"和"过盈"。在孔与轴的配合中,孔的尺寸减去轴的尺寸所得的代数差为正值时称为间隙,为负值时称为过盈。

根据使用要求的不同,孔和轴之间的配合有松有紧。国家标准规定,按照轴、孔间配合出现的间隙和过盈的不同,配合分间隙配合(图 8-18(a))、过渡配合和过盈配合(图 8-18(b)(c))三种。

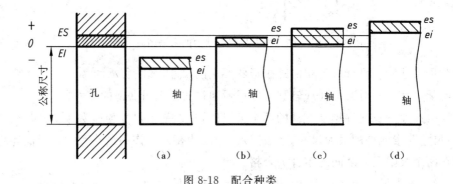

图 8-18　配合种类

①间隙配合——任取一对孔和轴相配合都产生间隙(包括间隙量为零)的配合,如图 8-18 中的孔与图(a)轴的配合。这种配合,孔的公差带在轴公差带的上方,如图 8-19(a)所示。

②过盈配合——任取一对孔和轴相配合都产生过盈(包括过盈量为零)的配合,如图 8-18 中的孔与图(d)轴的配合。这种配合,孔公差带在轴公差带下方,如图 8-19(b)所示。

③过渡配合——孔与轴的装配结果可能产生间隙,也可能产生过盈的配合,如图 8-18 中的孔与(b)(c)轴的配合。这种配合,轴与孔公差带有重叠部分,如图 8-19(c)所示。

4.标准公差与基本偏差

为了满足不同的配合要求,国家标准《极限与配合》规定:孔与轴公差带由"公差带大小"和"公差带位置"两个要素构成。标准公差确定公差带的大小,基本偏差确定公差带的位置,如图 8-20 所示。

1)标准公差　国家标准极限与配合制中所规定的任一公差称为标准公差。标准公差

214

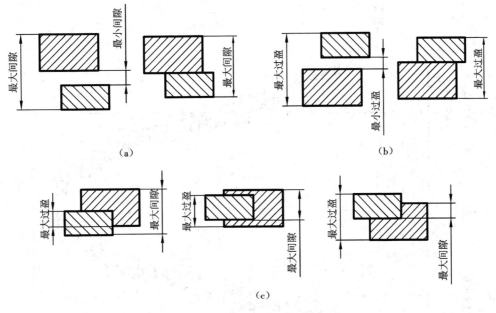

图 8-19　各种配合的公差带

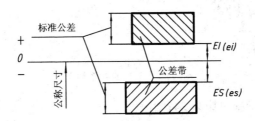

图 8-20　标准公差与基本偏差

等级代号用符号"IT"和数字组成,如"IT9",其中 IT 表示公差,数字表示公差等级。共分为20 个等级,依次是 IT01、IT0、IT1…IT18。IT01 公差值最小,精度最高;IT18 公差值最大,精度最低。一般 IT01～IT12 用于配合。标准公差数值见附表 23。

　　2)基本偏差　基本偏差是确定公差带相对于零线位置的上偏差和下偏差,通常指靠近零线的那个偏差。国家标准对孔和轴分别规定了 28 种基本偏差,孔的基本偏差用大写的拉丁字母表示,轴的基本偏差用小写的拉丁字母表示。当公差带在零线上方时,基本偏差为下偏差;反之则为上偏差,如图 8-21 所示。

　　从图 8-21 中看出:孔的基本偏差从 A～H 为下偏差,从 J～ZC 为上偏差;轴的基本偏差从 a～h 为上偏差,从 j～zc 为下偏差;JS 和 js 没有基本偏差,其上、下偏差对零线对称,分别是＋IT/2、－IT/2。基本偏差系列示意图只表示公差带的位置,不表示公差带的大小,公差带开口的一端由标准公差确定。当基本偏差和标准公差等级确定了,孔和轴的公差带大小和位置及配合类别随之确定。基本偏差和标准公差的计算式如下:

　　ES＝EI＋IT　　或　　EI＝ES－IT

　　es＝ei＋IT　　ei＝es－IT

215

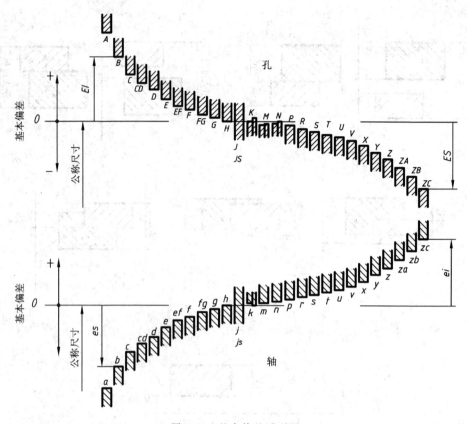

图 8-21　基本偏差系列图

孔和轴的基本偏差数值见附表 24、附表 25。

3）公差带代号　孔和轴的公差带代号由表示基本偏差代号的字母和表示公差等级的数字组成。例如 φ32H8 指的是公称尺寸为 φ32 的孔,其公差带代号 H8,其中孔的基本偏差代号为 H,公差等级代号为 IT8；φ32f7 指的是公称尺寸为 φ32 的轴,其公差带代号 f7,其中轴的基本偏差代号为 f,公差等级代号为 IT7。

5.配合制度

国家标准对配合规定了两种配合制度,即基孔制与基轴制。

基孔制配合——基本偏差为一定的孔的公差带与不同基本偏差的轴的公差带形成的各种配合的一种制度。在基孔制配合中,孔的下极限尺寸与公称尺寸相等,如图 8-22 所示。基孔制的孔为基准孔,基本偏差代号为 H,其下极限偏差为零。

从图 8-21 可以看出,在基孔制中,基准孔 H 与轴配合,a～h(共 11 种)用于间隙配合；j～n(共 5 种)主要用于过渡配合；n、p、r 可能为过渡配合或过盈配合；p～zc(共 12 种)主要用于过盈配合。

基轴制配合——基本偏差为一定的轴的公差带与不同基本偏差的孔的公差带形成的各种配合的一种制度。在基轴制配合中,轴的上极限尺寸与公称尺寸相等,如图 8-23 所示。基轴制的轴称为基准轴,基本偏差代号为 h,其上偏差为零。

从图 8-21 可以看出,在基轴制中,基准轴 H 与孔配合,A～H(共 11 种)用于间隙配合；

J～N(共 5 种)主要用于过渡配合;N、P、R 可能为过渡配合或过盈配合;P～ZC(共 12 种)主要用于过盈配合。

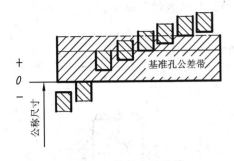

图 8-22　基孔制公差带图

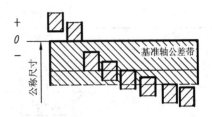

图 8-23　基轴制公差带图

6.极限与配合的选用

如前所述,标准公差有 20 个等级,基本偏差有 28 个位置,这样可以组成大量的配合形式。但过多的配合不但不能发挥标准的作用,也不利于现代化的生产。因此,国家标准中规定了优先和常用配合。

优先选用基孔制。可以减少定值刀具、量具的规格数量。只有在具有明显经济效益和不适宜采用基孔制的场合,才选用基轴制。在零件与标准件配合时,应按标准件所用的基准制来确定。如滚动轴承内圈与轴的配合选用基孔制,滚动轴承外圈与轴承座的配合采用基轴制。

当零件之间具有相对转动或移动时,必须选择间隙配合;当零件之间无键、销等紧固件,只依靠结合面之间的过盈实现传动时,必须选择过盈配合;当零件之间不要求有相对运动,同轴度要求较高,且不是依靠该配合传递动力时,通常选用过渡配合。

在保证零件使用要求的前提下,应尽量选用比较低的公差等级,以减少零件的制造成本。由于加工孔比加工轴困难,当公差等级高于 IT8 时,在基本尺寸至 500 mm 的配合中,应选择孔的标准公差等级比轴低一级(如孔为 8 级,轴为 7 级)来加工孔。因为公差等级愈高,加工愈困难。标准公差等级低时,轴和孔可选择相同的公差等级。

7.极限与配合在图样上的标注和查表方法

(1)配合代号在装配图上的标注形式

配合代号在装配图上的标注采用组合式注法,写成分式形式,分子为孔的公差带代号,分母为轴的公差带代号。若分子中孔的基本偏差代号为 H 时,表示该配合为基孔制;若分母中轴的基本偏差代号为 h 时,表示该配合为基轴制。当轴与孔的基本偏差同时分别为 h 和 H 时,根据基孔制优先的原则,一般应首先考虑为基孔制。例如,代号 $\phi24\dfrac{H7}{f6}$ 的含意为相互配合的轴与孔公称尺寸为 $\phi24$,基孔制配合,孔为标准公差 IT7 的基准孔,与其配合的轴基本偏为 f,标准公差为 IT6。

GB/T 4458.5—2003 给出了极限与配合在零件图及装配图上的标注方法,见表 8-6。

(2)极限在零件图上的标注形式

极限偏差数值在零件图上的标注有三种形式:在公称尺寸后直接注出公差带代号、公称尺寸后直接注出上下极限偏差数值、或两者同时注出。两者同时注出时,将极限偏差数值放在右边,并加括号。注写极限偏差数值所用字体比尺寸数值字体小一号。

表 8-6　极限与配合在图样中的标注

基孔制		基轴制	
装配图 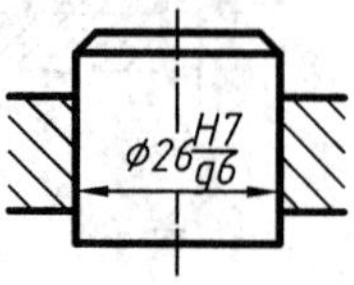 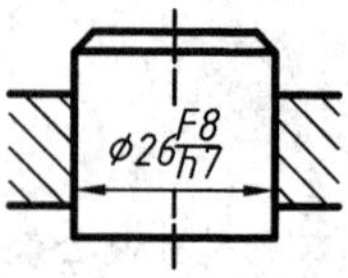	$\phi 26\frac{H7}{g6}$		$\phi 26\frac{F8}{h7}$
	基准孔	轴	孔	基准轴
零件图	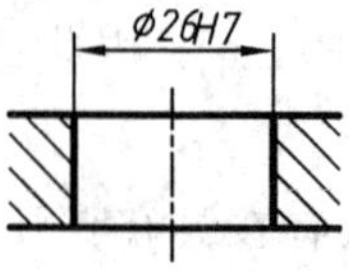 $\phi 26H7$	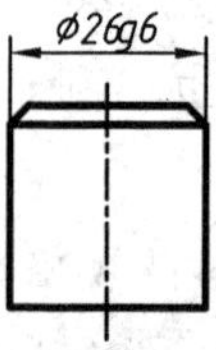 $\phi 26g6$	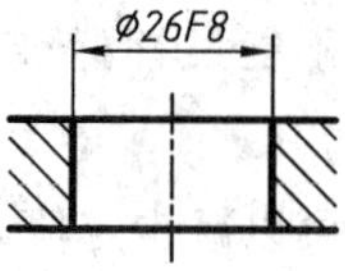 $\phi 26F8$	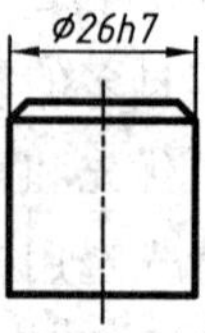 $\phi 26h7$
	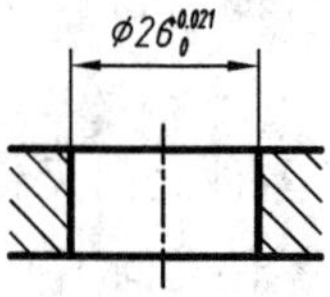 $\phi 26^{+0.021}_{0}$	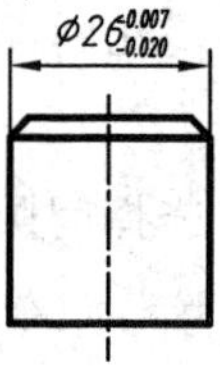 $\phi 26^{-0.007}_{-0.020}$	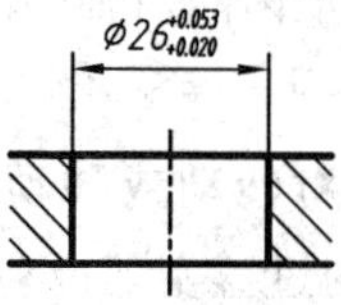 $\phi 26^{+0.053}_{+0.020}$	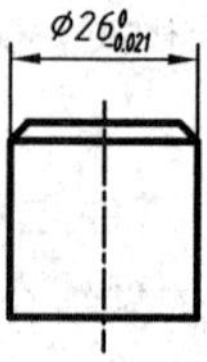 $\phi 26^{0}_{-0.021}$
	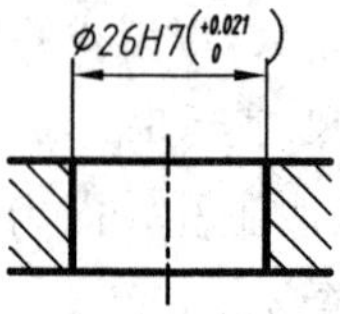 $\phi 26H7(^{+0.021}_{0})$	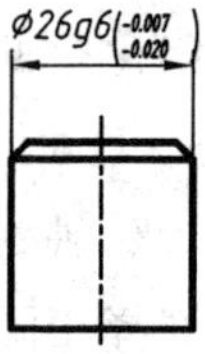 $\phi 26g6(^{-0.007}_{-0.020})$	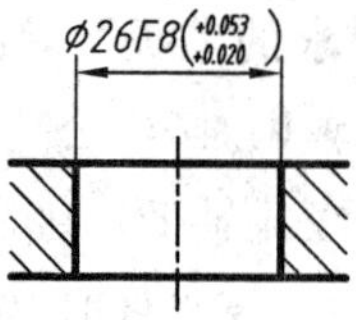 $\phi 26F8(^{+0.053}_{+0.020})$	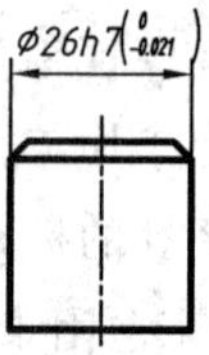 $\phi 26h7(^{0}_{-0.021})$

8.4.3　几何公差

在实际生产中,不仅零件的尺寸不可能加工的绝对准确,而且零件的几何形状和相互位置也会产生误差。因此,必须对零件要素(点、线、面)的实际形状和实际位置与理想形状和理想位置之间的误差规定一个允许的变动量。这个规定的允许变动量称为几何公差,包括形状公差、位置公差、方向公差和跳动公差。

如轴的理想形状如图 8-24(a)所示,但加工后轴的实际形状如图(b)所示,产生的这种误差为形状误差。图 8-25 所示零件中左右两孔轴线的理想位置是在同一条直线上,如图(a)所示,但加工后两孔轴线产生偏移,形成位置的误差,如图(b)所示。

218

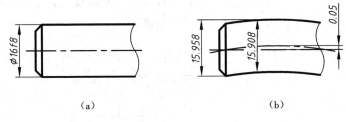

(a)　　　　　　　　　　　　(b)

图 8-24　形状误差

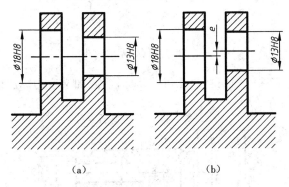

(a)　　　　　　　　　　　　(b)

图 8-25　位置误差

1.几何公差的项目及符号

几何公差的项目及符号见表 8-7。

表 8-7　几何特征及符号

公差分类	几何特征	符号	公差分类	几何特征	符号
形状公差	直线度	—	方向公差	平行度	//
	平面度	▱		垂直度	⊥
	圆度	○		倾斜度	∠
	圆柱度	⌭	位置公差	同轴度	◎
	线轮廓度	⌒		对称度	=
				位置度	⊕
	面轮廓度	⌓	跳动公差	圆跳动	↗
				全跳动	↗↗

2.几何公差在图样上的标注示例

国家标准 GB/T 1182—1996 规定,几何公差在图样中应采用代号标注。代号由公差项

219

目符号、框格、指引线、几何公差数值、其他有关符号以及基准要素符号等组成,如图 8-26 所示。有关几何公差的详细内容请查阅有关资料说明。

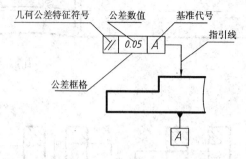

图 8-26　几何公差的标注

如图 8-27 所示为零件气门阀杆的几何公差标注(附加文字为标注说明,不需注写)。

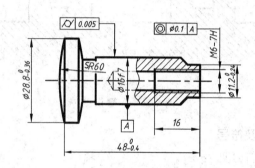

图 8-27　几何公差在图样上的标注

8.5　读零件图

正确、熟练地读懂零件图是工程技术人员必须具备的基本素质之一。读零件图的要求就是要根据已有的零件图,了解零件的名称、用途、材料、比例等,并通过分析图形、尺寸、技术要求,想象出零件各部分的结构、形状、大小和相对位置,了解设计意图和加工方法。下面介绍读零件图的方法和步骤。

1.概括了解

从零件图的标题栏中了解零件的名称、材料、绘图比例等属性。根据名称判断零件属于哪一类零件,根据材料可大致了解零件的加工方法,根据绘图比例可估计零件的大小。必要时,可对照机器、部件实物或装配图了解该零件的装配关系等,从而对零件有初步的了解。

2.分析视图

通过分析零件图中各视图所表达的内容,找出各部分的对应关系,采用形体分析、线面分析等方法,想象出零件各部分结构和形状,前面已讲过的组合体的读图方法和剖视图的读图方法同样适用于读零件图。读图的一般顺序是:先整体,后局部;先主体结构,后局部结构;先读懂简单部分,再分析复杂部分。读图时,应注意是否有规定画法和简化画法。

3.分析尺寸和技术要求

分析尺寸时,首先要弄清长、宽、高三个方向的尺寸基准,从基准出发查找各部分的定形尺寸、定位尺寸和总体尺寸。了解技术要求,主要了解零件的表面结构要求,各配合表面的尺寸公差和零件的几何公差等其他技术要求。

4.综合归纳

在上述分析的基础上,综合起来想象出零件的结构形状、尺寸大小和制造零件的各项要求,正确理解设计意图,从而达到读懂零件图的目的。

5.读零件图举例

例 8-1   以图 8-28 所示球阀中的阀杆为例,说明读零件图的方法和步骤。

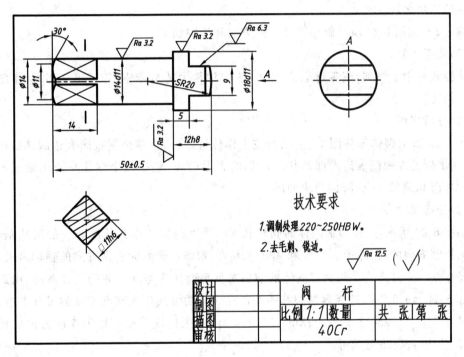

图 8-28   阀杆

（1）概括了解

从标题栏可知,阀杆按 1:1 绘制,与实物大小一致。材料为 40Cr（合金结构钢）。从图中可以看出,阀杆由回转体经切削加工而成,为轴套类零件。对照图 9-1 所示的球阀轴测图可以看出,阀杆上部是由圆柱经切割形成的四棱柱,与扳手上的四方孔配合;阀杆下部的凸榫与阀芯（图 8-1）上部的凹槽配合。阀杆的作用是通过扳手使阀芯转动,以开启或关闭球阀和控制流量。

（2）分析视图

阀杆零件图采用了一个基本视图、一个向视图和一个断面图表达。主视图按加工位置将阀杆水平置放,左端的四棱柱采用移出断面图表达。

（3）分析尺寸

阀杆以水平轴线作为径向尺寸基准，同时也是高度和宽度方向的尺寸基准。由此注出径向各部分尺寸 $\phi 14$、$\phi 11$、$\phi 14d11$、$\phi 18d11$。选择表面结构参数 $Ra3.2$ 的端面作为阀杆的轴向尺寸基准，也是长度方向的尺寸基准，由此注出尺寸 12h8，以右端面作为轴向的第一辅助基准，注出尺寸 7、50 ± 0.5，以左端面作为轴向的第二辅助基准，注出尺寸 14。

（4）了解技术要求

凡是尺寸数字后面注写公差带代号或偏差值，说明零件该部分与其他零件有配合关系。如 $\phi 14d11$ 和 $\phi 18d11$ 分别与球阀中的填料压紧套和阀体有配合关系，其表面结构要求较严，Ra 值为 $3.2~\mu m$。阀杆经过调质处理（$220\sim250$）HBW，以提高材料的韧度和强度。调质、HBW（布氏硬度），以及后面的阀盖、阀体例图中出现的时效处理等，均属热处理和表面处理的专用名词。

例 8-2　读图 8-29 所示阀体零件图的方法和步骤如下。

（1）概括了解

从标题栏中了解到，该零件名为阀体，使用材料为铸造碳钢"ZG230－450"，作图比例"1∶1"，与实物大小一致。

（2）分析视图

图 8-29 所示阀体零件图中，主视图按工作位置放置，采用全剖视图表达阀体的内部结构；采用半剖的左视图表达内部形状和对称的方形凸缘（包括四个螺孔）；采用俯视图表达零件的外形和顶部 $90°$ 的限位凸块的形状。

（3）分析尺寸

如图 8-29 所示，选择容纳阀体的阀杆孔 $\phi 18_{0}^{+0.110}$ 的轴线作为长度方向的尺寸基准，由此注出长度方向的尺寸 $21_{-0.130}^{0}$、8 和 $\phi 36$、$\phi 26$ 等；箱体左端面为长度方向的辅助基准，由此注出尺寸 $5_{-0.180}^{0}$、$41_{-0.160}^{0}$ 等；选择阀体的前后对称平面作为宽度方向的尺寸基准，由此注出尺寸 $\phi 55$、75、49、$90°$ 等；选择容纳阀芯的阀体孔 $\phi 43$ 的轴线作为高度方向的尺寸基准，由此注出尺寸 $56_{0}^{+0.460}$、$\phi 50_{0}^{+0.160}$、$\phi 20$、M36×2－6g 等；以限位块上端面作为高度方向的辅助尺寸基准，注出 4、2、29 等尺寸。

（4）综合想象出该阀体的整体形状

如图 8-30 所示。

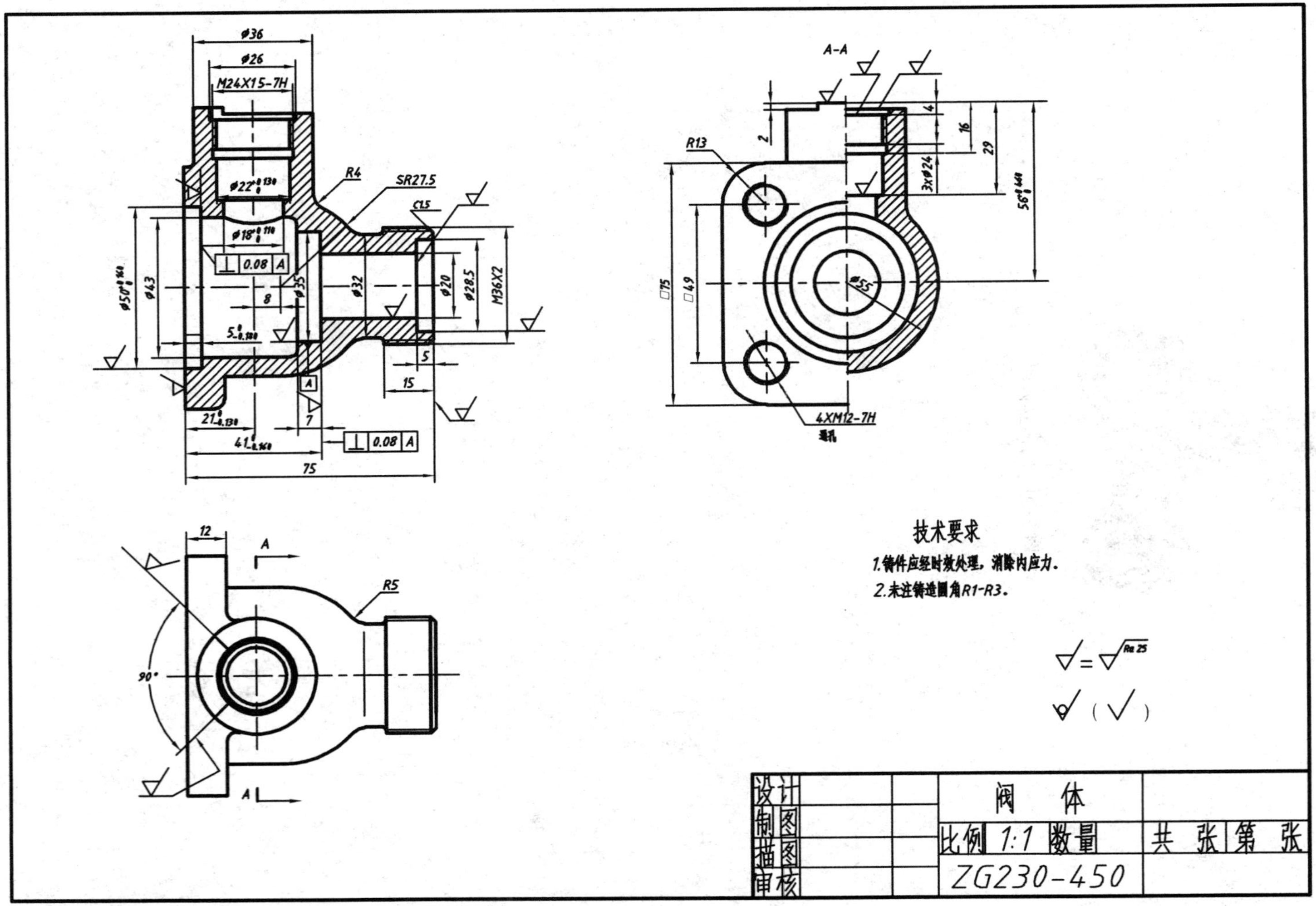

φ36
φ26
M24X15-7H
φ22
R4
SR27.5
C1.5
φ18
0.08 A
φ50
φ43
8
φ35
φ32
φ20
φ28.5
M36X2
5
15
A
21
7
41
0.08 A
75
A-A
R13
2
4
16
29
3xφ24
56
□75
□49
φ55
4XM12-7H
通孔
12
A
R5
90°
A
技术要求
1.铸件应经时效处理，消除内应力。
2.未注铸造圆角R1-R3。
Ra 25
设计
制图
描图
审核
阀体
比例 1:1 数量
共 张 第 张
ZG230-450

图 8-29 阀体零件图

图 8-30　阀体立体图

第9章 装配图

装配图是机器设计中设计意图的反映,是机器设计、制造过程中的重要技术依据。本章将介绍装配图的内容、画法、部件测绘、读装配图和拆画零件图的方法。通过本章的学习熟悉装配图的作用和内容。熟练掌握装配图的规定画法、特殊画法和简化画法。掌握装配图的尺寸标注的方法。熟悉配合代号等技术要求的标注与识读。掌握部件测绘和画装配图的方法及步骤。掌握读装配图及拆画零件图的方法、步骤和技能。能看懂中等复杂的、常见的装配图,绘制比较简单的装配图。

9.1 装配图的作用及内容

9.1.1 装配图的作用

装配图的作用有以下几方面:①进行机器或部件设计时,首先要根据设计要求画出装配图,表示机器或部件的结构和工作原理。②生产、检验产品时,是依据装配图将零件装成产品,并按照图样的技术要求检验产品。③使用、维修时,要根据装配图了解产品的结构、性能、传动路线、工作原理等,从而决定操作、保养和维修的方法。④在技术交流时,装配图也是不可缺少的资料。因此,装配图是设计、制造和使用机器或部件的重要技术文件。装配图分为总装配图和部件装配图两类:①总装配图主要表达机器的全貌、工作原理、各组成部分之间的相对位置、机器的技术性能等;②部件装配图主要表达部件的工作性能、零件之间的装配和连接关系、主要零件的结构以及部件装配时的技术要求等。

图 9-1 为球阀的轴测图。在管道中,球阀是控制流体通道启闭和通道中流体流量大小的部件。

图 9-2 为球阀的装配图,配合轴测图,可以从装配图看出阀芯 4、阀体 1、阀盖 2、阀杆 12 等主要零件的结构形状以及组成球阀各个部分之间的相对位置。

9.1.2 装配图的装配图的内容

一张完整的装配图应包括下列内容。

1.一组视图

采用各种表达方法,正确、清楚地表达出机器或部件的工作原理与结构、零件之间的装配关系(包括配合关系、连接关系、相对位置关系及传动关系)和主要零件的主要结构形状等。

2.必要的尺寸

包括部件或机器的规格(性能)尺寸、零件之间的装配尺寸、外形尺寸、部件或机器的安

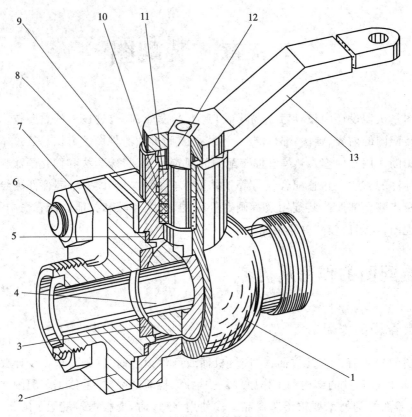

图 9-1　球阀立体结构图

1—阀体　2—阀盖　3—密封圈　4—阀芯　5—调整垫　6—螺柱　7—螺母
8—填料垫　9—中填料　10—上填料　11—填料压紧套　12—阀杆　13—扳手

装尺寸和其他重要尺寸等。

3.技术要求

提出与部件或机器有关的性能、装配、检验、试验、使用等方面的要求。

4.零件的序号和明细栏

说明部件或机器的组成情况,如零件的代号、名称、数量和材料等。

5.标题栏

填写图名、图号、设计单位、制图、审核、日期和比例等。

9.2　装配图的表达方法

绘制零件图所采用的视图、剖视图、断面图等表达方法在绘制装配图时,仍可使用。装配图主要是表达各零件之间的配合关系、连接方法、相对位置、运动情况和零件的主要结构形状。为此,在绘制装配图时,还需采用一些规定画法和特殊表达方法。

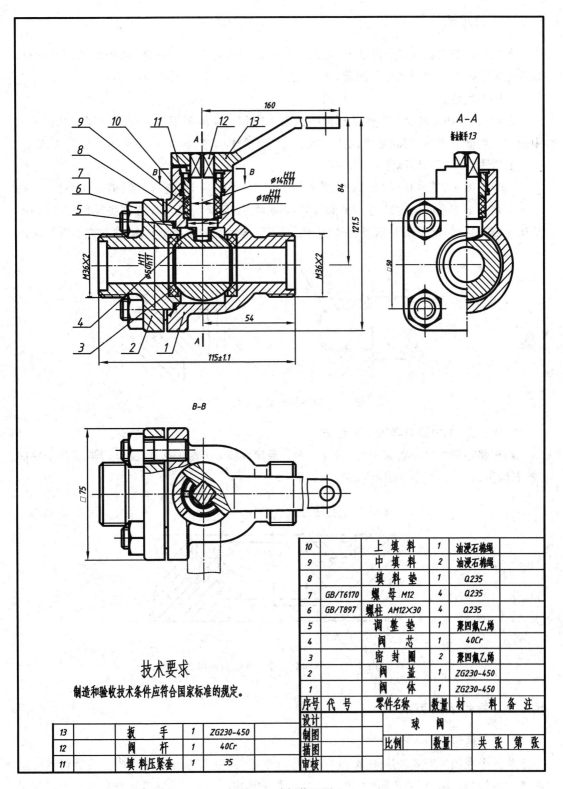

技术要求
铸造和验收技术条件应符合国家标准的规定。

10		上　填　料	1	油浸石棉绳	
9		中　填　料	2	油浸石棉绳	
8		填　料　垫	1	Q235	
7	GB/T6170	螺　母　M12	4	Q235	
6	GB/T897	螺柱 AM12×30	4	Q235	
5		调　整　垫	1	聚四氟乙烯	
4		阀　　芯	1	40Cr	
3		密　封　圈	2	聚四氟乙烯	
2		阀　　盖	1	ZG230-450	
1		阀　　体	1	ZG230-450	
序号	代　号	零件名称	数量	材　　料	备注

设计		球　阀			
制图					
描图		比例	数量	共　张	第　张
审核					

13		扳　　手	1	ZG230-450
12		阀　　杆	1	40Cr
11		填料压紧套	1	35

图 9-2　球阀装配图

9.2.1 规定画法

装配图需将机器或部件的所有零件画到一起,来表达其工作原理、结构特征、装配关系以及主要零件的结构形状等。因此,国标规定了装配图的规定画法。

1.剖面线画法

装配图中,相邻两金属零件的剖面线倾斜方向相反或间隔不等。但同一零件在各视图中的剖面线倾斜方向、间隔必须保持一致。如图 9-2 中阀芯、阀体、阀盖等零件绘制方式。

2.紧固件和实心件画法

在装配图中,若紧固件(即螺栓、螺柱、螺母、垫圈等)及轴、连杆、键、销等实心件,若按纵向剖切且剖切平面通过其对称平面或轴线时,均按不剖绘制。若遇这些零件有孔、槽等结构需要表达时,可采用局部剖视图和断面图进行表达。如图 9-3 中轴、销均按不剖绘制。

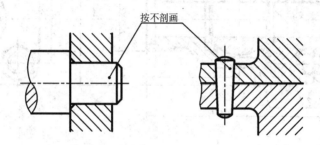

图 9-3　紧固件和实心零件的画法

3.接触面、配合面与非接触面画法

两相邻零件的接触表面和配合面,只画一条轮廓线;不接触表面,应分别画出两条轮廓线,若间隙很小时,可夸大表示,如图 9-4 所示。

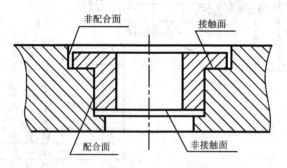

图 9-4　接触面配合面与非接触面画法

9.2.2　特殊表达方法

1.拆卸画法

当某个视图中需要表达的部分被某些零件遮住时,可假想沿零件的结合面剖切或将这些零件拆卸后再画,需要说明时,可在视图上方注明"拆去××"等字样。如图 9-2 中左视图是拆去零件 13 扳手画出的。

2.夸大画法

对于直径或厚度小于 2 mm 的较小零件或较小间隙,如薄片零件、细丝弹簧等,若按它们的实际尺寸在装配图中很难画出或难以明显表示时,可不按比例而采用夸大画法,如图9-5 所示。

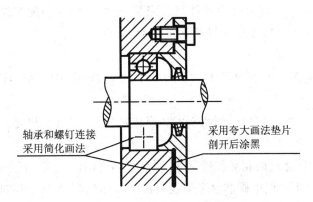

图 9-5　装配图的夸大画法

3.假想画法

为表达部件或零件与相邻的其他辅助零件部件的关系,可用双点画线画出这些辅助零件部件的轮廓线。对于运动的零件,当需要表明其运动范围或运动的极限位置,也用双点画线表示。如图9-2俯视图零件13扳手,在一个极限位置处画出该零件,又在另一个极限位置处用双点画线画出其外形轮廓。

4.移出画法

在装配图中,当零件的结构形状需要表示而又未能表示清楚时,可单独画出该零件的一个视图或几个视图,并在该视图的上方注出零件的编号和投射方向,如图9-18所示。

5.简化画法

①装配图上若干个相同的零件组,如螺栓、螺钉的连接等,允许详细地画出一组,其余只画出中心线位置,如图9-5所示。

②装配图上的零件工艺结构,如退刀槽、倒角、倒圆等,允许省略不画。

③在装配图中滚动轴承可用简化画法或示意画法表示,如图9-5所示。

④在装配图中,当剖切平面通过的部件为标准件或该部件已有其他图形表示清楚时,可按不剖绘制。

9.3　装配图的尺寸标注和技术要求

9.3.1　装配图的尺寸标注

部件装配图所标注的尺寸,是为了进一步说明部件的性能、工作原理、装配关系和总装配时的安装要求,一般应标注出下列几种尺寸。

1.特性尺寸

表示结构或部件规格、性能的尺寸是设计和选用机器的主要依据。如图 9-2 所示球阀阀芯的孔径尺寸 $\phi 20$，是决定球阀流量的特性尺寸。

2.装配尺寸

装配尺寸是表示机器或部件中零件间装配关系的尺寸，是装配工作的依据，是保证部件使用性能的重要尺寸。装配尺寸包括下列尺寸。

(1)配合尺寸

表示零件之间有配合性质的尺寸，如图 9-2 中的 $\phi 18H11/d11$、$\phi 14H11/d11$ 等。

(2)连接尺寸

零件之间有连接关系的尺寸，如图 9-2 中 $M36 \times 2$ 为螺纹连接尺寸。

(3)相对位置尺寸

装配过程中，零件之间的相对位置尺寸，如平行轴之间的距离，主要轴线到安装基面之间的距离等。图 9-2 主视图中阀芯水平轴线到扳手顶端的距离 84，阀芯竖直轴线到阀体右端面距离 54 等均属此种尺寸。

3.安装尺寸

安装尺寸是机器或部件安装时所需要的尺寸，如图 9-2 中定位尺寸 49×49 为阀盖和阀体安装所需要的尺寸。

4.外形尺寸

外形尺寸即部件轮廓的总长、总宽、总高尺寸，为部件的包装、运输和安装占据的空间提供数据，如图 9-2 中的 115,75,122 尺寸。

9.3.2 装配图的技术要求

装配图上一般应注写以下几方面的技术要求：

①装配过程中的注意事项和装配后应满足的要求，如保证间隙、精度要求、润滑方法、密封要求等；

②检验、试验的条件和规范以及操作要求；

③部件的性能、规格参数、包装、运输、使用时的注意事项和涂饰要求等。

9.4 装配图的零件序号、明细栏和标题栏

装配图的图形一般较复杂，包含的零件种类和数目也较多，为了便于在设计和生产过程中查阅有关零件，装配图中需对所有零件都按一定顺序编写序号，并将各零件的序号、名称、数量、材料等内容填写到明细栏中，以便读图和管理图样。序号和明细栏的编写规则如下。

1.零件、部件序号

①序号由圆点、指引线、水平线(或圆)及数字组成，如图 9-6 所示。指引线与水平线(或圆)均为细实线，数字高度比尺寸数字大一号，写在水平线上方(或圆内)。

②图样中的序号可按顺时针也可按逆时针依次排列,但须在水平或垂直方向排列整齐。由于薄零件或涂黑的断面内不便画圆点,可在指引线的末端画出箭头,并指向该部分的轮廓,如图 9-7 所示。

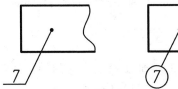

图 9-6　零件序号的编写形式　　　　　　　　图 9-7　较薄零件序号的编写形式

③装配图中一个零件须编写一个序号,同一装配图中相同的零件不重复编号。

④指引线尽量均匀分布,彼此不能相交,还应避免与剖面线平行。装配关系清楚的组合件(如螺纹紧固件)可采用公共指引线,如图 9-8 所示。

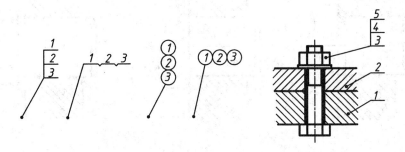

图 9-8　公共指引线

2.明细栏

明细栏是机器或部件中全部零件、部件的详细目录,是组织生产的重要资料。明细栏的内容有零部件序号、代号、名称、数量、材料以及备注等项目,也可按实际需要增加或减少。

明细栏填写的序号应与装配图上所编序号一致,各零件按序号自下而上的顺序填写。代号栏除填写零件的代号外,对标准件应填写"国标"代号,如 GB/T 6170,材料栏应填写零件材料的牌号,如 45、HT200、Q235-A 等。数量栏填写一个部件中所用该零件的数量,备注项内可填写有关的工艺说明,如发蓝、渗碳等;也可注明该零件、部件的来源如外购件、借用件等;对齿轮类的零件,还可注明必要的参数,如模数、齿数等。

明细栏一般配置在装配图中标题栏的上方,如标题栏上方位置不够时,可将明细栏的一部分放在主标题栏左方。有时明细栏可单独编写,作为装配图的附件。

3.标题栏

装配图标题栏用于填写机器或部件的属性(名称、代号、比例等),其格式与零件图标题栏相同。

9.5 机器上常见的装配结构

在设计和绘制装配图时,需要确定合理的装配结构,以满足部件的性能要求,同时便于零件的加工制造和拆装。

1.接触面结构

①轴与孔配合时,轴肩与孔的端面互相接触时,在轴肩根部切槽或在孔的端部加工倒角,以保证两零件的良好接触,如图 9-9(a)(b)所示,图 9-9(c)所示结构不合理。

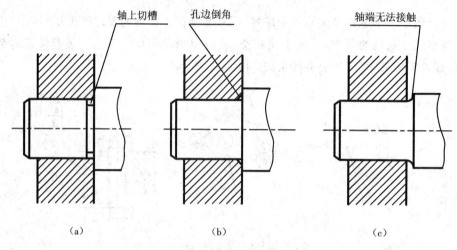

图 9-9 轴与孔配合端面接触结构

②两零件接触时,同一方向一般只能有一个面接触,以满足两零件间的接触性能,并便于加工制造,如图 9-10(a)(b)(c)所示,图 9-10(d)(e)(f)所示结构不合理。

2.定位销配合结构

为方便装配,并保证拆、装不降低两零件的装配精度,通常采用如图 9-11 所示的销连接结构。为加工和拆装方便,在可能的条件下,尽量将销孔制成通孔,如图 9-11(b)所示,图 9-11(a)结构不合理。

3.可拆装结构

在画装配图时,要考虑方便零件的装拆。如安装螺纹紧固件处应留出足够空间,如图 9-12(a)所示,9-12(b)结构不合理。为了使螺栓、螺母、螺钉、垫圈等紧固件与被连接表面接触良好,在被连接件的表面应加工成凸台或锪平等结构,如图 9-13(a)(b)所示。

4.密封结构

为防止部件内部的液体或气体渗漏或灰尘进入机件内,对有上述要求的部位需设置密封结构。常见的密封结构有毡圈密封(图 9-14(a))、填料函结构密封(图 9-14(b))、垫片结构密封(图 9-14(c))。

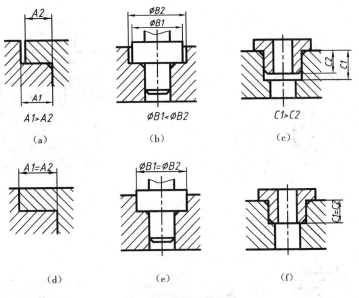

图 9-10　接触面的画法

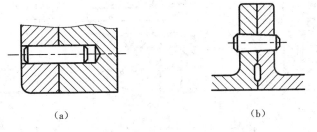

图 9-11　定位销装配结构

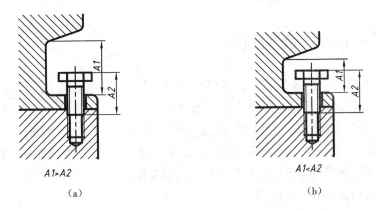

图 9-12　螺钉装拆空间

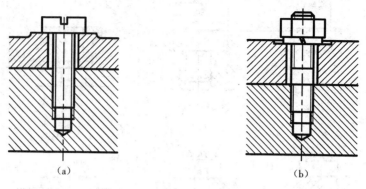

图 9-13　紧固件装配结构

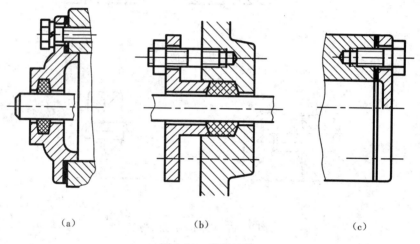

（a）　　　　　　　（b）　　　　　　　（c）

图 9-14　密封结构

9.6　由零件图拼画装配图

绘制装配图应按下列步骤进行。首先对部件的用途、工作原理、装配关系和主要零件的结构特征等作全面地了解和分析。在了解分析的基础上，合理地运用各种表达方法，以确定装配图的表达方案。在选择表达方案时，尽量按部件的工作位置确定主视图，并使主视图能较多地表达主要的装配关系、主要的装配结构和部件的工作原理等。在选择的表达方案中，将主要轴线或重要零件的基准面作为画图基准。

例 9-1　齿轮油泵装配图的画法。

（1）了解部件的装配关系

如图 9-15 所示，齿轮油泵主要由泵体、传动齿轮轴、齿轮轴、齿轮、端盖和一些标准件组成。在看懂零件结构形状的同时，应了解各零件之间的相互位置及连接关系。

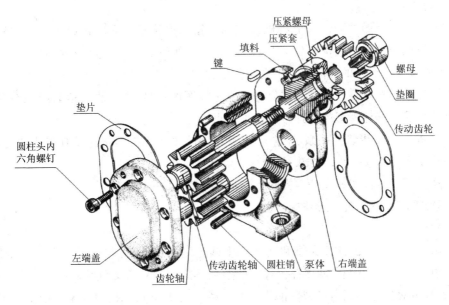

图 9-15　齿轮油泵立体结构图

（2）了解部件的工作原理

如图 9-16 所示，齿轮油泵的主要功用是通过吸油和压油，为机器提供润滑油。当主动齿轮旋转时，带动从动齿轮旋转，在两个齿轮的啮合处，由于轮齿瞬时脱离啮合，使泵室右腔压力下降产生局部真空，油池内的液压油便在大气压力作用下从吸油口进入泵室右腔的低压区，随着齿轮的转动，由齿间将油沿箭头方向带入泵室左腔，并使油产生压力经出油口排出，送到机器需要润滑的部位。

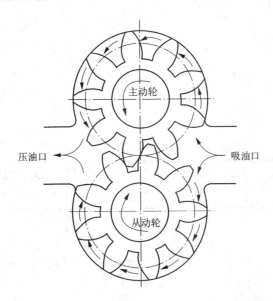

图 9-16　齿轮油泵工作原理

(3)视图选择

装配图的主视图选择。一般将机器或部件按工作位置或习惯位置放置。主视图选择应能尽量反映出部件的结构特征,即装配图应以工作位置和清楚反映主要装配关系、工作原理、主要零件的形状的方向作为主视图投射方向。

其他视图的选择。其他视图主要是补充主视图的不足,进一步表达装配关系和主要零件的结构形状。其他视图的选择考虑以下几点:

①分析还有哪些装配关系、工作原理及零件的主要结构形状还没有表达清楚,从而选择适当的视图及相应的表达方法;

②尽量用基本视图和在基本视图上作剖视来表达有关内容;

③合理布置视图,使图形清晰,便于看图。

(4)画装配图

①图面布局。根据部件大小和复杂程度确定画图比例,再根据视图数量选定图幅,然后画出边框、图框、标题栏、明细栏等的底稿线。使用计算机绘图时,应设置好图层、图线等。然后,按表达方案画出各视图的作图基准线。图 9-15 所示齿轮油泵装配图各视图的布局情况如图 9-17 所示。

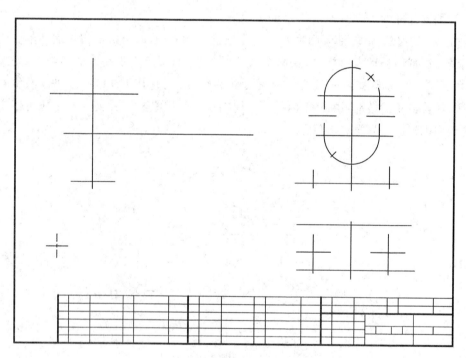

图 9-17 齿轮油泵装配图布局

②画各视图底稿。一般先画主要零件,再根据零件间的装配关系依次画出每个零件。

③标注尺寸,编排零件序号,并进行校对。

④校核底稿,进行图线加深,画剖面线、尺寸界线、尺寸线和箭头;编注零件序号,注写尺寸数字,填写标题栏和技术要求。

画图过程如图 9-18 所示。

236

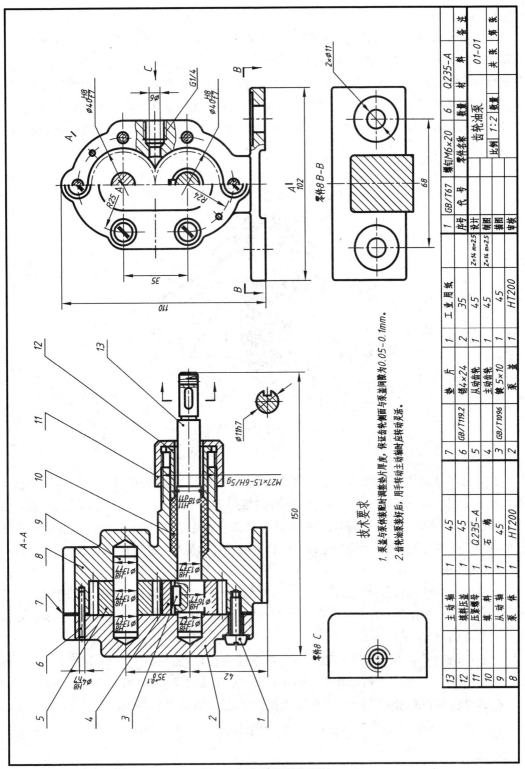

图 9-18　齿轮油泵装配图

237

例 9-2　千斤顶装配图画法。

(1)分析部件

在机械设备的安装或汽车修理过程中,常用千斤顶来顶举重物。千斤顶的顶举高度是有限的。图 9-19 是千斤顶立体结构图。螺套装入底座,并用紧定螺钉定位限转。螺旋杆顶部成球面状,外面套一个顶垫,顶垫上部成平面形状,放置欲顶起的重物。顶垫用螺钉与螺旋杆连接而又不固定,目的是防止顶垫随螺旋杆一起转动时不致脱落。绞杆穿在螺杆上部的孔中。工作时,旋转绞杆,螺旋杆在制有螺纹的螺套内作上下移动,放在顶垫上的重物随即上升或下降。

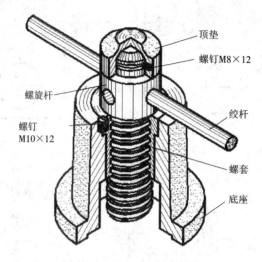

图 9-19　千斤顶立体结构图

(2)确定部件表达方案

为了清楚地表达千斤顶的工作原理、传动路线和装配关系,选择垂直于螺旋杆的轴线方向作为主视图的投射方向,并将主视图画成全剖视图。俯视图沿螺套与螺旋杆的结合面剖切,表达螺套和底座的外形,俯视方向再取一局部视图表达顶垫顶面结构,过螺旋杆上部孔的轴线剖切断面图,表达螺旋杆上部穿绞杆的两通孔的局部结构(图 9-20(f))。

(3)画装配图

①选比例,定图幅,画出各视图的主要基准线,如轴线、中心线、零件的主要轮廓线。根据装配体的大小和复杂程度合理布局各视图的位置。同时还应考虑尺寸标注、编注序号和明细栏所占的位置(图 9-20a)。

②根据装配关系,沿装配干线逐一画出各零件的投影;底座如图 9-20(b)所示;螺套和螺旋杆如图 9-20(c)所示;绞杆、顶垫如图 9-20(d)所示;螺钉如图 9-20(e)所示。

③画出各零件的细节部分,检查所画视图,加深图线如图 9-20(e)所示。

④标注尺寸和注写技术要求,编写序号,填写标题栏,明细栏如图 9-20(f)所示。

238

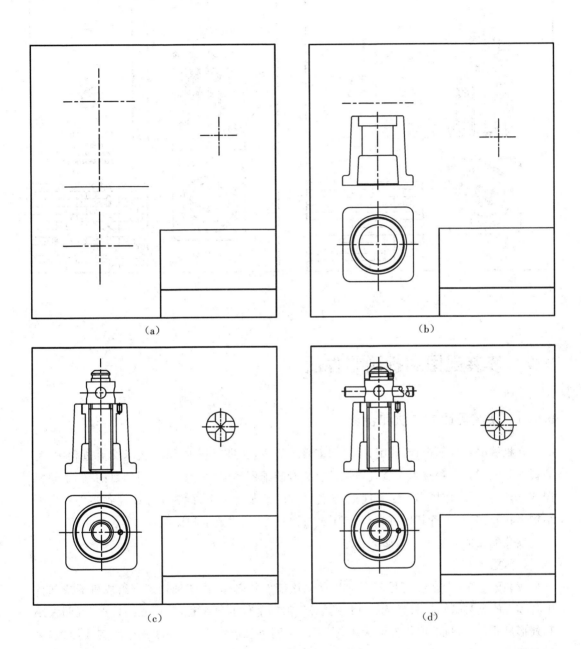

(a)

(b)

(c)

(d)

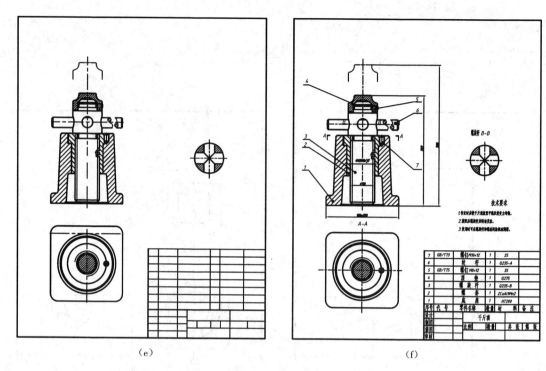

（e）　　　　　　　　　　　　　　　　　　　（f）

图 9-20　千斤顶装配图画法步骤

9.7　读装配图和拆画零件图

9.7.1　读装配图的方法和步骤

在机械或部件的设计、装配、检验和维修工作中，在进行技术革新、技术交流过程中，都需要看装配图。工程技术人员必须具备熟练看装配图的能力。看装配图的目的是：了解机器或部件的性能、作用和工作原理；了解各零件间的装配关系、拆装顺序以及各零件的主要结构形状和作用；了解其他组成部分，了解主要尺寸、技术要求和操作方法等。

读装配图的方法和步骤如下所述。

1.概括了解

读装配图时，首先由标题栏了解机器或该部件的名称；由明细栏了解组成机器或部件中各零件的名称、数量、材料及标准件的规格，估计部件的复杂程度；由画图比例、视图大小和外形尺寸，了解机器或部件的大小；由产品说明书和有关资料，并联系生产实践知识，了解机器或部件的性能、功用等，对装配图的内容有一个概括的了解。

2.分析视图

首先找到主视图，根据投影关系识别其他视图的名称，找出剖视图、断面图所对应的剖切位置。根据向视图或局部视图的投射方向，识别出表达方法的名称，从而明确各视图表达的意图和侧重点，为下一步深入看图作准备。

3.分析零件

分析零件的主要目的就是弄清每个零件的结构形状及其作用。一般应先从主要零件入手，然后是其他零件。当零件在装配图中表达不完整时，可对有关的其他零件仔细观察和分析，然后再作结构分析，从而确定该零件的内外结构形状。

4.分析装配关系和工作原理

对照视图仔细研究部件的装配关系和工作原理，是深入看图的重要环节。在概括了解装配图的基础上，从反映装配关系、工作原理明显的视图入手，找到主要装配干线，分析各零件的运动情况和装配关系；再找到其他装配干线，继续分析工作原理、装配关系、零件的连接、定位以及配合的松紧程度等。

5.由装配图拆画零件图

由装配图拆画零件图是设计过程中的重要环节，也是检验看装配图和画零件图能力的常用方法。拆画零件图前，应对所拆零件的作用进行分析，然后把该零件从与其组装的其他零件中分离出来。分离零件的基本方法是：首先在装配图上找到该零件的序号和指引线，顺着指引线找到该零件；再利用投影关系、剖面线的方向找到该零件在装配图中的轮廓范围。经过分析，补全所拆画零件的轮廓线。有时，还需要根据零件的表达要求，重新选择主视图和其他视图。选定或画出视图后，采用抄注、查取、计算的方法标注零件图上的尺寸，并根据零件的功用注写技术要求，最后填写标题栏。

9.7.2 读装配图及由装配图拆画零件图举例

以图 9-21 所示旋塞阀为例，图(a)为旋塞阀立体图，图(b)为旋塞阀装配图。读懂部件的工作原理、装配关系、各部分结构形状及各零件的结构形状，并拆画阀体 6 的零件图。

1.概括了解

旋塞阀是安装在管路上用来控制液体流动的开关，同时控制流量。由装配图看出，该部件由 6 种零件组成，其中 2 种为标准件。各零件的名称、材料、规格及位置可以从明细栏及相应视图中获得。

2.分析视图

该部件用了两个基本视图。主视图采用全剖视图，重点表达了组成旋塞阀的各个零件间的装配关系和主体零件的主要形状；俯视图采用普通视图既表达压盖和阀体的外部形状，又表达螺栓和阀杆等的装配位置关系；旋塞阀的外形尺寸是 102,45,131。

通过对视图的分析，可以了解部件的工作原理和装配关系。从图中可以看出，从外部转动阀杆，使阀杆中 $\phi15$ 孔的轴线与阀体中孔的轴线对齐，该阀处于开通状态。当转动阀杆，使其孔的轴线与阀体中孔的轴线垂直，该阀处于关闭状态。从装配图中还可以看出，阀杆与阀体连接时，在阀杆上端加一个密封垫片，用于防止液体从圆锥接合面渗漏。垫片上使用填料密封结构，并用压盖压紧填料。从装配图中可以看出，部件的运动关系为转动阀杆运转，实现启闭。螺栓连接部分反映填料压盖与阀体之间的连接关系。填料压盖与阀体之间有配合关系的部分标注了配合尺寸，如 $\phi36H9/f9$。

（a）

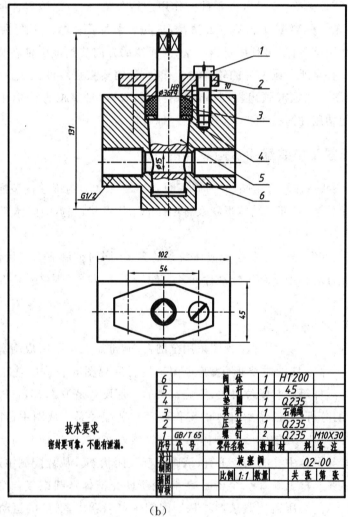

6		阀　体	1	HT200	
5		阀　杆	1	45	
4		垫　圈	1	Q235	
3		填　料	1	石棉绳	
2		压　盖	1	Q235	
1	GB/T 65	螺　钉	2	Q235	M10X30
序号	代　号	零件名称	数量	材　料	备注

技术要求

密封要可靠，不能有泄漏。

		旋塞阀		02-00	
设计		比例	1:1	数量	共　张 第　张
制图					
描图					
审核					

（b）

图 9-21　旋塞阀

3.分析零件

通过分析、了解装配图中各零件在部件中的作用,采用构形分析的方法可以确定出各零件的轮廓形状,并根据各零件的作用及加工制造要求,确定其结构形状和各部分尺寸与技术要求。

4.拆画阀体零件图

拆画阀体零件图的方法与步骤如下。

①从明细栏中找到阀体的序号、名称及有关说明,再从装配图中找到该零件在装配图中的位置。

②利用各视图的投影关系、同一零件剖面线倾斜方向和间隔一致的规定,找出阀体在各视图中对应的投影,确定其轮廓范围及该零件的大致结构形状,由于在装配图中,阀体的一部分可见投影被其他零件遮挡,因此分离出的是不完整的图形,如图 9-22 所示。根据投影原理及构型理论,补全轮廓图中缺少的图线,如图 9-23 所示。

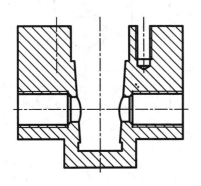 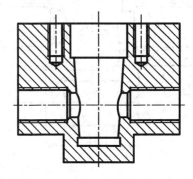

图 9-22 从装配图分离的阀体　　　　　图 9-23 补全图线后的阀体

③根据阀体在装配图中的装配关系,结合该零件加工制造过程,确定其工艺结构。例如,该零件为铸造件,各非加工表面转角处均应设计成圆角。经综合分析,确定阀体零件整体结构形状。

④选择表达方案。根据零件图视图表达的要求,将阀体视图表达方案调整为用三个基本视图。主视图取其工作位置,即 $\phi15$ 孔的轴线水平放置,并取全剖视图,表示该零件的内部结构形状;左视图采用半剖视图表达阀体内外部结构轮廓;俯视图采用普通视图表达螺栓孔的位置。

⑤根据该零件在装配体中的作用及加工零件的工艺要求,标注出零件图的尺寸、公差、表面结构要求,完成全图。

阀体零件图如图 9-24 所示。

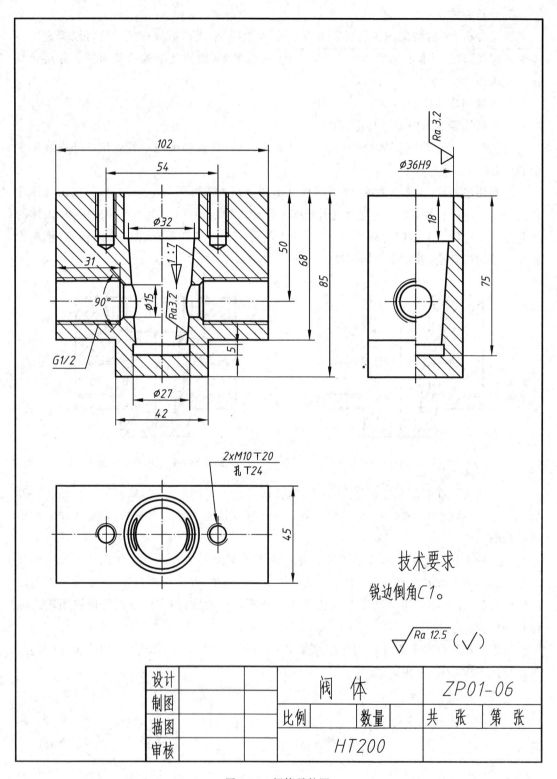

技术要求

锐边倒角C1。

$\sqrt{\dfrac{Ra\ 12.5}{}}$ ($\sqrt{}$)

设计			阀 体		ZP01-06		
制图			比例	数量	共 张	第 张	
描图							
审核			HT200				

图 9-24　阀体零件图

第 10 章　计算机辅助绘图

本章旨在帮助学习者熟练掌握 AutoCAD 2007 命令的基本操作方法并利用 AutoCAD 2007 软件绘制组合体图形。主要内容包括 AutoCAD 2007 软件的基本操作、AutoCAD 2007 命令的操作方法、绘制编辑几何图形、绘制组合体图形等,其中绘制、构建几何图形的方法是本章的重点及难点,需要学习者多多练习。

10.1　概述

CAD(Computer Aided Design)是指计算机辅助设计。随着计算机技术的飞速发展,CAD 技术已经成为现代化工业设计中非常重要的技术。AutoCAD 是美国 Autodesk 公司推出的计算机辅助绘图与设计软件,该软件具有友好的人机交互界面、强大便捷的绘图功能及二次开发能力,同时操作简单、易于掌握,一直深受广大工程技术人员的青睐,被广泛应用于机械、电子、建筑、航天、能源等领域,拥有广大的用户群。它能有效地帮助工程技术人员提高设计水平及工作效率,是工程技术人员的得力助手。

本章选用 AutoCAD 2007 版本进行介绍,虽然 2007 版并不是该软件的最新版本,但此版本下的"AutoCAD 经典"绘图模式使用仍然非常广泛,初学者也不必在意软件的版本问题,因为其核心功能和工作流程基本相同。

10.2　AutoCAD 2007 基本操作

10.2.1　软件的启动与界面简介

在 Windows 系统下安装 AutoCAD 2007 后,桌面上会创建一个启动图标 ,双击该图标即可启动软件。AutoCAD 2007 提供了"三维建模""AutoCAD 经典"两种工作空间供用户选择,如图 10-1 所示。

在"AutoCAD 经典"工作空间下,软件主界面主要由标题栏、工具栏、菜单栏、绘图窗口、光标、状态栏、文本窗口与命令提示行等元素组成,如图 10-2 所示。AutoCAD 2007 操作主界面是显示、绘制和编辑图形的区域,界面元素功能见表 10-1。

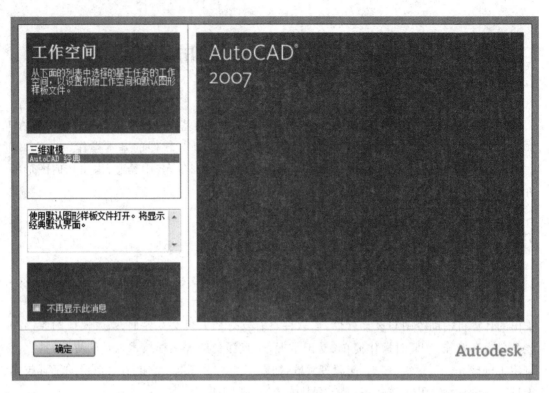

图 10-1　AutoCAD 2007 工作空间选择

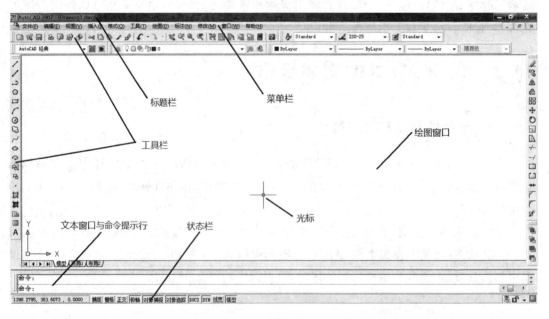

图 10-2　AutoCAD 2007 主界面

表 10-1　AutoCAD 2007 界面元素功能

界面元素名称	功能	说明
标题栏	主要显示软件的版本及当前正在运行的程序名或文件名	标题栏位于应用程序窗口的最上部,右侧为最小化、最大化/还原和关闭按钮
菜单栏	AutoCAD 2007 有 11 个下拉菜单,"文件""编辑""视图""插入""格式""工具""绘图""标注""修改""窗口""帮助",这些菜单包含了 AutoCAD 2007 绘图、编辑以及其他各种操作功能的命令	菜单命令选项后有" ▶ "的说明还有下一级菜单;选项后有"…"的,运行该命令后会有对话框出现
绘图窗口	也叫绘图区,类似手工绘图的图纸,是显示和绘制图形的区域	在绘图区域内移动鼠标时,十字形光标跟着移动,同时,在绘图区下边的状态条上显示光标点的坐标
工具栏	工具栏是一种代替文字命令或下拉菜单命令的简便图标工具,用户利用它们可以完成大部分的工作,绘图时一般打开"标准""工作空间""图层""样式""特性""绘图"和"修改"等工具栏	用户可通过下拉菜单"视图"中的"工具栏"选项来开/关各种工具栏,更简便的方法是在工具栏上单击鼠标右键打开或关闭某个工具栏。AutoCAD 2007 提供 30 余个工具栏,软件默认打开"标准""工作空间""图层""特性""样式"等工具栏,如图 10-3 所示
文本窗口与命令行	用户可在里面输入各种命令,AutoCAD 2007 将予以显示消息,提示操作	位于操作界面下端,倒数第二行。用户绘图操作时须随时注意窗口的显示信息,进行交互操作
状态栏	用来显示 AutoCAD 2007 当前的状态,左侧显示绘图区的光标定位点、光标的坐标值。右侧是 10 个开/关式按钮,这些按钮是绘图过程中的主要辅助工具命令。这些命令包括:"捕捉""栅格""正交""极轴""对象捕捉""对象追踪""DUCS""DYN""线宽"和"模型"	状态栏位于操作界面最底部,在作图过程中,可根据需要随时开或关这些辅助工具
十字光标	光标主要用来在绘图区域标识拾取点和绘图点。可以用十字光标定位一个点,也可以选择和绘制某一对象	用户可以通过"工具"菜单的"选项"命令,在"显示"选项界面中调整十字光标
布局标签	默认"模型"的模型空间布局标签是我们通常的绘图环境。单击其中选项卡,可以在模型空间或图纸空间来回切换	位于绘图区的下方选项。 模型 布局1 布局2

图 10-3　"标准"、"工作空间"、"图层"等工具栏

10.2.2 文件管理与二维绘图设置

1.文件管理

在 AutoCAD 2007 图形绘制过程中,应当养成有组织地管理文件的良好习惯,对文件进行有效管理,用户建立的文件名应简单明了,易于记忆。

(1)新建图形文件

用户要建立自己的图形文件,可以在绘图之前从"文件"菜单中选择"新建"命令,或单击标准工具栏上的图标▢命令,也可以在命令行中直接输入"NEW"命令。

(2)打开图形文件

在"文件"菜单中选择"打开"选项或单击标准工具栏上的图标按钮▨,AutoCAD 2007 软件将弹出如图 10-4 所示的对话框,并从中选择要打开的文件名或文件类型,在预览窗口内观察图形后,即可打开图形文件进行编辑绘图。

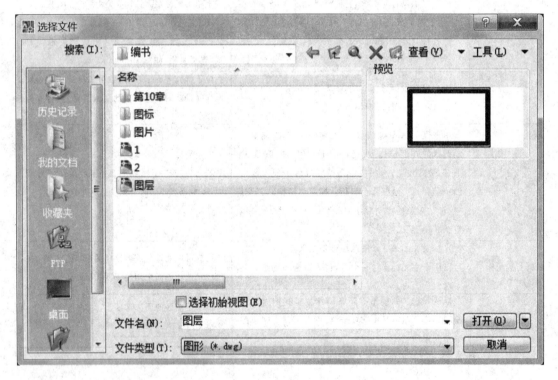

图 10-4　打开文件

(3)存储图形

在绘制图形过程中需要不断将文件保存到磁盘中,为此 AutoCAD 2007 提供了"保存"或"另存为"命令。

"文件"菜单中的"保存"命令与标准工具栏中的图标按钮▤功能一样,执行后 Auto-CAD 2007 会把当前编辑并已命名的图形直接存入磁盘,所选的路径保持不变,文件格式一般为图形(.dwg)格式。

在"文件"菜单中选择"另存为"命令,将弹出"图形另存为"对话框,如图 10-5 所示。可以给未命名的文件命名或者更换当前文件的文件名、文件类型以及存储路径。

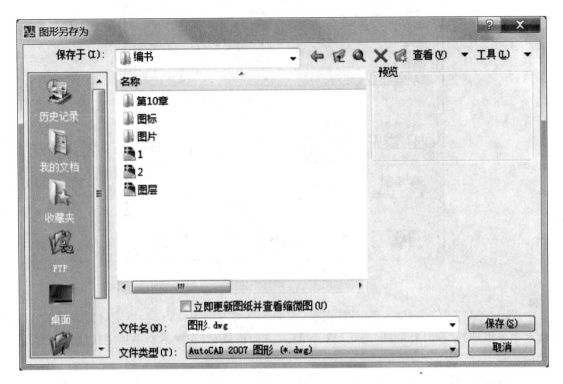

图 10-5 "图形另存为"对话框

(4)退出 AutoCAD 2007 软件

当绘制完图形并将文件存盘后,即可退出 AutoCAD 2007 系统。

在"文件"菜单中选择"关闭"命令,只是关闭当前正在作图的图形文件,并没有完全退出 AutoCAD 2007 界面。另外,如果图形修改后未执行保存命令,那么在退出 AutoCAD 2007 系统时就会弹出报警对话框,提示在退出 AutoCAD 2007 系统之前是否存储文件,以防止图形文件丢失。

2. 二维绘图设置

开始绘图前应对图形的各项设置进行修改,包括图形单位、图形界限、图层、线型、字体标准等。用户还可以根据个人习惯或某些特定项目的需要来调整 AutoCAD 2007 环境。可以通过设置绘图环境使绘图单位、绘图区域等符合国家标准的有关规定。

(1)设置绘图单位

确定 AutoCAD 2007 的绘图单位,可以在"格式"菜单中选择"单位"命令,然后在弹出的"图形单位"对话框中任意定义度量单位,如图 10-6 所示。例如,在一个图形文件中,单位可以定义为毫米;而在另一个图形文件中,单位也可以定义为英寸。通常选择与工程制图相一致的毫米作为绘图单位。当然,在图形单位对话框中也可以设定或改变长度、精度以及角度的形式等。

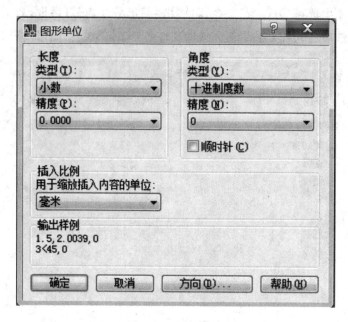

图 10-6　图形单位

AutoCAD 2007 作图时,规定以"正东(水平向右)"方向为 0°方向,以逆时针方向为正。读者也可以选择"顺时针"方向为正,或者单击"方向按钮"后在对话框中规定其他方向为 0°方向。

(2)设置图幅

正式绘图之前应确定图幅大小,即执行"格式"菜单中的"图形界限"命令,然后根据命令行提示选择确定或修改自己规定的图形界限。

ON:打开图形界限检查,以防拾取点超出图形界限范围。

OFF:关闭图形界限检查(默认设置),可以在整个屏幕绘图区内作图。

Specify lower left corner:设置图形界限左下角的坐标,默认值为(0,0)。

Specify upper right corner:设置图形界限右上角的坐标(A3 幅面图纸),默认为(420,297)。

10.2.3　命令的操作方式与参数的输入方法

1.命令的操作方式

AutoCAD 2007 的所有命令一般有以下几种操作方式:图标按钮、下拉菜单、键盘、快捷菜单和鼠标等。

(1)使用图标按钮

图标按钮是 AutoCAD 2007 命令的触发器,使用鼠标单击图标按钮与使用键盘输入相应命令的功能是一样的。

(2)使用下拉式菜单

主菜单包含了通常情况下控制 AutoCAD 2007 运行的一系列命令。用鼠标选中某一菜单并从中选择需要的命令即可。

（3）使用键盘

键盘是 AutoCAD 2007 常用的输入命令和命令选项的工具。键盘输入文本命令可以在命令窗口内的"命令 :"提示符后或作图区动态形式下分别输入命令、参数，也可以在对话框中指定新文件名。但要注意，AutoCAD 2007 不执行中文名称的命令。

（4）使用快捷菜单

AutoCAD 2007 提供了方便的快捷菜单。在作图过程中单击鼠标右键，AutoCAD 2007 会根据当前软件运行状态及光标位置显示相应的快捷菜单，如图 10-7 所示。可以通过"工具"下拉菜单"选项"命令中的"用户系统配置"对话框的相关内容，设置是否使用快捷菜单。

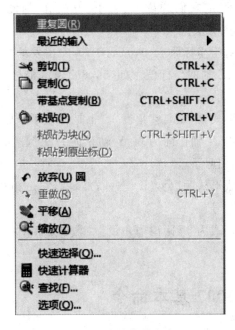

图 10-7 快捷菜单命令

为了便于操作，用户可记住 AutoCAD 2007 定义的如下功能键及控制键。

F1：打开"帮助"命令。

F2：实现"文本/图形"窗口切换。

F3："对象捕捉"开/关。

F4：打开数字化仪。

F5(Ctrl＋E)：在"轴测图"模式中变化 3 个主要平面。

F6(Ctrl＋D)：开/关状态栏中的"坐标显示"模式。

F7(Ctrl＋G)：打开或关闭"栅格"显示。

F8(Ctrl＋O)：打开或关闭"正交"模式。

F9(Ctrl＋B)：打开或关闭"捕捉"模式。

F10：打开或关闭"极轴"模式。

F11：屏幕复制模式。

F12:打开或关闭"动态显示(DYN)"模式。

ESC:放弃正在执行的某命令。这是一个强制终止命令键,作图时经常使用。

(5)使用鼠标

使用鼠标除了可以单击选择菜单项目或各种图标按钮,也可以绘制图形或在屏幕上选定对象。左键是拾取键,用于指定屏幕上的点或其他对象。右键用于显示快捷菜单或等价于回车键,这取决于光标位置和右击设置。如果按住"Shift"键并单击鼠标右键,将显示"对象捕捉"快捷菜单。鼠标中间的滚轮可以缩放观察图形。

2.参数的输入方法

AutoCAD 2007 中,用户生成的多数图形都是由点、直线、圆弧、圆等组成,所有这些对象都要求输入坐标参数以指定它们的位置、大小、方向等,因此用户需要了解 AutoCAD 2007 的坐标系及参数的输入方法。

1)绝对直角坐标 相对于坐标原点(0,0)或(0,0,0)出发的位移。可以用分数、小数或科学记数等形式表示 X、Y、Z 轴的坐标值。如(50,80)表示相对于坐标原点(0,0),X 坐标为 50,Y 坐标为 80。

2)绝对极坐标 组成形式为"距离<角度"。也是相对于坐标原点(0,0)或(0,0,0)出发的位移。系统默认设置以 X 轴正向为 0°,Y 轴正向为 90°,逆时针方向角度值为正。如"20<60",实际输入时不加引号。

3)相对直角坐标 组成形式为"@$\triangle x$,$\triangle y$[,$\triangle z$]",它是相对于前一点的坐标。例如"@5,7",实际输入时不加引号。

4)相对极坐标 组成形式为"@距离<角度"。它也是相对前一点的坐标值。例如"@30<75",实际输入时不加引号。

10.3　AutoCAD 2007 基本命令

本节介绍 AutoCAD 2007 的基本绘图命令、图形修改命令、状态栏命令、显示控制命令等常用命令。

10.3.1　基本绘图命令

二维图形是由基本图形元素(如点、线、圆弧、圆、椭圆、矩形、多边形等)构成。绘图工具栏包括了这些主要图形元素的绘制命令,如图 10-8 所示;通过菜单栏"绘图"下拉菜单,也可启用这些命令,如图 10-9 所示。

图 10-8　绘图工具栏

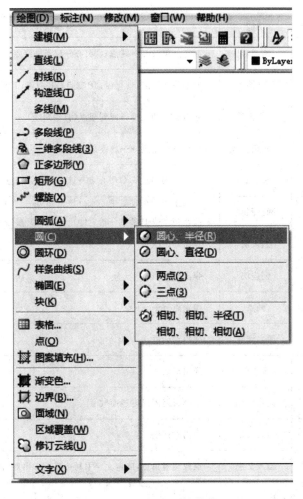

图 10-9 "绘图"下拉菜单

表 10-2 为全部基本绘图命令的功能及简要的操作说明,下面再详细介绍其中两种常用但操作较复杂的命令的用法。

表 10-2 常用绘图命令及操作

图标(命令)	功能	基本操作
(line)	画直线	起点→第二点→⋯✓。连续两条及以上线段输入 c✓可画封闭图形
:(xline)	画构造线	起点→第二点→⋯✓。H 水平/ V 垂直/ A 角度/ B 二等分/ O 偏移
:(pline)	画多段线	起点→第二点→⋯✓。A 圆弧/ H 半宽/ L 长度/ U 放弃/ W 宽度
(polygon)	画正多边形	边数→中心点→I 内接/ C 外切→圆半径✓
:(rectangle)	画矩形	第一个角点→另一个对角点

253

图标(命令)	功能	基本操作
:(arc)	画圆弧	起点→第二点→终点;C 圆心→起点→终点
:(circle)	画圆	圆心→半径✓;D 直径;3P 三点;2P 两点;T 两切线及半径
:(revcloud)	修订云线	起点→移动光标→回到起点(自动封闭)
:(spline)	画样条曲线	起点→控制点→……→终点✓
:(ellipse)	画椭圆	一条主轴端点或 C 中心点→该主轴另一端点→另一条半轴长度✓
:(ellipse)	画椭圆弧	一条主轴端点或 C 中心点→该主轴另一端点→另一条半轴长度→指定起始角度或 P 参数→指定终止角度或 P 参数或 I 包含角度✓
:(insert)	插入块	弹出对话框
:(block)	创建块	弹出对话框
:(point)	画点	指定点→……→Esc
:(hatch)	图案填充	弹出对话框
:(gradient)	渐变色	弹出对话框
:(region)	创建面域	选择封闭图形创建面域
:(table)	插入表格	弹出对话框
A :(mtext)	插入文字	点取两对角点,确定文字书写边界后弹出对话框

注:表中"→"表示下一步,"✓"表示回车。

1.图案填充

在 AutoCAD 2007 中,用图案填充表达一个零件的剖切区域,也可使用不同的图案填充来表达不同零件或材料。直接单击绘图工具栏上的图案填充图标 或点击菜单栏上的"绘图"→"图案填充",系统即会弹出"图案填充和渐变色"对话框,如图 10-10 所示。通过该对话框中的选项,可以定义剖面图案的方式、设置剖面图案的特性、确定绘制剖面图案的范围等。

(1)设置图案填充的方式

在"图案填充"选项卡中,单击"类型"右侧的 按钮,在下拉列表中有三种剖面图案的定义方式:选择"预定义"选项,可以使用 AutoCAD 2007 提供的图案;选择"用户定义"选项,可临时自定义平行线或相互垂直的两组平行线图案;选择"自定义"选项,可使用已定义好的图案。

(2)设置图案的特性

在"图案填充和渐变色"对话框的"图案填充"选项卡中设置剖面图案特性。

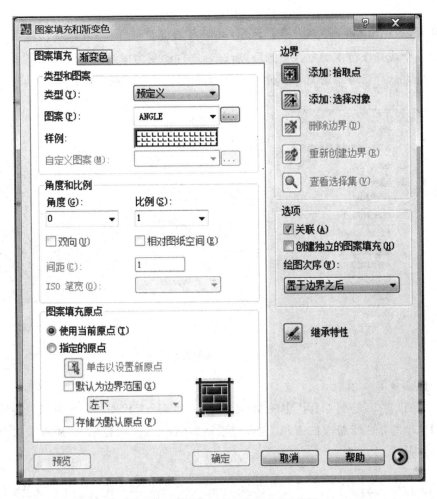

图 10-10　"图案填充和渐变色"对话框

选择"用户定义",设置的参数有"角度"和"间距",建议选"用户定义"选项。

机械制图中大多使用的金属剖面图案是一组间距为 2～4 mm 且与 X 轴正向成 45°或135°的平行线,称为剖面符号。绘制机械图时,建议使用用户定义的剖面符号,故一般设定"角度"为:"45"、"135"等值,"间距"为"2"～"4"。在画装配图时,根据需要剖面符号的间距可以调整。非金属材料的剖面图案一般与金属剖面图案不同,如橡胶材料的剖面符号须选中"双向",使其成网格状。

(3)确定绘制剖面符号范围的方法

拾取点:在"图案填充和渐变色"对话框中,单击 ▦ 按钮,对话框暂时关闭,同时命令行窗口提示用户:拾取内部点或 [选择对象(S)/删除边界(B)]:,在要绘制剖面符号的范围内点击鼠标左键(注意,必须是封闭范围),所选范围会自动变为封闭的虚线框。此时,单击鼠标右键,会进入快捷菜单,可进行"确认"、"放弃选择"或"预览"等操作,如图 10-11(a)所示。选择"预览"操作,可观察图案填充后的效果,如图 10-11(b)所示,回车后即可完成剖面符号的绘制。若预览后发现剖面符号填充存在问题,可按 Esc 键返回"图案填充和渐变色"对话框进行重新设置。

选择对象：单击 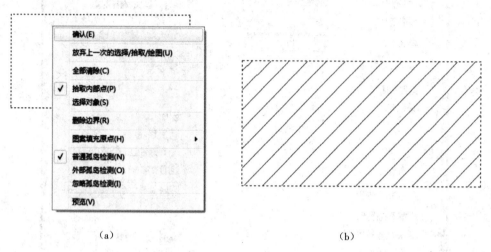 添加：选择对象(B) 按钮，此时对话框暂时关闭，并提示用户选择绘制剖面符号的一个或几个范围对象。点选后，所选对象自动变为虚线，回车后弹出"图案填充和渐变色"对话框，之后可单击"预览"也可单击"确定"，完成剖面符号的绘制。

（a）　　　　　　　　　　　　　　　　　（b）

图 10-11　绘制剖面符号

2.表格命令

AutoCAD 2007 绘图工具栏中的"表格"命令，为实际工程图样的绘制以及标题栏和明细表的制作填写带来了极大的方便。启动"表格"命令后，软件会弹出"插入表格"对话框，如图 10-12 所示。

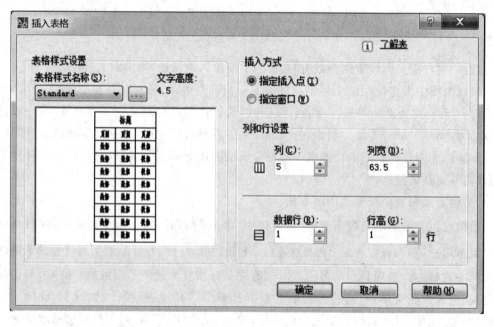

图 10-12　"插入表格"对话框

256

在该对话框中,首先单击"表格样式名称"栏目后的 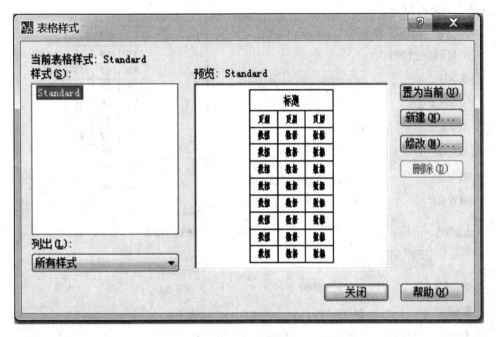 按钮,打开"表格样式"对话框,如图 10-13 所示,然后单击"新建",建立用户需要的表格名称。

图 10-13 "表格样式"对话框

用户为新建表格样式命名并单击"继续"按钮,即可对创建的新表格进行各项内容的设置,如图 10-14 所示。

首先对"数据"界面的内容进行设置,包括文字样式、高度、颜色等;然后对"列标题"界面的内容进行设置,设置方法相同,最后用户可在"标题"界面对标题的字体、颜色、高度等项目进行设置,设置完毕,单击"确定"按钮后,返回"表格样式"对话框。

将新建的表格样式"置为当前"并关闭"表格样式"对话框,即可返回原来的"插入表格"对话框。在此对话框中,用户需要对列、行进行设置,最后确定并在屏幕上指定插入点,并根据所选字体输入需要的内容。

绘图举例

例 10-1 绘制如图 10-15 所示的图形。

绘图步骤如下:

单击绘图工具栏 命令。

命令: _ line 指定第一点:(单击鼠标左键,指定 A 点)

指定下一点或 [放弃(U)]:70(鼠标水平向右移动,输入参数 70,回车,指定 B 点)

指定下一点或 [放弃(U)]: 56 按<Tab>135("动态输入",绘制 BC)

指定下一点或 [闭合(C)/放弃(U)]:42(鼠标水平向左移动,输入参数 42,回车,指定 D 点)

指定下一点或 [闭合(C)/放弃(U)]: c(输入参数 c,回车,图形自动闭合)

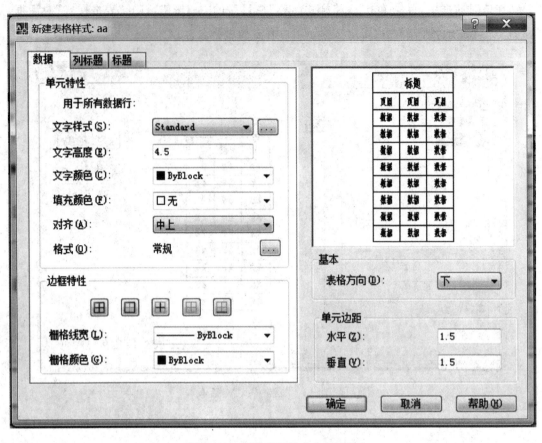

图 10-14 新建表格样式内容设置

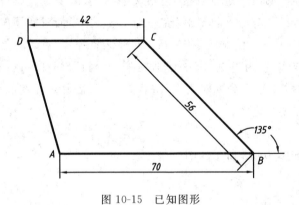

图 10-15 已知图形

注意:可开启极轴或正交工具保持鼠标水平移动。在动态输入绘制 BC 时,鼠标向左上方移动,先输入参数 56,不要回车,直接按<Tab>键进入角度参数输入,输入 135,回车。如图 10-16 所示。

例 10-2 绘制如图 10-17 所示的图形。

要求:圆 1 的圆心为点 A,且圆 1 与圆 2 相切。圆 2 与圆 1、圆 3、直线 AB、直线 AC 分别相切。圆 3 与圆 2、直线 AB、直线 AC 分别相切。直线 AB、AC 长度适中即可。

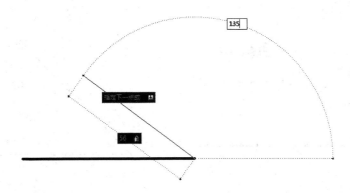

图 10-16 动态输入绘制 BC

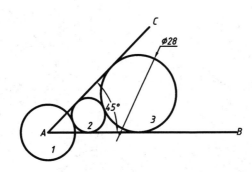

图 10-17 所示图形

绘图步骤如下。

1.绘制直线 *AB*、*AC*。

单击绘图工具栏 ∕ 命令。

命令：_ line 指定第一点：(单击鼠标左键,指定 *A* 点)

指定下一点或［放弃(U)］：(鼠标水平向右移动,单击鼠标左键,指定 *B* 点,回车)

单击绘图工具栏 ∕ 命令。

命令：_ line 指定第一点：(打开对象捕捉,在 *A* 点处单击鼠标左键)

指定下一点或［放弃(U)］：(鼠标移动到适合位置,按＜Tab＞键,输入参数 45,如图 10-18(a),回车,绘制后的图形如图 10-18(b)所示)

2.绘制圆 3,然后绘制圆 2,最后绘制圆 1。

打开对象捕捉工具,确保切点为捕捉点。单击绘图工具栏 ◉ 命令。

命令：_ circle 指定圆的圆心或［三点(3P)/两点(2P)/相切、相切、半径(T)］:t (输入参数 t,回车)

指定对象与圆的第一个切点：(单击直线 *AB*)

指定对象与圆的第二个切点：(单击直线 *AC*)

指定圆的半径：14(输入参数 14,回车,完成圆 3 的绘制,如图 10-18(c)所示)

单击绘图工具栏 ◉ 命令。

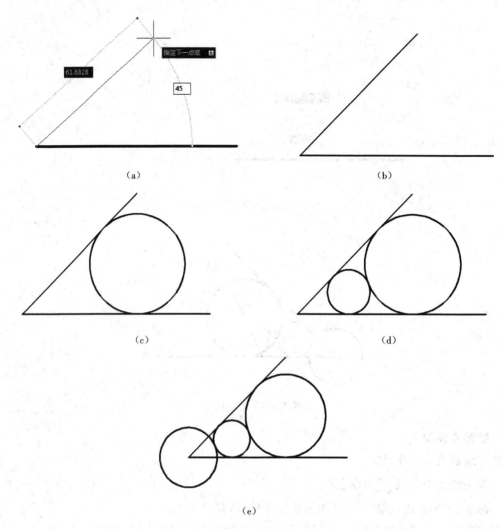

(a)   (b)   (c)   (d)   (e)

图 10-18　绘制所示图形

命令：_circle 指定圆的圆心或 [三点(3P)/两点(2P)/相切、相切、半径(T)]:3p　（输入参数 3p,回车）

指定圆上的第一个点：_tan 到(点击对象捕捉工具栏"捕捉到切点"按钮⟳,单击直线 AB)

指定圆上的第二个点：_tan 到(点击对象捕捉工具栏"捕捉到切点"按钮⟳,单击直线 AC)

指定圆上的第三个点：_tan 到(点击对象捕捉工具栏"捕捉到切点"按钮⟳,单击圆 3,完成圆 2 的绘制,如图 10-18(d)所示)

单击绘图工具栏⟳命令。

命令：_circle 指定圆的圆心或 [三点(3P)/两点(2P)/相切、相切、半径(T)]:(单击点 A)

指定圆的半径或［直径(D)］：_tan到(点击对象捕捉工具栏"捕捉到切点"按钮 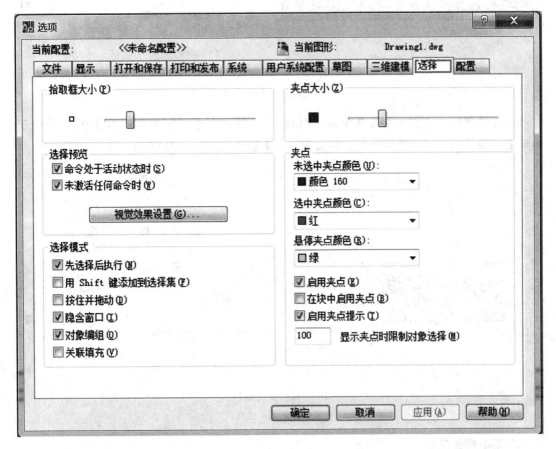，单击圆2，完成圆1的绘制，如图10-18(e)所示)

10.3.2　图形修改命令

选择对象是编辑图形的前提，AutoCAD 2007 提供了两种编辑图形对象的方法：先执行修改命令，然后选择要修改的图形对象；先选择要修改的图形对象，然后执行修改命令。两种方法的执行效果相同。

1.选择编辑对象

(1)设置对象的选择模式

用鼠标左键单击菜单栏中"工具"→"选项"按钮，系统弹出"选项"对话框。在"选择"选项卡中，用户可设置选择模式、拾取框的大小及夹点功能等，如图10-19所示。但一般情况下使用系统默认。

图 10-19　设置对象的"选项"对话框

(2)选择对象的方法

执行任何修改命令时都要确定"选择对象"目标，选中的对象会变成虚线。选择对象时，用户既可以逐个单击图形进行选择，也可以在屏幕上使用窗口来选择，窗口选择最常用的方法有以下两种。

①矩形窗口。在合适的位置单击鼠标左键先确定窗口的左角点,然后向右上或右下滑动鼠标到目的位置再次单击,即从左向右选择窗口两对角点来绘制一个矩形区域,以选择对象。只有全部位于矩形窗口内的实体才会被选中。如图 10-20 所示,因为圆有一部分不在矩形窗口内,所以圆未被选中。

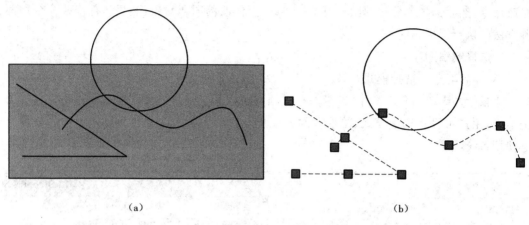

图 10-20 矩形窗口
(a)选择对象 (b)选择后

②交叉窗口。从右向左选择窗口两对角点,绘制一个矩形区域来选择对象,凡是位于矩形窗口内及与窗口边界接触的实体对象均会被选中,如图 10-21 所示。

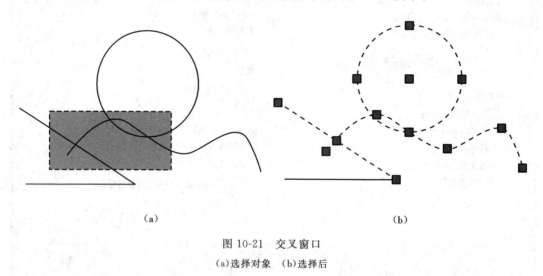

图 10-21 交叉窗口
(a)选择对象 (b)选择后

2.基本修改命令

AutoCAD 2007 提供的修改工具栏不止一个,如"修改"、"修改 II"等,本节只介绍"修改"工具栏上的基本修改命令。利用 AutoCAD 2007"修改"工具栏中的图形修改命令,可实现对图形对象的编辑。图形对象被选中后,会显示若干个小方框(夹点),利用小方框可对图形进行简单编辑,而复杂的编辑则要利用图形修改工具来实现。利用基本修改命令编辑图形操作简便,可合理构造和组织图形,保证绘图的准确。表 10-3 列出了全部的图形基本修改命令及操作方法,单击"修改"工具栏上的对应图标,即可启动这些命令,也可通过菜单栏"修改"下拉菜单启动这些命令。

表 10-3　常用修改命令及操作

图标(命令)	名称	功能	说明及操作方式
(ERASE)	删除	删除对象	执行命令操作后,可删除图形中选中的对象。选择对象↙
(COPY)	复制	创建复制对象	选择对象↙→指定基点→指定位移的第二点
(MIRROR)	镜像	创建镜像对象	可以将对象按镜像线对称复制。选择对象↙→指定镜像线第一点→指定镜像线第二点
(OFFSET)	偏移	创建偏移对象	指定偏移距离↙→选择要偏移的对象↙→在要偏移的一侧拾取点↙
(ARRAY)	阵列	创建阵列对象	选择对象↙→阵列类型↙→矩形(行列数)/环形(中心点、数目、角度)
(MOVE)	移动	移动对象	可以在指定的方向上按指定的距离移动对象,而对象的大小不变。选择对象↙→指定基点→指定位移第二点
(ROTATE)	旋转	旋转对象	选择对象↙→指定基点→指定旋转角度↙
(SCALE)	缩放	放大缩小对象	选择对象↙→指定基点→指定比例因子↙
(STRETCH)	拉伸	拉伸对象	以交叉窗口选择对象↙→指定基点→指定位移第二点
(TRIM)	修剪	剪切对象	选择剪切边界↙→选择要修剪的对象→⋯↙
(EXTEND)	延伸	延伸对象	选择边界对象↙→选择要延伸的对象↙
(BREAK)	打断于点	截断对象	选择对象→指定打断点
(BREAK)	打断	部分删除对象	拾取对象上第一个打断点→指定第二个打断点
(JOIN)	合并	合并对象	选择第一对象→选择第二对象↙
(CHAMFER)	倒角	给对象加倒角	d↙→输入倒角距离↙→选择需倒角的第一边→选择需倒角的第二边
(FILLET)	圆角	给对象加圆角	r↙→输入圆角半径↙→选择需圆角的第一边→选择需圆角的第二边
(EXPLODE)	分解	分解组合对象	选择对象↙

注:表中"→"表示下一步,"↙"表示回车。

10.3.3　状态栏命令(精确绘图工具)

状态栏命令即 AutoCAD 2007 状态栏中的十个辅助绘图工具,也称为精确绘图工具。熟练使用这些工具可以提高作图效率。以下只对其中最常用的几种工具进行介绍。

1. 栅格

开启该命令或按 F7 键,在规定的图形界限范围内显示一些标定位置的小点,便于光标捕捉定位,如图 10-22 所示;再按一次关闭显示。可以改变栅格的间距值,但值的大小要适中。

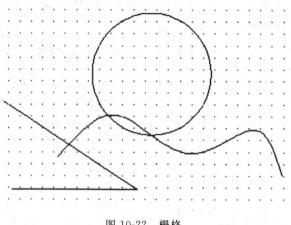

图 10-22　栅格

2. 正交

在画水平线或者竖直线时会经常利用"正交"工具,打开"正交"工具,绘制直线时光标只能沿着水平或者竖直方向运动,在绘图过程中可以随时开/关正交命令。

3. 对象捕捉

对象捕捉是指将点自动定位到图形对象中相关的特征点上,这一命令可以提高作图的精度,但在使用该命令前需要提前设置,以明确哪些特征点需要捕捉,以便绘图时准确定位。在状态栏"对象捕捉"按钮上单击鼠标右键,选择"设置"选项,软件会弹出"草图设置"对话框,在"对象捕捉"标签下即可选择需要捕捉的特征点,如图 10-23 所示。绘图时还可以在任意工具栏上单击鼠标右键,打开"对象捕捉"工具栏进行捕捉前的特征点选择,如图 10-24 所示。

以绘制三角形为例,如图 10-25 所示。从 A 点途径 B 点到 C 点后重新连接 A 点,但若"对象捕捉"工具没有打开,则无法精确选取 A 点。打开"对象捕捉"工具,当光标靠近 A 点时会自动捕捉到 A 点,即利用"对象捕捉"工具精确定位。图 10-25(a)为对象捕捉关闭,图 10-25(b)为对象捕捉打开。

4. 对象追踪

打开状态栏上的"对象追踪",可以帮助用户显示一些临时的对齐路径,以便用户精确定位和设置角度。对象追踪包括启用极轴追踪和正交追踪。所谓"正交追踪"是指 Auto-CAD 2007 将只显示通过临时捕捉点的水平或者垂直的对齐路径,启用"极轴追踪"是允许 AutoCAD 2007 绘图时使用任意极轴角上的对齐路径,用户可在"对象追踪"按钮上单击鼠标右键,选择设置选项,进行相应的设置。

图 10-26 所示为打开对象追踪后的绘图过程。通过"对象追踪"工具可直接定位与 A

图 10-23 设置对象捕捉特征点

图 10-24 "对象捕捉"工具栏

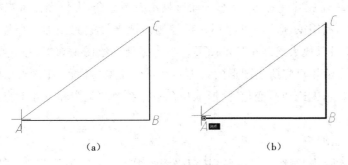

(a)   (b)

图 10-25 应用对象捕捉图例

点水平对齐同时与 B 点竖直对齐的点。

5.DYN(动态输入)

所谓动态输入方式,就是在绘图时打开此功能,可以实时显示光标所在的位置以及与上一点连线和水平方向的夹角,如图 10-27 所示。图 10-27(a)为 DYN 关闭,图 10-27(b)为 DYN 打开。

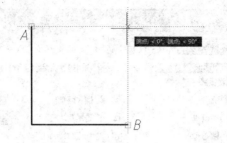

图 10-26 应用对象追踪图例

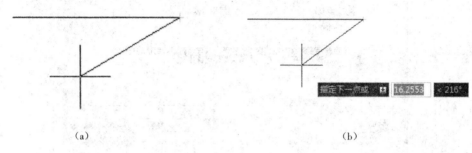

（a）   （b）

图 10-27 应用 DYN 工具

6. 线宽

在模型空间和图纸空间绘图时，为提高显示处理速度，可以关闭线宽显示。单击状态栏上的线宽按钮，可实现线宽显示的开或关。

10.3.4 显示控制命令

AutoCAD 2007 提供了缩放、平移等图形显示控制命令，方便操作者观察图形和作图。

一般情况下，利用鼠标滚轮可实现显示控制。把光标放到图形中要缩放的部位，滚动鼠标中间的滚轮可以放大或缩小显示图形。当光标处于绘图窗口时，按住滚轮拖动鼠标可以平移图形；双击滚轮可将所绘图形的大小调整到最佳观察状态，布满整个绘图区域。

注意：图形显示无论如何变化，图形本身在坐标系中的位置和尺寸不会改变。

1. 缩放图形

命令行：ZOOM

菜单栏：依次单击"视图"→"缩放"按钮。系统弹出"缩放"下拉菜单，如图 10-28 所示。

在绘制图形局部细节时，可放大观察图形局部，绘图完成后，需查看整体效果，此时用缩小命令观察整个图形范围。该命令为透明命令，可单独运行，也可在执行其他命令的过程中使用，原有的命令不会中断。

2. 平移图形

命令行：PAN

菜单栏：依次单击"视图"→"平移"→"实时"按钮。执行上述操作后，按住鼠标左键拖动整个图形，相当于移动图纸，借以观察图纸的不同部分。该命令也是透明命令。

图 10-28　"缩放"下拉菜单

3.重画

命令行：REDRAW

菜单栏：用鼠标左键依次单击"视图"→"重画"按钮。

系统执行"重画"命令，并在显示内存中更新屏幕，消除图面上不需要的标志符号（光标点）或重新显示因编辑而产生的某些对象被抹掉的部分（实际图形存在）。

4.重生成或全部重生成

命令行：REGEN(REGENALL)

菜单栏：用鼠标左键依次单击"视图"→"重生成"按钮。命令执行后，系统可以重新计算屏幕上的图形并调整分辨率，再显示在屏幕上。这样可以观察到屏幕精确显示的图形，一般在改变一些系统变量后可以再重新生成一次图形。

10.4　图层、文字、尺寸及图块

要绘制一张合格的工程图样，首先要按照制图基本知识中介绍的机械制图的图纸幅面和格式、线型及其颜色、线宽、文字样式等要求建立自己的样板图。而在建立样板图前，图层设置、文字编辑等操作内容必须熟练掌握。本节将介绍符合我国技术制图国家标准的文字样式、尺寸标注样式等内容。

10.4.1 图层设置

在工程图样中,图形基本由基准线、轮廓线、虚线、剖面符号、尺寸标注、文字说明等元素构成,AutoCAD 2007 的图层就像透明的电子图纸可以逐层叠放,如图 10-29 所示,并且可以为每一个图层设置颜色、线型和线宽。当然,用户也可以根据绘图需要增加和删除每一个图层,或者临时关闭冻结某一图层。图层的应用,使得图形变得清晰有序。

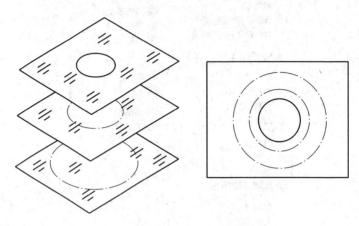

图 10-29　图层原理

1.设置图层

图层是绘图中使用的主要组织工具,可按表 10-4 所示对图层进行设置,当然用户也可以根据自身绘图需要来管理图层。

表 10-4　图层设置标准

层号	描述	层号	描述
01	粗实线、剖面线的粗剖切线	08	尺寸线、投影连线、尺寸终端与符号细实线
02	细实线、细波浪线、细双折线	09	参考圆,包括引出线和终端(如箭头)
03	粗虚线	10	剖面符号
04	细虚线	11	文本、细实线
05	细点画线、剖切面的剖切线	12	尺寸值和公差
06	粗点画线	13	文本、粗实线
07	细双点画线	14、15、16	用户自选

用户可以在"格式"菜单中选择"图层"命令或单击"图层"工具栏上的图标 ，如图 10-30 所示,AutoCAD 2007 即会弹出"图层特性管理器"对话框,如图 10-31 所示。用户可根据对话框中的功能提示项进行操作。

（1）创建和命名新图层

单击新建图层按钮 ，可设置新图层。图层名用户可以自定义,可用线型名定义,如

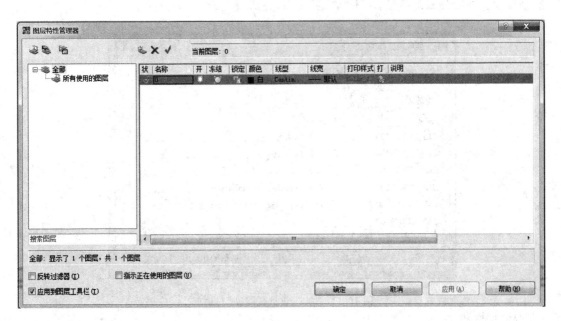

图 10-30 "图层"工具栏

图 10-31 "图层特性管理器"对话框

"粗实线""细实线""点画线""虚线"等；也可用图层上绘制的内容定义，如"尺寸""文本""符号"等。

（2）设置图层线型

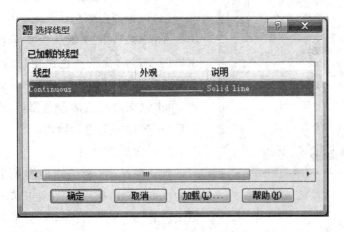

图 10-32 "选择线型"对话框

默认情况下图层的线型为 Contnuous。由于绘制的对象不同，所以需要对线型进行设置，以便区分。

在"图层特性管理器"对话框的图层列表中，单击"线型"列的 Contnuous，打开"选择线型"对话框,如图 10-32 所示。在"选择线型"管理器中,单击"加载"。打开如图 10-33 所示的"加载或重载线型"对话框。在对话框中"文件(F)"一栏选用 ACADISO. LIN 文件,从可用线型列表中选择所需线型,单击"确定",线型被加载到"选择线型"对话框中,在已加载的线型库中选择要加载的线型,单击"确定"按钮,完成线型设定。

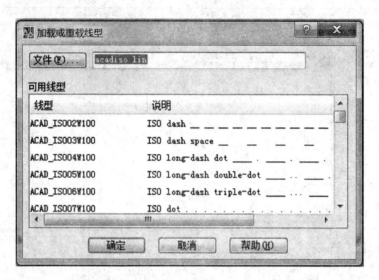

图 10-33 "加载或重载线型"对话框

（3）设置线宽

图 10-34 "线宽"对话框

在"图层特性管理器"对话框的"线宽"列中,单击该图层对应的线宽"—默认",打开"线宽"对话框,选择需要的线宽。如图 10-34 所示。按下状态栏上的"线宽"按钮,可以显示线宽。

（4）设置图层颜色

AutoCAD 2007 默认为 7 号色(白色或黑色,由绘图窗口的背景颜色决定)。改变图层颜色的方法是:在"图层特性管理器"对话框的"颜色"列中,单击该图层对应的颜色图标,打开"选择颜色"对话框,根据需要进行操作。

2.设置线型比例

默认情况下,全局线型和单个线型比例均设置为 1.0。比值越小,每个绘图单位中生成的重复图案就越多。对于太短,甚至不能显示一个虚线小段的线段,可以使用更小的线型比例。

在菜单栏中,用鼠标左键依次单击"格式"→"线型"按钮,系统弹出"线型管理器"对话框,在"线型管理器"对话框内,从线型列表中选择某一线型后,单击"显示细节"按钮,在"详细信息"选项中,根据实际绘图情况,设定比例因子,如设全局比例因子为 0.3,如图 10-35

所示。

图 10-35 "线型管理器"对话框

3.管理图层

1)开关状态 在"图层特性管理器"对话框中,选择某一图层,单击"开"列对应的灯泡图标 💡,灯泡变暗或变明,表示关闭或打开该图层。关闭某图层后,该图层上的内容不显示。

2)冻结与解冻 单击亮圆图标 ⭕,该图标变为暗色雪花,表示冻结该图层。此时,该图层上的内容既不显示,又不能打印。

3)锁定与解锁 单击锁状图标 🔒,该图标变为闭合状,表示锁定该图层。此时,该图层上的内容不能进行修改。

4)锁定打印与解锁打印 单击打印机图标 🖨,该图标添加红色的禁止符号,表示不打印该图层上的对象。

5)删除图层 选中某图层后,单击删除图层按钮 ❌,点击"应用(A)"键,便可删除该图层。

6)设置当前图层 选中某图层后,单击置为当前按钮 ✔,该图层即被设置为当前图层。

10.4.2 书写文本

1.设置文字样式

在 AutoCAD 2007 中,所有文字都与文字样式相关联。如文字注释和尺寸标注时,通常使用当前的文字样式,文字样式包括"字体"、"字型"、"高度"等参数。通过依次单击菜单栏"格式"→"文字样式"命令,或直接单击样式工具栏上 **A** 按钮,即可弹出"文字样式"对话框,如图 10-36 所示。执行对话框可以完成相关操作。

(1)设置样式名

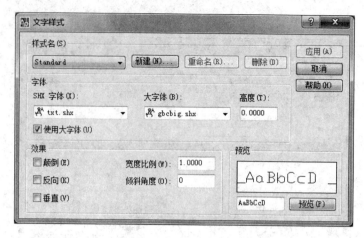

图 10-36 "文字样式"对话框

在"文字样式"对话框中,文字样式默认为 Standard(标准)。为符合我国国家标准,应重新设置文字的样式。单击"文字样式"对话框中的"新建"按钮,系统出现"新建文字样式"对话框,如图 10-37 所示。在"样式名:"框中输入新名称,如:"汉字",单击"确定"按钮。

图 10-37 "新建文字样式"对话框

(2)设置字体

设置汉字样式的操作方法是:在图 10-38 所示的"文字样式"对话框中,取消"使用大字体"的勾选。从"SHX 字体"选项区域下拉列表里选择"仿宋_GB2312"字体格式,宽度比例

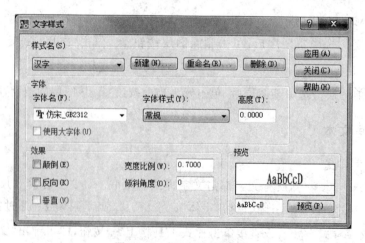

图 10-38 "汉字样式"设置

272

设为 0.7,单击"应用"按钮。

注意:若下拉列表中无"仿宋_GB2312"字体,说明 Windows 系统字库中尚无此字体,在 Windows 系统字库中安装此字体后,重启 AutoCAD 2007 软件即可。

设置数字、字母样式的操作方法是:单击"文字样式"对话框中的"新建"按钮,系统出现"新建文字样式"对话框,在"样式名:"框中输入新名称,如"数字字母",单击"确定"按钮。从"SHX 字体"选项区域下拉列表里选择"Isocp.shx"字体格式,宽度比例设为 1,倾斜角度设为 15,单击"应用"按钮。单击"关闭"按钮,完成文字的样式设置。

(3)设置文字大小

在"文字样式"对话框"高度(T)"文本框内输入文字的高度,文字高度需符合国家标准,通常汉字字高为 3.5,数字字高为 2.5。

2.书写文字

依次单击"绘图"→"文字",系统弹出"单行文字"和"多行文字"命令。也可通过单击绘图工具栏上的 **A** 按钮启动"多行文字"命令。按系统提示,在绘图窗口中指定一个放多行文字的区域,系统出现"文字编辑器"工具栏和文字输入窗口,在该窗口中完成文字的书写和编辑,如图 10-39 所示。输入文字并对其进行编辑后,在绘图窗口单击鼠标左键,完成文字的输入。

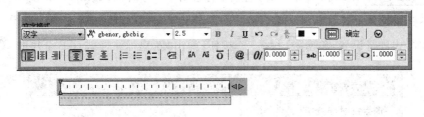

图 10-39 "文字格式"工具栏以及文字编辑窗口

利用文字命令填写标题栏中的固定文字,完成标题栏绘制,如图 10-40 所示,所需尺寸参见 1.1.2 节。绘制标题栏后可将其定义为图块,以便其他图框中使用,图块的设置方法见 10.4.4 节。

设计		(图名)		(图号)		
制图		比例	数量	共 张	第 张	
描图						
审核		(材料)		(校名、班级)		

图 10-40 学生作业用标题栏

3.文字控制符号

AutoCAD 2007 提供了工程图样中常用的标注控制符,如％％C 用来标注直径(φ)符号,％％D 用来标注度(°)符号,％％P 用来标注正负公差(±)符号,％％O 用来打开或关闭文字上划线,％％U 用来打开或关闭文字下划线等。

10.4.3　尺寸标注

AutoCAD 2007 为用户提供了一套完整的尺寸标注模块,方便用户标注、设置、编辑修改,以适应各个国家的技术标准及各个专业尺寸标注的规定和要求。

1.设置尺寸标注样式

标注样式控制标注的格式和外观,如尺寸线、尺寸界线、尺寸文本和尺寸线终端的样式及尺寸精度、尺寸公差等。为符合国家技术标准,在尺寸标注前先要进行标注样式的设置,把图层置换到"08 尺寸线"层后,尺寸样式设置操作如下。

在菜单栏中,用鼠标左键依次单击"标注"→"标注样式"命令,或在样式工具栏单击"标注样式"按钮。

执行上述操作后,系统弹出"标注样式管理器"对话框,如图 10-41 所示。图中左侧"样式(S)"窗口显示尺寸样式的名称,中间窗口可以预览选定的尺寸样式。右侧 置为当前(U) 按钮可以将左侧窗口中选中的尺寸样式作为当前样式; 新建(N)… 按钮用来设置新的样式; 修改(M)… 按钮、 替代(O)… 按钮用来修改尺寸变量, 比较(C)… 按钮可比较标注样式的差异。尺寸样式的默认设置为"ISO-25"。

单击 新建(N)… 按钮,系统弹出"创建新标注样式"对话框,如图 10-42 所示。在"新样式名"文本栏中输入新标注样式的名字,如"GB 全尺寸"。系统将在后面的设置中以"ISO-25"为基础样式进行设置,单击 继续 按钮,弹出"新建标注样式:GB 全尺寸"对话框。

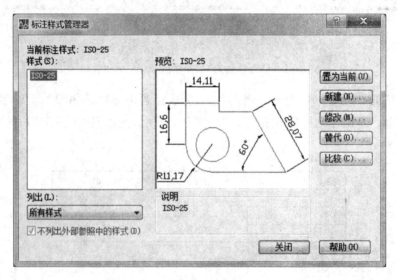

图 10-41　"标注样式管理器"对话框

注意:默认尺寸样式"ISO-25"不能随意修改。

"直线"选项卡可设置与尺寸线、尺寸界线等几何特征有关的尺寸变量,如图 10-43(a)所示。

274

图 10-42　"创建新标注样式"对话框

设置"直线"选项卡中选项,"尺寸线"选项栏可设置有关尺寸线的变量,如把"基线间距(A)"文本框中的值设为"7"。"尺寸界线"选项栏可设置有关尺寸界线的变量,如把"超出尺寸线(X)"文本框中的值设为"2",把"起点偏移量(F)"文本框中的值设为"0"。

"符号和箭头"选项卡可设置与圆心标记、箭头等有关的尺寸变量,如图 10-43(b)所示。

设置"符号和箭头"选项卡中选项,如"箭头大小(I)"文本框中的值设为"3"。"半径折弯标注"选项栏可设置有关半径标注折弯的变量,如把"折弯角度(J)"文本框中的值设为"30"。

"文字"选项卡可设置与尺寸文字有关的尺寸变量,如图 10-43(c)所示。

"文字外观"选项栏用于设置有关文字外观的变量,如在"文字样式(Y)"文本框的右边单击 按钮,从下拉列表中选择"数字字母",把"文字高度(T)"设为"2.5"。"文字位置"选项栏可设置有关文本位置的变量,如把垂直(V)选"上方",把水平(Z)选"置中",把"从尺寸线偏移(O)"设为"1"。"文字对齐(A)"选项栏可设置有关文字对齐方式的变量,如选择"ISO 标准"。

"调整"选项卡可设置与尺寸文字、箭头、尺寸线位置调整有关的尺寸变量,如图 10-43(d)所示。

"调整选项(F)"选项栏可设置当尺寸界线之间没有足够的空间来放置文字和箭头时,从尺寸界线中移出的选项,如选择"文字",表示首先将尺寸文字移出尺寸界线。"优化(T)"选项栏可设置是否手动放置文字及是否总是在尺寸界线之间画尺寸线,如把"手动放置文字(P)"和"在尺寸界线之间绘制尺寸线(D)"两项全部选中。

在"新建标注样式:GB 全尺寸"对话框中其余选项卡中的参数一般可暂时不设。

标注样式设置完成后,单击"确定"按钮,系统返回"标注样式管理器"对话框,选择"样式(S)"窗口中的"GB 全尺寸",单击 置为当前(U) 按钮,将"GB 全尺寸"设为当前样式,单击 关闭 按钮完成设置。

提示:设置国标"GB 全尺寸"尺寸样式,可在绘制样板图时进行,并作为样板图保存,方便使用。样板图的绘制过程将在 10.5.1 节中介绍。

2.调用尺寸标注命令

在菜单栏中用鼠标左键单击"标注"按钮,系统弹出"标注"下拉列表。也可在工具栏上单击鼠标右键,启动"标注"工具栏,如图 10-44 所示。

3.半线尺寸设置

半线尺寸标注常应用于半剖视图和局部剖视图中。标注半线尺寸需要设置半线尺寸

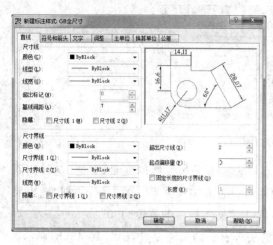

(a)

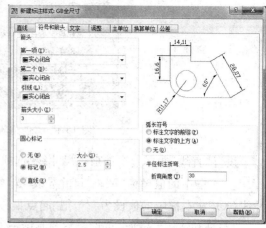

(b)

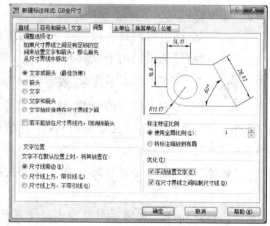

(c)

(d)

图 10-43 "新建标注样式:GB 全尺寸"对话框

图 10-44 "标注"工具栏

的样式。该样式只需在全线尺寸样式的基础上稍加改动即可。

在菜单栏中用鼠标左键单击"格式"→"标注样式"按钮,或在样式工具栏中单击 按钮。

系统弹出"标注样式管理器"对话框,选择尺寸样式"GB 全尺寸",单击"新建"按钮,打开"创建新标注样式"对话框,在新样式名文本框中输入:GB 半线尺寸,单击"继续"按钮,进入"新标注样式:GB半线尺寸"对话框,在"直线"选项卡中,选取"尺寸线"选项栏中"隐藏"的"尺寸线 1(M)"或"尺寸线 2(D)",以及"尺寸界线"选项栏中"隐藏"的"尺寸界线 1(1)"或"尺寸界线(2)"。

注意:这两个选项要一致,如图 10-45 所示,都选第二条。单击"确定"按钮,返回"标注样式管理器"对话框,单击"关闭"按钮退出。

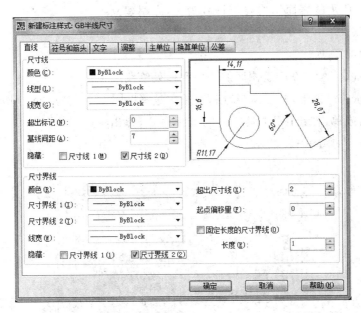

图 10-45　"新标注样式:GB 半线尺寸"的"直线"选项卡

10.4.4　建立图块

所谓图块就是将一些常用的结构图形绘制好后,可以作为独立的内部或外部文件保存,需要时可以随时调用插入到当前的图形文件中,这样就减少了重复绘图的工作。

1.AutoCAD 2007 图块简介

在绘制机械零件图或装配图时,需要绘制许多标准结构、图形符号、标准零件,为了提高实际绘图的效率,AutoCAD 2007 允许将使用频率较高的图形定义成图块存储起来。需要时,在调用插入当前图形文件前只要给出位置、方向和比例(大小),即可画出该图形。

无论多么复杂的图形一旦成为一个块,AutoCAD 2007 将其作为一个实体看待,所以编辑处理较为方便。如果用户想编辑一个块中的单个对象,必须首先分解这个块。外部图块实际上是一个独立的图形文件,可供其他 AutoCAD 2007 图形文件引用。

使用图块应注意以下问题:

①正确地为图块命名和进行分类,以便调用和管理;

②正确地选择块的插入基点,以便插入时准确定位;

③可以把不同图层上不同线型和颜色的实体定义为一个块,在块中各实体的图层、线型和颜色等特性保持不变;

④块可以嵌套,AutoCAD 2007 对块嵌套的层数没有限制,可以块中有块,多层调用。例如,可以将螺栓制作成块,也可以将螺栓螺母连接之后的装配体制作成块,后者包含了前者。

2.建立图块

在建立图块之前,首先绘制好要定义图块的图形。下面以如图 10-46 所示的表面结构要求符号为例,介绍建立图块的操作步骤。

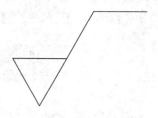

图 10-46　图块图形举例

(1)建立内部图块

首先,在 AutoCAD 2007 绘图区的任何空白处绘制完成表面结构要求符号图形,然后从"绘图"菜单中选择"块"的"创建"命令,或单击"绘图"工具栏上的图标命令,弹出"块定义"对话框,如图 10-47 所示。

图 10-47　"块定义"对话框

定义图块的操作步骤为:

①在"名称"中定义块名,例如"表面符号";

②单击"基点"区域的"拾取点"按钮,选择图 10-46 中的最下顶点为插入基点;

③单击"对象"区域的"选择对象"按钮,选择整个表面结构要求图形,在"名称"后的预览窗口内可以观察到图块形状;

④单击对话框中"确定"按钮,完成内部图块的创建,也可以在说明中注释。

(2)建立外部图块

278

内部图块仅仅存储在当前图形文件中,也只能在该图形文件中调用。如果要在其他文件中调用建立的图块,则必须使用"WBLOCK"命令建立外部图块。在命令窗口输入"WBLOCK"命令后,AutoCAD 2007弹出"写块"对话框,如图10-48所示。

在"源"中选择"对象",也可以是"整个图形",或者是当前图形文件中已经存在的内部"块"。至于"基点"和"对象"与内部图块建立的设置方法一样。

在"目标"中可以命名图块和文件存储的路径,也可以单击按钮,在"浏览图形文件"对话框中命名和选择路径,然后单击"确定"按钮即可。

无论是建立内部图块还是外部图块,选择图块的"基点"非常重要,因为基点即为图块插入时的基准点。

图 10-48　"写块"对话框

3.插入图块

在"插入"菜单中选择"块"命令,或单击"绘图"工具栏上的图标按钮,弹出"插入"对话框,如图10-49所示。

在"名称"窗口内选择欲插入的块或者文件,或单击"浏览"按钮,系统将弹出"选择图形文件"对话框,从中选取所需要的图块文件。"插入点"、"缩放比例"、"旋转"角度可以在屏幕上指定,也可以输入具体的数值。"分解"选项可确定插入的块是作为单个实体对象,还是分解成若干实体对象插入到当前图形中。

除了建立图块、插入图块等操作外,用户还可以对图块进行定义属性等操作,这里不过多介绍了。

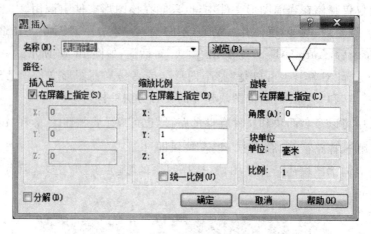

图 10-49 "插入图块"对话框

10.5 二维图形绘制

10.5.1 建立样板图

样板图相当于印有图框、标题栏等内容的图纸,其建立过程为:新建一张新图;创建并设置图层;绘制图框和标题栏;设置文字尺寸等样式;存盘并退出软件。

例 10-3 建立横放的 A4 样板图,要求绘制图框、标题栏,完成图层设置和样式设置等。

①在菜单栏,用鼠标左键依次单击"文件"→"新建"命令;或在快捷访问工具栏 □ ☞ 曰|☞ ☞ ☞ ☞中,用鼠标左键单击□按钮。系统弹出如图 10-50 所示的"选择样板"对话框。选文件名为 acad 的样板打开。

②用鼠标左键单击菜单栏"格式"→"图层"命令,打开图层特性管理器,按图 10-51 所示,参考表 10-4,按 10.4.1 图层设置,创建并设置图层,同时注意线型及线宽的设置。

③设置线型比例。详细过程见 10.4.1 图层设置中的"2. 设置线型比例"。

④设置绘图单位和比例、画图幅边框。将 0 层设为当前层。打印时将 0 层设为"不打印",即不打印图幅边框。

在命令行的"命令:"光标后输入 mvsetup 命令并按回车键。命令行窗口提示信息:

是否启用图纸空间?[否(N)/是(Y)]<是>:n(输入 n,回车)

输入单位类型 [科学(S)/小数(D)/工程(E)/建筑(A)/公制(M)]:M(输入 m,回车)

系统会弹出一个文本窗口,如图 10-52 所示,提示输入比例因子,输入比例因子 1,回车。

输入图纸宽度:297(输入图纸宽度 297,回车)。

输入图纸高度:210(输入图纸高度 210,回车)。

操作完成后,绘图窗口中出现一个按所设定的图幅自动绘制的图幅边框,如图 10-53 所示。

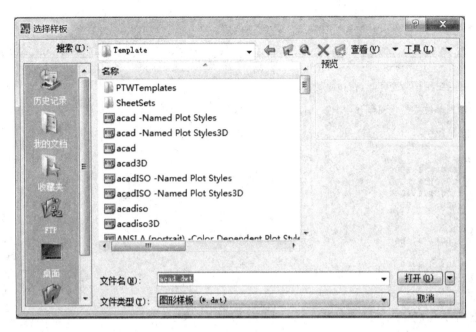

图 10-50　"选择样板"对话框

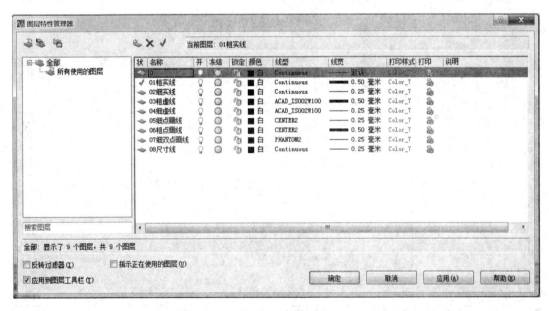

图 10-51　图层、线型及线宽的设置

⑤用偏移命令 Offset 画图框。先将粗实线层设为当前层。在"图层"工具栏中单击 ，选择"01粗实线、剖面线的粗剖切线"图层 。在状态栏打开"线宽"开关。

在功能区，单击"修改"工具栏中偏移命令 按钮，命令行窗口提示信息：

命令：_ offset

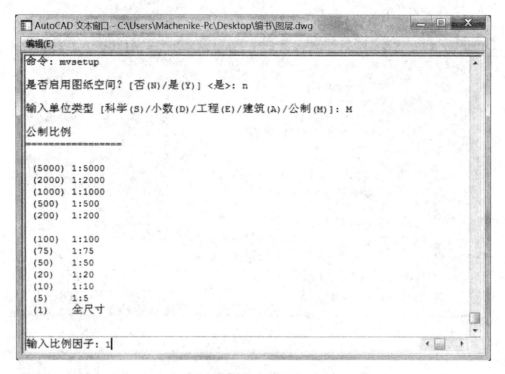

图 10-52　输入比例因子

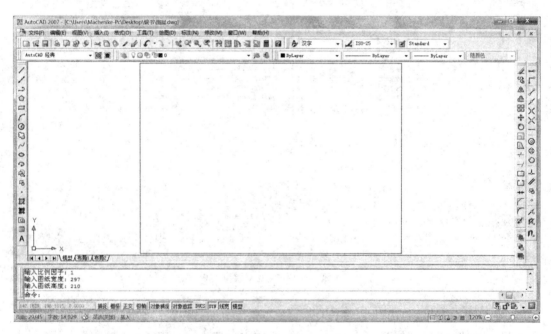

图 10-53　用 Mvsetup 命令绘制图幅边框

当前设置：删除源＝否　图层＝源　OFFSETGAPTYPE＝0

指定偏移距离或［通过(T)/删除(E)/图层(L)］＜通过＞：L（输图层 L，回车）

输入偏移对象的图层选项［当前(C)/源(S)］＜源＞：c(输入当前层 C,回车)

指定偏移距离或［通过(T)/删除(E)/图层(L)］＜通过＞：10(输入偏移的距离 10,回车)

选择要偏移的对象,或［退出(E)/放弃(U)］＜退出＞:(用光标选中边框)

指定要偏移的那一侧上的点,或［退出(E)/多个(M)/放弃(U)］＜退出＞：（十字光标在图框内单击）

选择要偏移的对象,或［退出(E)/放弃(U)］＜退出＞：（回车,系统绘制图框,如图10-54 所示)

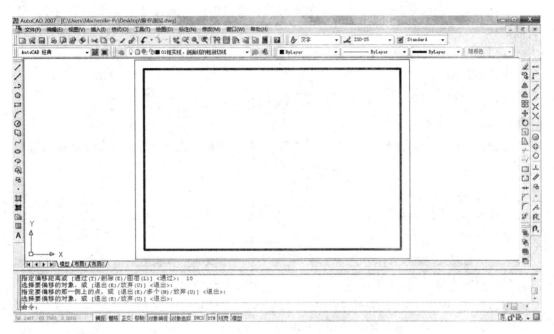

图 10-54　Offset 命令画图框

⑥画标题栏。

a.用 Explode 命令分解内边框。

在菜单栏中,单击"修改"→"分解"按钮,或在修改工具栏单击 按钮。命令行窗口提示信息:

命令:＿explode

选择对象:(光标选中要分解的对象"粗线框",回车)

选择对象:找到 1 个

选择对象:(回车或单击鼠标右键,退出命令,图框被打碎)

b.在菜单栏中,单击"修改"→"偏移"按钮,或在修改工具栏单击 按钮。命令行窗口提示信息:

指定偏移距离或［通过(T)/删除(E)/图层(L)］＜通过＞：120(输入标题栏的长,回车)

选择要偏移的对象,或[退出(E)/放弃(U)]<退出>:(光标选中要偏移的边框—右边框)

指定要偏移的那一侧上的点,或[退出(E)/多个(M)/放弃(U)]<退出>:(十字光标在图框内点击)

选择要偏移的对象,或[退出(E)/放弃(U)]<退出>:(回车,退出命令)

用回车键或鼠标右键重复上一步的 Offset 命令

指定偏移距离或[通过(T)/删除(E)/图层(L)]<120.0000>:28(输入标题栏的宽,回车)

选择要偏移的对象,或[退出(E)/放弃(U)]<退出>:(光标选中要偏移的边框—下边框)

指定要偏移的那一侧上的点,或[退出(E)/多个(M)/放弃(U)]<退出>:(十字光标在图框内点击)

选择要偏移的对象,或[退出(E)/放弃(U)]<退出>:(回车,退出命令)

即绘制如图 10-55(a)所示的图线。

c. 在菜单栏中,单击"修改"→"裁剪"按钮,或在工具栏单击 ✂ 按钮。命令行窗口提示信息:

命令:_ trim

当前设置:投影=UCS,边=无

选择剪切边...

选择对象或 <全部选择>:(选择要修剪的线,结束后回车,或用空格键全部选择)

选择要修剪的对象,或按住 Shift 键选择要延伸的对象,或

[栏选(F)/窗交(C)/投影(P)/边(E)/删除(R)/放弃(U)]: (拾取要修剪掉的图线部分,回车结束命令,修剪后的图线如图 10-55(b)所示。)

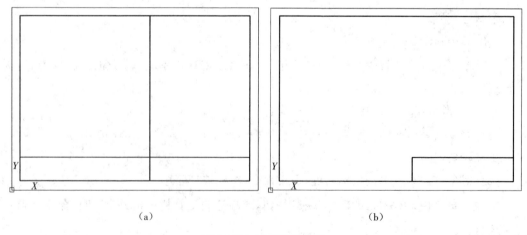

(a)   (b)

图 10-55　画标题栏边框

标题栏边框画完后,把图层置换到细实线层,继续用偏移命令和裁剪命令,参考本书前面章节中介绍的标题栏规格尺寸,画出标题栏内的分格线,过程从略。

⑦在标题栏中书写文字。

⑧完成文字样式、尺寸样式的设置。

⑨保存图形文件。

完成后的样板图如图 10-56 所示。为了以后使用方便,可以将样板图保存为模板格式文件。操作方法是:在标准工具栏中单击保存按钮,弹出"文件另存为对话框",选择存储路径,在"文件名"文本框内输入文件名,如"A4 样板图",将文件类型调整为"AutoCAD 图形样本(＊.dwt)",单击"保存"按钮,完成保存。

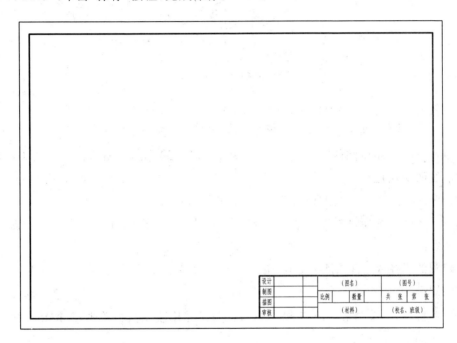

图 10-56　A4 样板图

10.5.2　绘制平面几何图形

例 10-4　绘制图 10-57 所示的平面图形。

①调用例 10-3 绘制好的 A4 样板图。

单击"新建"命令 →"选择样板"对话框→文件类型:图形样板(＊.dwt),选择"A4 样板图"→打开。

②绘制基准线及 φ30、φ70、φ86 的三个圆。

将细实线层设为当前层,保持"极轴"状态开启,用直线(Line)命令 画出两条互相垂直的直线。然后以两条直线的交点为圆心绘制 φ70 的圆。

命令:_ circle 指定圆的圆心或 [三点(3P)/两点(2P)/相切、相切、半径(T)]:(鼠标单击两中心线的交点)

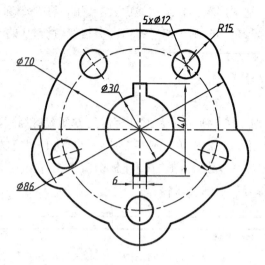

图 10-57 平面图形

指定圆的半径或［直径(D)］:35(输入圆的半径:35,回车)

绘制 φ30、φ86 的两圆。绘制后的图形如图 10-58(a)所示。

命令：_ circle 指定圆的圆心或［三点(3P)/两点(2P)/相切、相切、半径(T)］:(鼠标单击两中心线的交点)

指定圆的半径或［直径(D)］:15(输入圆的半径:15,回车)

命令：_ circle 指定圆的圆心或［三点(3P)/两点(2P)/相切、相切、半径(T)］:(鼠标单击两中心线的交点)

指定圆的半径或［直径(D)］:43(输入圆的半径:43,回车)

③绘制键槽边界线。

在菜单栏中,依次单击"修改"→"偏移"命令,或在修改工具栏单击 按钮。命令行窗口提示信息如下。

命令：_ offset

当前设置：删除源＝否　图层＝源　OFFSETGAPTYPE＝0

指定偏移距离或［通过(T)/删除(E)/图层(L)］＜通过＞:20(输入 20,回车)

选择要偏移的对象,或［退出(E)/放弃(U)］＜退出＞:(鼠标选中水平中心线)

指定要偏移的那一侧上的点,或［退出(E)/多个(M)/放弃(U)］＜退出＞:(鼠标单击水平中心线上侧)

选择要偏移的对象,或［退出(E)/放弃(U)］＜退出＞:(回车)

重复偏移命令如下。

命令：_ offset

当前设置：删除源＝否　图层＝源　OFFSETGAPTYPE＝0

指定偏移距离或［通过(T)/删除(E)/图层(L)］＜通过＞:3(输入 3,回车)

选择要偏移的对象,或［退出(E)/放弃(U)］＜退出＞:(鼠标选中竖直中心线)

指定要偏移的那一侧上的点,或［退出(E)/多个(M)/放弃(U)］＜退出＞:(鼠标单击竖直中心线左侧)

选择要偏移的对象,或［退出(E)/放弃(U)］＜退出＞:(鼠标选中竖直中心线)

指定要偏移的那一侧上的点,或［退出(E)/多个(M)/放弃(U)］＜退出＞:(鼠标单击竖直中心线右侧)

选择要偏移的对象,或［退出(E)/放弃(U)］＜退出＞:(回车)

绘制完成后,图形如图 10-58(b)所示。

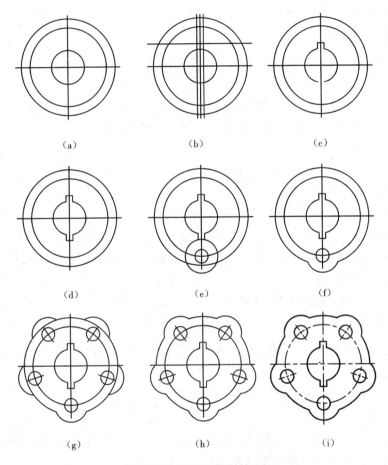

图 10-58　平面图形绘制过程

④裁剪图形。

单击修改工具栏的"修剪" 按钮,命令行提示信息如下。

命令:_trim

当前设置:投影＝UCS,边＝无

选择剪切边…

选择对象或 ＜全部选择＞:指定对角点:找到 8 个(对全部图形进行框选,回车)

选择要修剪的对象,或按住 Shift 键选择要延伸的对象,或

287

［栏选（F）/窗交（C）/投影（P）/边（E）/删除（R）/放弃（U）］：（光标选中要删除的部分图形，都删除后回车，结果如图 10-58（c）所示）

⑤镜像图形。

单击修改工具栏的"镜像"◢◣按钮，命令行提示信息如下。

命令：_ mirror

选择对象：找到 3 个

选择对象：找到 1 个，总计 2 个

选择对象：找到 1 个，总计 3 个（选中键槽的三条边）

选择对象：（回车）

指定镜像线的第一点：（单击水平中心线与 φ30 圆的左交点）

指定镜像线的第二点：（单击水平中心线与 φ30 圆的右交点）

要删除源对象吗？［是（Y）/否（N）］＜N＞：（输入 N，回车，结果如图 10-58（d）所示）

⑥绘制 φ12 圆及 φ30 圆弧所对应的圆，如图 10-58（e）所示。

点击绘圆命令：

命令：_ circle 指定圆的圆心或［三点（3P）/两点（2P）/相切、相切、半径（T）］：（鼠标单击竖直中心线与 φ70 圆的交点）

指定圆的半径或［直径（D）］：6（输入圆的半径：6，回车）

重复绘圆命令：

命令：_ circle 指定圆的圆心或［三点（3P）/两点（2P）/相切、相切、半径（T）］：（鼠标单击竖直中心线与 φ70 圆的交点）

指定圆的半径或［直径（D）］：15（输入圆的半径：15，回车）

⑦修剪图形。

单击修改工具栏的"修剪"-/--按钮，命令行提示信息：

命令：_ trim

当前设置：投影＝UCS，边＝无

选择剪切边…

选择对象或＜全部选择＞：指定对角点：找到 14 个（对全部图形进行框选，回车）

选择要修剪的对象，或按住 Shift 键选择要延伸的对象，或

［栏选（F）/窗交（C）/投影（P）/边（E）/删除（R）/放弃（U）］：（光标选中要删除的部分图形，都删除后回车，结果如图 10-58（f）所示）

⑧阵列图形。

单击修改工具栏的"阵列"按钮，系统弹出"阵列"对话框，将阵列方式选择为环形阵列，项目总数设置为 5。单击"选择对象"按钮，用鼠标选择半径为 15 的圆弧及 φ12 圆，回车，系统重新显示"阵列"对话框。再单击中心点后的"拾取中心点"按钮，鼠标选择水平、竖直中心线交点，系统重新显示"阵列"对话框，此时"阵列"对话框如图 10-59 所示。

单击"预览"，查看阵列操作后的图形，若图形没有问题，即可点击"接受"确认阵列操

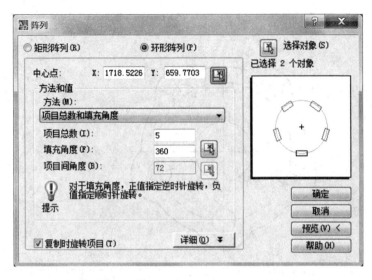

图 10-59 "阵列"对话框

作。(若图形有问题,可点击"修改",返回阵列对话框进行重新设置)阵列操作后的图形如图 10-58(g)所示。

⑨修剪图形。

单击修改工具栏的"修剪" 按钮,命令行提示信息如下 。

命令:_trim

当前设置:投影＝UCS,边＝无

选择剪切边...

选择对象或 ＜全部选择＞:指定对角点:找到 22 个(对全部图形进行框选,回车)

选择要修剪的对象,或按住 Shift 键选择要延伸的对象,或

[栏选(F)/窗交(C)/投影(P)/边(E)/删除(R)/放弃(U)]:(光标选中要删除的部分图形,都删除后回车,结果如图 10-58(h)所示)

⑩调整线型、比例等。

检查所绘的图形,没有错误之后,将线条调整图层,区分粗实线、细实线、点划线等,并将相应的线条调整到一个合适的长度和比例。打开"线宽"工具,再次检查图形。如图 10-58(i)所示。

⑪用移动(Move)命令将平面图形调整到图框中合适位置,用"多行文字"命令填写标题栏,最终图形如图 10-60 所示。

10.5.3 绘制组合体视图并标注尺寸

例 10-5 在例 10-3 建立的 A4 样板图上绘制图 10-61 所示的组合体三面投影图并标注尺寸。

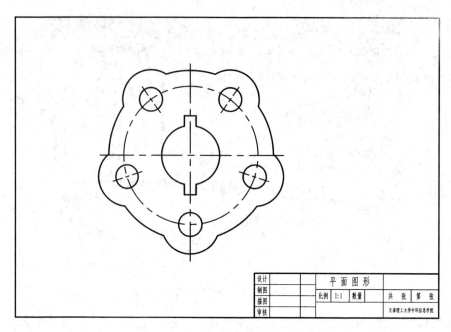

设计			平面图形				
制图			比例	1:1	数量	共 张	第 张
描图							
审核			天津理工大学中环信息学院				

图 10-60　完成的平面图形

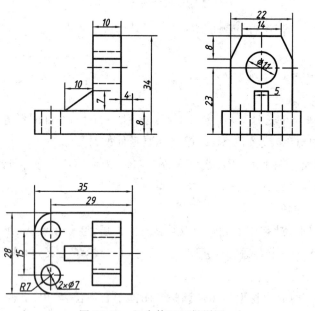

图 10-61　组合体三面投影图

1.调用 A4 样板图

2.视图整体布局

按下状态栏"正交"按钮,或按 F8 键,进入正交状态。单击"图层"工具栏中的图层列表,将"02 细实线"层置为当前层;用"直线"、"偏移"、"镜像"命令绘制各视图中组合体底板基准线及边界线。如图 10-62(a)所示。用"偏移"、"镜像"命令绘制各视图中组合体立板的

290

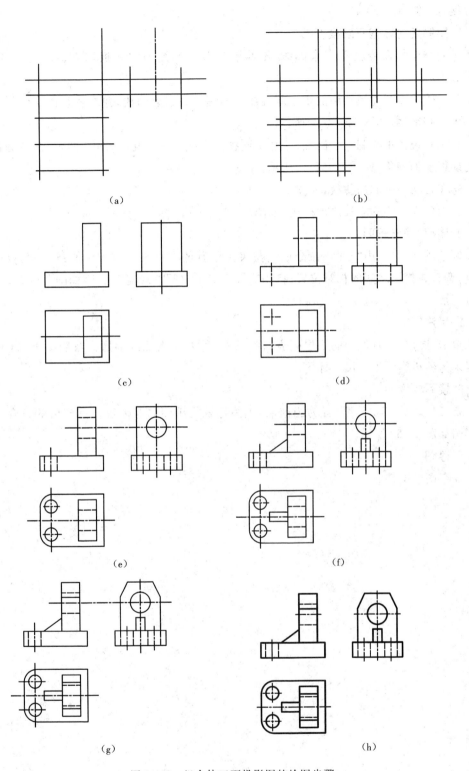

（a）　　　　　　　　　　　　（b）

（c）　　　　　　　　　　　　（d）

（e）　　　　　　　　　　　　（f）

（g）　　　　　　　　　　　　（h）

图 10-62　组合体三面投影图的绘图步骤

边界线,如图 10-62(b)所示。

3.绘制组合体的三面投影图

①用"修剪"命令去除多余的线条,绘制出各投影图中的底板和立板,如图 10-62(c)所示。

②将俯视图和左视图中的中心基准线线型调整为细点画线,并在各视图中添加三个圆孔的中心基准线,如图 10-62(d)所示。

③在各视图中绘制三个圆孔,注意不同视图中线型的变化。使用"圆角"命令为俯视图中的底板添加圆角,如图 10-62(e)所示。

④在各视图中添加肋板,如图 10-62(f)所示。

⑤为各视图中的立板添加棱边,如图 10-62(g)所示。

4.调整、检查图形

调整图形比例;用"打断"命令或调整夹点位置的方法整理对称中心线长度;调整线条比例;调整各投影之间的相对位置;将相应线条加粗;打开"线宽"工具,如图 10-62(h)所示,检查图形。

5.标注尺寸

单击"图层"工具栏中的图层列表,将"08 尺寸线"层置为当前层。按照图 10-61 中的尺寸要求为各投影图添加尺寸标注。

6.填写标题栏

将"11 文本、细实线"层置为当前层,填写标题栏中图名等内容。完成后的组合体三面投影图如图 10-63 所示。

7.存图

保存图形文件。

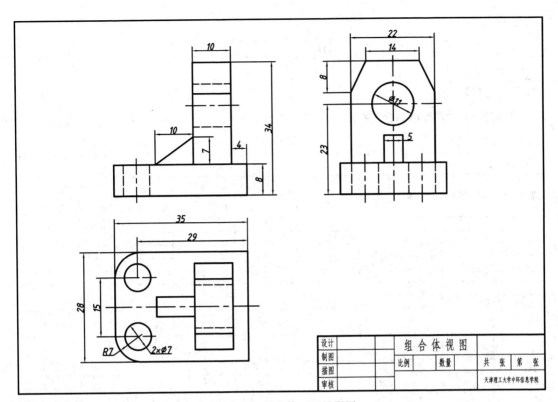

设计			组 合 体 视 图		
制图			比例	数量	共 张 第 张
描图					
审核					天津理工大学中环信息学院

图 10-63　组合体三面投影图

附　　录

一、螺纹

1.普通螺纹的直径与螺距(GB/T 193—2003)

附表1　　　　　　　　　　　　　　　　　　　　　　　　　　　　　　　(mm)

公称直径 d、D			螺　距											
第1系列	第2系列	第3系列	粗牙	细　牙										
				4	3	2	1.5	1.25	1	0.75	0.5	0.35	0.25	0.2
3			0.5									0.35		
	3.5		0.6									0.35		
4			0.7								0.5			
	4.5		0.75								0.5			
5			0.8								0.5			
		5.5									0.5			
6			1							0.75				
	7		1							0.75				
8			1.25						1	0.75				
		9	1.25						1	0.75				
10			1.5					1.25	1	0.75				
		11	1.5				1.5		1	0.75				
12			1.75					1.25	1					
	14		2				1.5		1					
		15					1.5		1					
16			2				1.5		1					
		17					1.5		1					
	18		2.5			2	1.5		1					
20			2.5			2	1.5		1					
	22		2.5			2	1.5		1					
24			3			2	1.5		1					
		25				2	1.5		1					
		26					1.5							
	27		3			2	1.5		1					
		28				2	1.5		1					
30			3.5		(3)	2	1.5		1					
		32				2	1.5							
	33		3.5		(3)	2	1.5							
36			4		3	2	1.5							
		38					1.5							
	39		4		3	2	1.5							
		40			3	2	1.5							
42			4.5	4	3	2	1.5							
	45		4.5	4	3	2	1.5							
48			5	4	3	2	1.5							
		50			3	2	1.5							
	52		5	4	3	2	1.5							
		55		4	3	2	1.5							
56			5.5	4	3	2	1.5							
		58		4	3	2	1.5							
	60		5.5	4	3	2	1.5							
		62		4	3	2	1.5							
64			6	4	3	2	1.5							

注:(1)优先选用第1系列,其次选择第2系列,第3系列尽可能不用。

　　(2)括号内的尺寸尽可能不用。

　　(3)M14×1.25仅用于火花塞,M35×1.5仅用于滚动轴承锁紧螺母。

294

2. 普通螺纹的基本尺寸（GB/T 196—2003）

代号的含义：

D——内螺纹的基本大径（公称直径）

d——外螺纹的基本大径（公称直径）

D_2——内螺纹的基本中径

d_2——外螺纹的基本中径

D_1——内螺纹的基本小径

d_1——外螺纹的基本小径

H——原始三角形高度

P——螺距

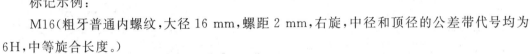

标记示例：

M16（粗牙普通内螺纹，大径 16 mm，螺距 2 mm，右旋，中径和顶径的公差带代号均为 6H，中等旋合长度。）

M16×1.5—5g6g（细牙普通外螺纹，大径 16 mm，螺距 1.5 mm，右旋，中径公差带代号为 5 g，顶径公差带代号为 6 g，中等旋合长度）

附表 2 　　　　　　　　　　　　　　　　　　　　　　　　　　　　（mm）

公称直径（大径）D、d	螺距 P	中径 D_2、d_2	小径 D_1、d_1	公称直径（大径）D、d	螺距 P	中径 D_2、d_2	小径 D_1、d_1	公称直径（大径）D、d	螺距 P	中径 D_2、d_2	小径 D_1、d_1
3	0.5	2.675	2.459	9	1.25	8.188	7.647	15	1.5	14.026	13.376
3	0.35	2.773	2.621	9	1	8.35	7.917	15	1	14.35	13.917
3.5	0.6	3.110	2.85	9	0.75	8.513	8.188	16	2	14.701	13.835
3.5	0.35	3.273	3.121	10	1.5	9.026	8.376	16	1.5	15.026	14.376
4	0.7	3.545	3.242	10	1.25	9.188	8.647	16	1	15.35	14.917
4	0.5	3.675	3.459	10	1	9.35	8.917	17	1.5	16.026	15.376
4.5	0.75	4.013	3.688	10	0.75	9.513	9.188	17	1	16.35	15.917
4.5	0.5	4.175	3.959	11	1.5	10.026	9.376	18	2.5	16.376	15.294
5	0.8	4.480	4.134	11	1	10.35	9.917	18	2	16.701	15.835
5	0.5	4.675	4.459	11	0.75	10.513	10.188	18	1.5	17.026	16.376
5.5	0.5	5.175	4.959	12	1.75	10.863	10.106	18	1	17.35	16.917
6	1	5.350	4.917	12	1.5	11.026	10.375	20	2.5	18.376	17.294
6	0.75	5.513	5.188	12	1.25	11.188	10.647	20	2	18.701	17.835
7	1	6.350	5.917	12	1	11.35	10.917	20	1.5	19.026	18.376
7	0.75	6.513	6.188	14	2	12.701	11.835	20	1	19.35	18.917
8	1.25	7.188	6.647	14	1.5	13.026	12.375	22	2.5	20.376	19.294
8	1	7.35	6.917	14	1.25	13.188	12.647	22	2	20.701	19.835
8	0.75	7.513	7.188	14	1	13.25	12.917	22	1.5	21.026	20.376
								22	1	21.35	20.917

公称直径（大径）D、d	螺距 P	中径 D_2、d_2	小径 D_1、d_1	公称直径（大径）D、d	螺距 P	中径 D_2、d_2	小径 D_1、d_1	公称直径（大径）D、d	螺距 P	中径 D_2、d_2	小径 D_1、d_1
24	3	22.051	20.752		3.5	27.727	26.211		4	33.402	31.67
	2	22.701	21.835		3	28.051	26.752	36	3	34.051	32.752
	1.5	23.026	22.376	30	2	28.701	27.835		2	34.701	33.835
	1	23.35	22.917		1.5	29.026	28.376		1.5	35.026	34.376
25	2	23.701	22.835		1	29.35	28.917	38	1.5	37.026	36.376
	1.5	24.026	23.376	32	2	30.701	29.735		4	36.402	34.67
	1	24.35	23.917		1.5	31.026	30.376	39	3	37.051	35.752
26	1.5	25.026	24.376		3.5	30.727	29.211		2	37.701	36.835
27	3	25.051	23.752	33	3	31.051	29.752		1.5	38.026	37.376
	2	25.701	2.835		2	31.701	30.835		3	38.051	36.752
17	1.5	26.026	25.376		1.5	32.026	31.376	40	2	38.701	37.835
	1	26.35	25.917	35	1.5	34.026	33.376		1.5	39.026	38.376
28	2	26.701	25.835								
	1.5	27.026	26.376								
	1	27.35	26.917								

3. 梯形螺纹的基本尺寸（GB/T 5796.3—2005）

代号的含义：

a_c——牙顶间隙

D_4——设计牙形上的内螺纹大径

D_2——设计牙形上的内螺纹中径

D_1——设计牙形上的内螺纹小径

d——设计牙形上的外螺纹大径

d_2——设计牙形上的外螺纹中径

d_3——设计牙形上外螺纹小径

H_1——基本牙型牙高

H_4——设计牙型上的内螺纹牙高

h_3——设计牙型上的外螺纹牙高

P——螺距

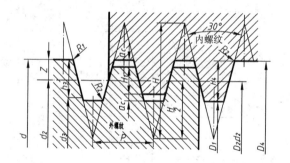

标记示例：

Tr40×3—7H（梯形内螺纹，公称直径 40 mm，螺距 3 mm，单线右旋，中径公差带代号为 7H，旋合长度为正常组）

Tr40×6(P3)LH—7e—L（梯形外螺纹，公称直径 40 mm，导程 6 mm，螺距 3 mm，双线左旋，中径公差带代号为 7e，旋合长度为加长组）

296

公称直径 d		螺距	中径	大径	小径		公称直径 d		螺距	中径	大径	小径	
第一第列	第二系列	P	$D_2=d_2$	D_4	d_3	D_1	第一第列	第二系列	P	$D_2=d_2$	D_4	d_3	D_1
8		1.5	7.25	8.30	6.20	6.50			3	24.50	26.50	22.50	23.00
	9	1.5	8.25	9.30	7.20	7.50		26	5	23.50	26.50	20.50	21.00
		2	8.00	9.50	6.50	7.00			8	22.00	27.00	17.00	18.00
10		1.5	9.25	10.30	8.20	8.50			3	26.50	28.50	24.50	25.00
		2	9.00	10.50	7.50	8.00	28		5	25.50	28.50	22.50	23.00
	11	2	10.00	11.50	8.50	9.00			8	24.00	29.00	19.00	20.00
		3	9.50	11.50	7.50	8.00			3	28.50	30.50	26.50	27.00
12		2	11.00	12.50	9.50	10.00		30	6	27.00	31.00	23.00	24.00
		3	10.50	12.50	8.50	9.00			10	25.00	31.00	19.00	20.00
	14	2	13.00	14.50	11.50	12.00			3	30.50	32.50	28.50	29.00
		3	12.50	14.50	10.50	11.00	30		6	29.00	33.00	25.00	26.00
16		2	15.00	16.50	13.50	14.00			10	27.00	33.00	21.00	22.00
		4	14.00	16.50	11.50	12.00			3	32.50	34.50	30.50	31.00
	18	2	17.00	18.50	15.50	16.00		34	6	31.00	35.00	27.00	28.00
		4	16.00	18.50	13.50	14.00			10	29.00	35.00	23.00	24.00
20		2	19.00	20.50	17.50	18.00			3	34.50	36.50	32.50	33.00
		4	18.00	20.50	15.50	16.00	36		6	33.00	37.00	29.00	30.00
		3	20.00	22.50	18.50	19.00			10	31.00	37.00	25.00	26.00
	22	5	19.50	22.50	16.50	17.00			3	36.50	38.50	34.50	35.00
		8	18.00	23.00	13.00	14.00		38	7	34.50	39.00	30.00	31.00
		3	22.50	24.50	20.50	21.00			10	33.00	39.00	27.00	28.00
24		5	21.50	24.50	18.50	19.00			3	38.50	40.50	36.50	37.00
		8	20.00	25.00	15.00	16.00	40		7	36.50	41.00	32.00	33.00
									10	35.00	41.00	29.00	30.00

4.55°非密封管螺纹(GB/T 7307—2001)

代号的含义:

D——内螺纹大径

d——外螺纹大径

D_2——内螺纹中径

d_2——外螺纹中径

D_1——内螺纹小径

d_1——外螺纹小径

P——螺距

r——螺纹牙顶和牙底的圆弧半径

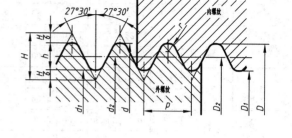

标记示例:

$G3/4$(尺寸代号为$3/4$的非密封管螺纹为圆柱内螺纹,右旋)

$G3/4$—LH(尺寸代号为$3/4$的非密封管螺纹为圆柱内螺纹,左旋)

$G3/4$A(尺寸代号为$3/4$的非密封管螺纹为圆柱外螺纹,右旋,公差等级为A级)

$G3/4$B(尺寸代号为$3/4$的非密封管螺纹为圆柱外螺纹,右旋,公差等级为B级)

附表 4   (mm)

尺寸代号	每25.4 mm 内的牙数 n	螺距 P	大径 d、D	中径 d_2、D_2	小径 d_1、D_1	牙高 h
$1/4$	19	1.337	13.157	12.301	11.445	0.856
$3/8$	19	1.337	16.662	15.806	14.950	0.856
$1/2$	14	1.814	20.955	19.793	18.631	1.162
$3/4$	14	1.814	26.441	25.279	24.117	1.162
1	11	2.309	33.249	31.770	30.291	1.479
$11/4$	11	2.309	41.910	40.431	38.952	1.479
$11/2$	11	2.309	47.803	46.324	44.845	1.479
2	11	2.309	59.614	58.135	56.656	1.479
$21/2$	11	2.309	75.184	73.705	72.226	1.479
3	11	2.309	87.884	86.405	84.926	1.479

二、螺纹紧固件

1.六角头螺栓—C级(GB/5780—2000)、六角头螺栓—A、B级(GB/T 5782—2000)

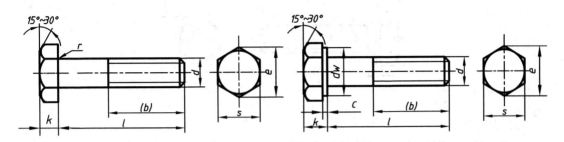

六角头螺栓—C级(GB/5780—2000)   六角头螺栓—A、B级(GB/T 5782—2000)

标记示例:

螺栓 GB/T 5782 M12×80:螺纹规格 $d=$ M12,公称长度 $l=80$ mm,性能等级为8.8级,表面不经处理,产品等级为 A 级的六角头螺栓。

附表5   (mm)

螺纹规格 d			M3	M4	M5	M6	M8	M10	M12	M16	M20	M24	M30
b 参考	$l\leqslant125$		12	14	16	18	22	26	30	38	46	54	66
	$125<l\leqslant200$		18	20	22	24	28	32	36	44	52	60	72
	$l\leqslant200$		31	33	35	37	41	45	49	57	65	73	85
c(max)			0.4	0.4	0.5	0.5	0.6	0.6	0.6	08	0.8	0.8	08
d_x	产品等级	A	4.57	5.88	6.88	8.88	11.63	14.63	16.63	22.49	28.19	33.61	—
		B	4.45	5.74	6.74	8.74	11.47	14.47	16.47	22	27.7	33.25	42.75
e	产品等级	A	6.01	7.66	8.79	11.05	14.38	17.77	20.03	26.75	33.53	39.98	—
		B	5.88	7.50	8.63	10.89	14.20	17.59	19.85	26.17	32.95	39.55	50.85
k 公称			2	2.8	3.5	4	5.3	6.4	7.5	10	12.5	15	18.7
r			0.1	0.2	0.2	0.25	0.4	0.4	0.6	0.6	0.8	0.8	1
s 公称			5.5	7	8	10	13	16	18	24	30	36	46
l(商品规格范围)			20~30	25~40	25~50	30~60	40~80	45~100	50~120	65~160	80~200	90~240	110~300
l 系列			12,16,20,25,30,35,40,45,50,55,60,65,70,80,90,100,120,130,140,150,160,180, 200,220,240,260,280,300,320,340,360										

注:1. A级用于 $d\leqslant24$ mm 和 $l\leqslant10d$ 或 $l\leqslant150$ mm 的螺栓;B级用于 $d>24$ mm 和 $l>10d$ 或 $l>150$ mm 的螺栓。

2. 螺纹规格 d 范围:GB/T 5780 为 M5~M64;GB/T 5782 为 M1.6~M64。

3. 公称长度 l 范围:GB/T 5780 为 25~500 mm;GB/T 5782 为 12~500 mm。

2.六角头螺栓(全螺纹)—A 和 B 级(GB/T 5783—2000)

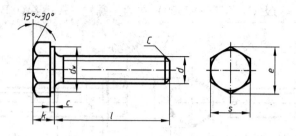

标记示例:

螺栓 GB/T 5783 M12×80(螺纹规格 M12,公称长度 l＝80 mm,性能等级为 8.8 级,表面氧化,全螺纹,产品等级为 A 级的六角头螺栓)

附表 6   (mm)

	螺纹规格	s	k	l
优选的螺纹规格	M1.6	3.2	1.1	2～16
	M2	4	1.4	4～20
	M2.5	5	1.7	5～25
	M3	5.5	2	6～30
	M4	7	2.8	8～40
	M5	8	3.5	10～50
	M6	10	4	12～60
	M8	13	5.3	16～80
	M10	16	6.4	20～100
	M12	18	7.5	25～120
	M16	24	10	30～160
	M20	30	12.5	40～200
	M24	36	15	50～240
	M30	46	18.7	60～300
	M36	55	22.5	70～360
	M42	65	26	80～400
	M48	75	30	100～480
	M56	85	35	110～500
	M64	95	40	120～500
非优选的螺纹规格	M3.5	6	2.4	8～35
	M14	21	8.8	30～140
	M18	27	11.5	35～180
	M22	34	14	45～220
	M27	41	17	55～260
	M33	50	21	65～320
	M39	60	25	80～380
	M45	70	28	90～440
	M52	80	33	100～480
	M60	90	38	120～500

注:长度系列:2、4、6、8、10、12、16、20、25、30、35、40、45、50、55、60、65、70、80、90、100、110、120、130、140、150、160、180、200、220、240、260、280、300、320、340、360、380、400、420、440、460、480、500。

3.双头螺柱

$b_m=1d$（GB/T 897—1988）　　　　$b_m=1.25d$（GB/T 898—1988）

$b_m=1.5d$（GB/T 899—1988）　　　　$b_m=2d$（GB/T 900—1988）

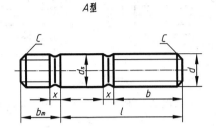
A型

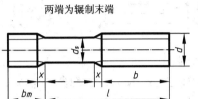
B型　两端为辗制末端

标记示例：

螺柱 GB/T 897 M10×50（两端均为粗牙普通螺纹，$d=10$ mm，$l=50$ mm，性能等级为 4.8 级，不经表面处理，B 型，$b_m=1d$ 的双头螺柱）

附表 7 (mm)

螺纹规格 d	M5	M6	M8	M10	M12	M16	M20	M24	M30	M36	M42	M48
$b_m=1d$	5	6	8	10	12	16	20	24	30	36	42	48
$b_m=1.25d$	6	8	10	12	15	20	25	30	38	45	52	60
$b_m=1.5d$	8	10	12	15	18	24	30	36	45	54	63	72
$b_m=2d$	10	12	16	20	24	32	40	48	60	72	84	96

l	b											
16												
(18)	10											
20		10	12									
(22)												
25				14	16							
(28)		14	16			16						
30												
(32)												
35	16			16	20	20						
(38)							25					
40												
45		18				30		30				
50												
(55)			22				35					
60				26	26				40			
(65)								45				
70					30					45		
(75)						38					50	
80									50			60
(85)							46			60		
90								54			70	
(95)									66			
100												80

4. 螺钉

开槽圆柱头螺钉(GB/T 65—2000)　开槽盘头螺钉(GB/T 67—2000)　开槽沉头螺钉(GB/T 68—2000)

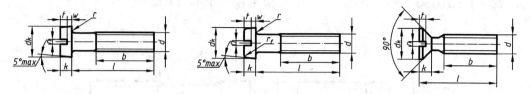

标记示例：

螺钉 GB/T 65　M5×20(螺纹规格 M5,公称长度 $l=20$ mm,性能等级为 4.8 级,不经表面处理的开槽圆柱头螺钉)

附表 8(GB/T 65—2000)

(mm)

螺纹规格	$d_{k\,max}$	k_{max}	$n_{公称}$	t_{min}	l	b
M4	7	2.6	1.2	1.1	5~40	
M5	8.5	3.3	1.2	1.3	6~50	$l\leqslant40$ 为全螺纹 $l>40,b_{min}=38$
M6	10	3.9	1.6	1.6	8~60	
M8	13	5	2	2	10~80	
M10	16	6	2.5	2.4	12~80	

附表 9(GB/T 67—2000)

(mm)

螺纹规格	$d_{k\,max}$	k_{max}	$n_{公称}$	t_{min}	l	b
M4	8	2.4	1.2	1	5~40	
M5	9.5	3	1.2	1.2	6~50	$l\leqslant40$ 为全螺纹 $l>40,b_{min}=38$
M6	12	3.6	1.6	1.4	8~60	
M8	16	4.8	2	1.9	10~80	
M10	20	6	2.5	2.4	12~80	

附表 10(GB/T 68—2000)

(mm)

螺纹规格	$d_{k\,max}$	k_{max}	$n_{公称}$	t_{min}	l	b
M4	8.4	2.7	1.2	1	6~40	
M5	9.3	2.7	1.2	1.1	8~50	$l\leqslant45$ 为全螺纹 $l>45,b_{min}=38$
M6	11.3	3.3	1.6	1.2	8~60	
M8	15.8	4.65	2	1.8	10~80	
M10	18.3	5	2.5	2	12~80	

注：长度系列为 5、6、8、10、12、(14)、16、20、25、30、35、40、45、50、(55)、60、(65)、70、(75)、80。(括号内的规格尽量不用)

5.1型六角螺母(GB/T 6170—2000)

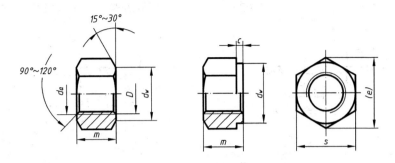

标记示例：

螺母 GB/T 6170 M12(螺纹规格 D＝M12,性能等级为 8 级,不经表面处理,产品等级为 A 级的 1 型六角螺母)

附表 11

(mm)

	螺纹规格	s_{max}	e_{min}	m_{max}	$d_{w\,min}$	c_{max}
优选的螺纹规格	M1.6	3.2	3.41	1.3	2.4	0.2
	M2	4	4.32	1.6	3.1	0.2
	M2.5	5	5.45	2	4.1	0.3
	M3	5.5	6.01	2.4	4.6	0.4
	M4	7	7.66	3.2	5.9	0.4
	M5	8	8.79	4.7	6.9	0.5
	M6	10	11.05	5.2	8.9	0.5
	M8	13	14.38	6.8	11.6	0.4
	M10	16	17.77	8.4	14.6	0.6
	M12	18	20.03	10.8	16.6	0.6
	M16	24	26.75	14.8	22.5	0.8
	M20	30	32.95	18	27.7	0.8
	M24	36	39.55	21.5	33.3	0.8
	M30	46	50.85	25.6	42.8	0.8
	M36	55	60.79	31	51.1	0.8
	M42	65	71.3	34	60	1.0
	M48	75	82.60	38	69.4	1.0
	M56	85	93.56	45	78.7	1.0
	M64	95	104.86	51	88.2	1.0
非优选的螺纹规格	M3.5	6	6.58	2.8	5	0.4
	M14	21	23.36	12.8	19.6	0.6
	M18	27	29.56	15.8	24.9	0.8
	M22	34	37.29	19.4	31.4	0.8
	M27	41	45.20	23.8	38	0.8
	M33	50	55.37	28	46.6	0.8
	M39	60	66.44	33.4	55.9	1.0
	M45	70	76.95	36	64.7	1.0
	M52	80	88.25	42	74.2	1.0
	M60	90	99.21	48	83.4	1.0

6. 垫圈

平垫圈—A级(GB/T 97.1—2002)　　　　　　　　小垫圈—A级(GB/T 848—2002)

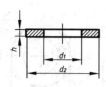　　　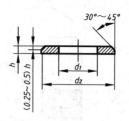

标记示例:

垫圈 GB/T 97.1　8(标准系列、规格 8 mm,性能等级为 140 HV 级,不经表面处理的 A 级平垫圈)

附表 12　　　　　　　　　　　　　　　　　　　　　(mm)

公称规格		优　选　尺　寸										非优选尺寸				
(螺纹大径 d)		3	4	5	6	8	10	12	16	20	24	30	36	14	18	22	27	33
平垫面	d_1	3.2	4.3	5.3	6.4	8.4	10.5	13	17	21	25	31	37	15	19	23	28	34
	d_2	7	9	10	12	16	20	24	30	37	44	56	66	28	34	39	50	60
	d_3	0.5	0.8	1	1.6	1.6	2	2.5	3	3	4	4	5	2.5	3	3	4	5
小垫面	d_1	3.2	4.3	5.3	6.4	8.4	10.5	13	17	21	25	31	37	15	19	23	28	34
	d_2	6	8	9	11	15	18	20	28	34	39	50	60	24	30	37	44	56
	h	0.5	0.5	1	1.6	1.6	1.6	2	2.5	3	4	4	5	2.5	3	3	4	5

标准型弹簧垫圈(GB/T 93—1987)

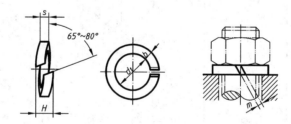

标记示例:

垫圈 GB/T 93　16(公称直径为 16 mm,材料为 65 Mn,表面氧化的标准型弹簧垫圈)

附表 13　　　　　　　　　　　　　　　　　　　　　(mm)

公称尺寸	4	5	6	8	10	12	(14)	16	(18)	20	(22)	24	(27)	30	36	42	48
$d_{1 min}$	4.1	5.1	6.1	8.1	10.2	12.2	14.2	16.2	18.2	20.2	22.5	24.5	27.5	30.5	36.5	42.5	48.5
$S(b)$	1.1	1.3	1.6	2.1	2.6	3.1	3.6	4.1	4.5	5	5.5	6	6.8	7.5	9	10.5	12
$m \leqslant$	0.6	0.8	1	1.2	1.5	1.7	2	2	2.2	2.5	2.5	3	3	3.2	3.5	4	4.5
H_{min}	2.2	2.6	3.2	4.2	5.2	6.2	7.2	8.2	9	10	11	12	13.6	15	18	21	24

注:括号内尺寸尽量不用。

304

三、螺纹连接结构

1. 普通螺纹收尾、肩距、退刀槽和倒角(GB/T 3—1997)

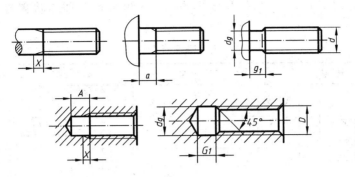

附表 14   (mm)

螺距	收尾		肩距		退刀槽			
P	x_{max}	X_{max}	a_{max}	A	$g_{1\ min}$	d_g	G_1	D_g
0.2	0.5	0.8	0.6	1.2				
0.25	0.6	1	0.75	1.5	0.4	$d-0.4$		
0.3	0.75	1.2	0.9	1.8	0.5	$d-0.5$		
0.35	0.9	1.4	1.05	2.2	0.6	$d-0.6$		
0.4	1	1.6	1.2	2.5	0.6	$d-0.7$		
0.45	1.1	1.8	1.35	2.8	0.7	$d-0.7$		
0.5	1.25	2	1.5	3	0.8	$d-0.8$	2	
0.6	1.5	2.4	1.8	3.2	0.9	$d-1$	2.4	
0.7	1.75	2.8	2.1	3.5	1.1	$d-1.1$	2.8	$D+0.3$
0.75	1.9	3	2.25	3.8	1.2	$d-1.2$	3	
0.8	2	3.2	2.4	4	1.3	$d-1.3$	3.2	
1	2.5	4	3	5	1.6	$d-1.6$	4	
1.25	3.2	5	4	6	2	$d-2$	5	
1.5	3.8	6	4.5	7	2.5	$d-2.3$	6	
1.75	4.3	7	5.3	9	3	$d-2.6$	7	
2	5	8	6	10	3.4	$d-3$	8	
2.5	6.3	10	7.5	12	4.4	$d-3.6$	10	
3	7.5	12	9	14	5.2	$d-4.4$	12	$D+0.5$
3.5	9	14	10.5	16	6.2	$d-5$	14	
4	10	16	12	18	7	$d-5.7$	16	
4.5	11	18	13.5	21	8	$d-6.4$	18	
5	12.5	20	15	23	9	$d-7$	20	
5.5	14	22	16.5	25	11	$d-7.7$	22	
6	15	24	18	28	11	$d-8.3$	24	
参考值	$\approx 2.5P$	$=4P$	$\approx 3P$	$\approx(6\sim5)P$	—	—	$=4P$	—

注:(1) d 和 D 分别为外螺纹和内螺纹的公称直径代号。

    (2) 外螺纹始端端面的倒角一般为 45°,也可采用 60°或 30°倒角;倒角深度应大于或等于螺纹牙型高度。内螺纹入口端面的倒角一般为 120°,也可采用 90°倒角;端面倒角直径为 $(1.05\sim1)D$。

2.通孔与沉孔

螺栓和螺钉用通孔(GB/T 5277—1985)　沉头螺钉用沉孔(GB/T 152.2—2014)

圆柱头螺钉用沉孔(GB/T 152.3—1988)　六角头螺栓和六角螺母用沉孔(GB/T 152.4—1988)

附表 15　　　　　　　　　　　　　　　　　　（mm）

螺纹规格			M4	M5	M6	M8	M10	M12	M16	M20	M24	M30	M36
通孔	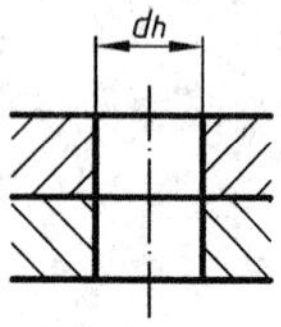	d_h 精装配	4.3	5.3	6.4	8.4	10.5	13	17	21	25	31	37
		中等装配	4.5	5.5	6.6	9	11	13.5	17.5	22	26	33	29
		粗装配	4.8	5.8	7	10	12	14.5	18.5	24	28	35	42
沉头螺钉用沉孔	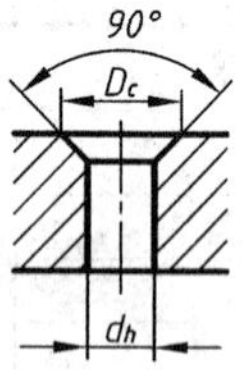	D_C(公称)	9.4	10.4	12.6	17.3	20	—	—	—	—	—	—
圆柱头用沉孔	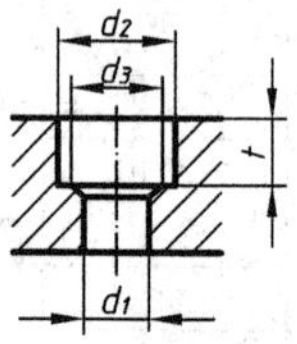	d_2	8	10	11	15	18	20	26	33	40	48	57
		d_3	—	—	—	—	—	16	20	24	28	36	42
		t ①	4.6	5.7	6.8	9	11	13	17.5	21.5	25.5	32	38
		t ②	3.2	4	4.7	6	7	8	10.5	12.5	—	—	—
六角头螺栓和六角螺母用沉孔	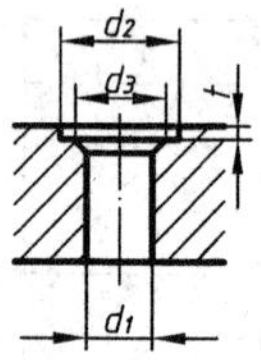	d_2	10	11	13	18	22	26	33	40	48	61	71
		d_3	—	—	—	—	—	16	20	24	28	36	42

注:(1) t 值①用于内六角圆柱头螺钉; t 值②用于开槽圆柱头螺钉。

(2)图中 d_1 的尺寸均按中等装配的通孔确定。

(3)对于六角头螺栓和六角螺母用沉孔中尺寸 t,只要能制出与通孔轴线垂直的圆平面即可。

3.光孔、螺孔、沉孔的尺寸注法(GB/T 4458.4—2003)(GB/T 16675.2—2012)

附表 16

类型	简化注法		普通注法
光孔	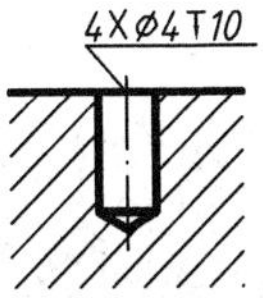4XØ4↧10	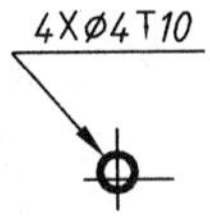4XØ4↧10	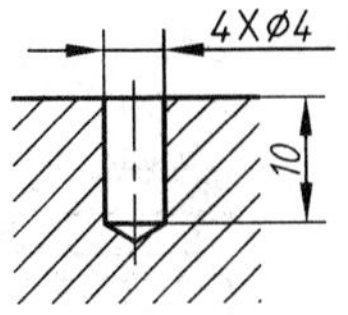4XØ4 10
	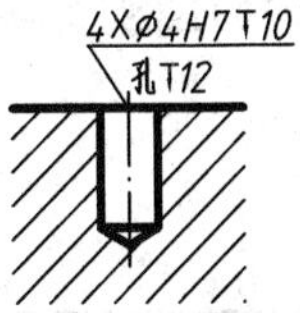4XØ4H7↧10 孔↧12	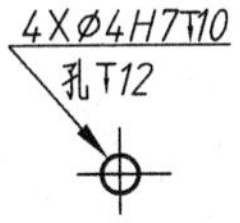4XØ4H7↧10 孔↧12	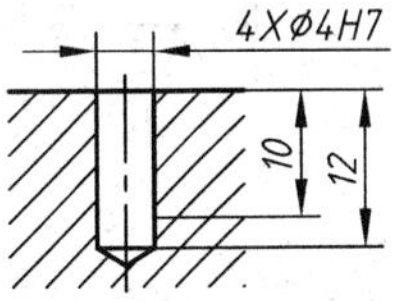4XØ4H7 10 12
	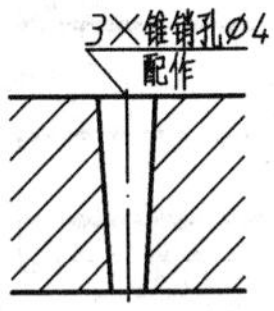3X锥销孔Ø4 配作	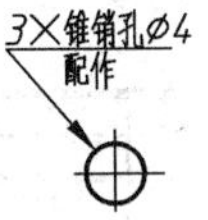3X锥销孔Ø4 配作	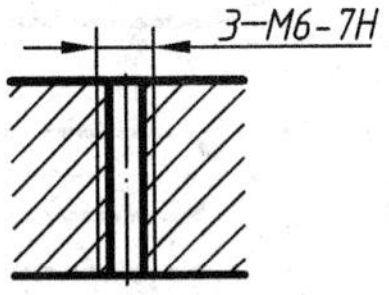3—M6-7H
螺孔	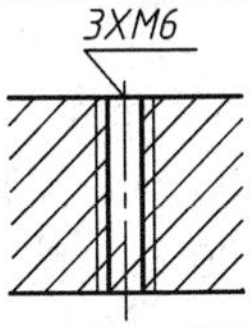3XM6	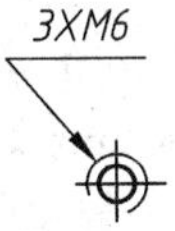3XM6	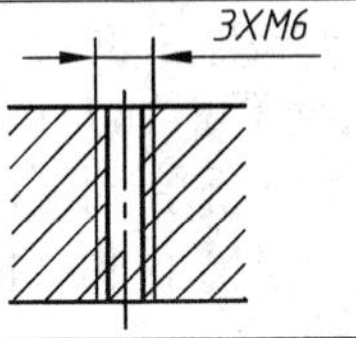3XM6
	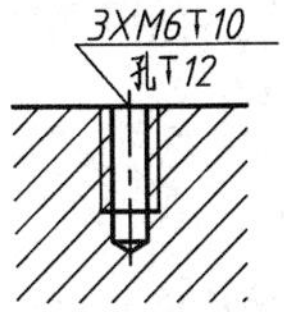3XM6↧10 孔↧12	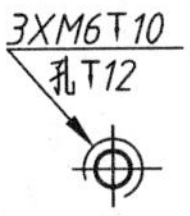3XM6↧10 孔↧12	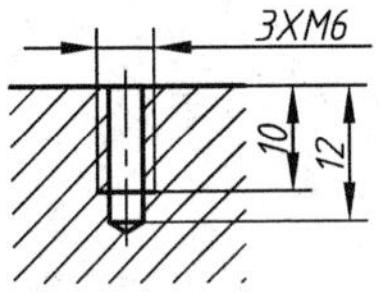3XM6 10 12
沉孔	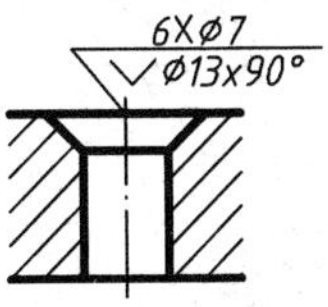6XØ7 ⌵Ø13x90°	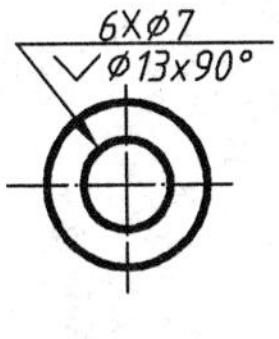6XØ7 ⌵Ø13x90°	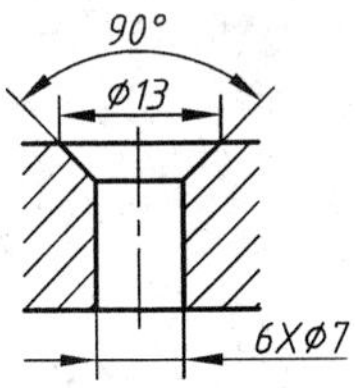90° Ø13 6XØ7
	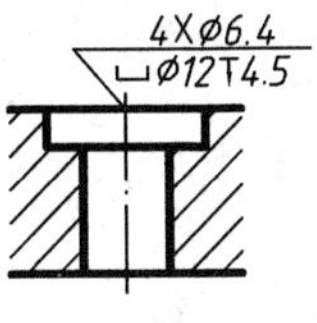4XØ6.4 ⌴Ø12↧4.5	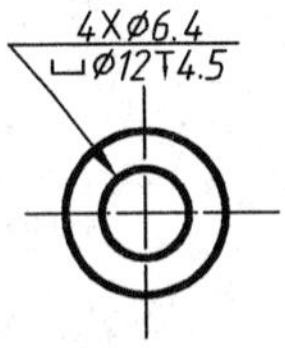4XØ6.4 ⌴Ø12↧4.5	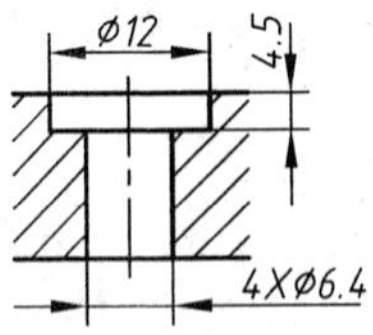Ø12 4.5 4XØ6.4
	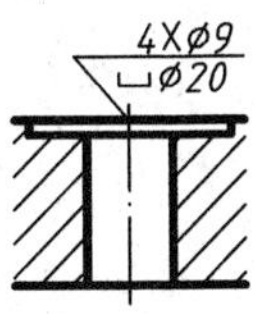4XØ9 ⌴Ø20	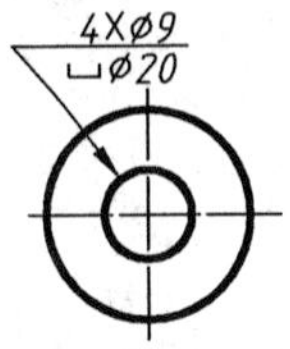4XØ9 ⌴Ø20	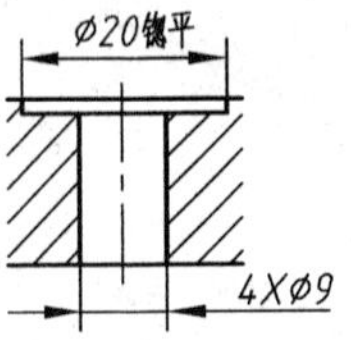Ø20锪平 4XØ9

四、键与销

1.平键

键槽的剖面尺寸(GB/T 1095—2003)　　　　普通平键的型式尺寸(GB/T 1096—2003)

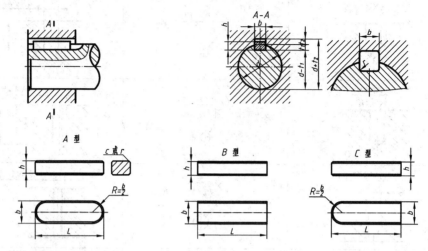

标记示例:

GB/T 1096 键 16×10×100(宽度 b=16 mm、高度 h=10 mm、L=100 mm 普通 A 型平键)

GB/T 1096 键 B 16×10×100(宽度 b=16 mm、高度 h=10 mm、L=100 mm 普通 B 型平键)

GB/T 1096 键 C 16×10×100(宽度 b=16 mm、高度 h=10 mm、L=100 mm 普通 C 型平键)

附表17　　　　　　　　　　　　　　　　　　　　　　　　　　　　　　　(mm)

轴	键	键槽												
		宽度 b						深度				半径 r	
			极限偏差					轴 t₁		毂 t₂			
公称直径 d	公称尺寸 b×h	公称尺寸 b	较松键连接		一般键连接		较紧键连接	公称尺寸	极限偏差	公称尺寸	极限偏差	最小	最大
			轴 H9	毂 D10	轴 N9	毂 Js9	轴和毂 P9						
自6~8	2×2	2	+0.025 0	+0.060 +0.020	−0.004 −0.029	±0.0125	−0.006 −0.031	1.2	+0.10 0	1	+0.10 0	0.08	0.16
<8~10	3×3	3						1.8		1.4			
<10~12	4×4	4	+0.030 0	+0.078 +0.030	0 −0.030	±0.015	−0.012 −0.042	2.5		1.8		0.16	0.2
<12~17	5×5	5						3.0		2.3			
<17~22	6×6	6						3.5		2.8			
<22~30	8×7	8	+0.036 0	+0.098 +0.040	0 −0.036	±0.018	−0.015 −0.051	4.0		3.3		0.16	0.2
<30~38	10×8	10						5.0		3.3			
<38~44	12×8	12	+0.043 0	+0.120 +0.050	0 −0.043	±0.0215	−0.018 −0.061	5.5	+0.20 0	3.3	+0.20 0	0.25	0.40
<44~50	14×9	14						5.5		3.8			
<50~58	16×10	16						6.0		4.3			
<58~65	18×11	18						7.0		4.4			
<65~75	20×12	20	+0.052 0	+0.149 +0.065	0 −0.052	±0.026	−0.022 −0.074	7.5		4.9		0.40	0.60
<75~85	22×14	22						9.0		5.4			
<85~95	25×14	25						9.0		5.4			
<95~110	28×16	28						10.0		6.4			
<110~130	32×18	32						11.0		7.4			
<130~150	36×20	36	+0.062 0	+0.180 +0.080	0 −0.062	±0.031	−0.026 −0.088	12.0	+0.30 0	8.4	+0.30 0	0.06	1.0
<150~170	40×22	40						13.0		9.4			
<170~200	45×25	45						15.0		10.4			
<200~230	50×28	50						17.0		11.4			

注:(1) L 的系列为 6、8、10、12、14、18、20、22、25、28、32、36、40、45、50、56、63、70、80、90、100、110、125、140、160、180、200、250、280、320、360、400、450、500。

(2) 在工作图中,轴槽深用 t₁ 或 (d−t₁) 标注,轮毂槽深用 (d+t₂) 标注。

(3) (d−t₁) 和 (d+t₂) 两组组合尺寸的偏差按相应的 t₁ 和 t₂ 的偏差选取,但 (d−t₁) 偏差值应取负号(−)。

2.半圆键

半圆键和键槽的尺寸(GB/T 1098—2003)　　普通型半圆键的尺寸(GB/T 1099.1—2003)

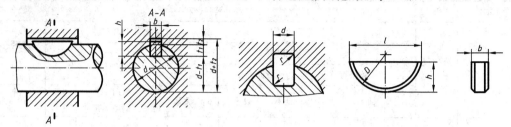

标记示例:

GB/T 1099.1 键 6×10×25(宽度 $b=6$ mm,高度 $h=10$ mm,直径 $D=25$ mm 的普通半圆键)

附表 18　　　　　　　　　　　　　　　　　　　　　　(mm)

轴		键			键　槽　深　度			
公称直径 D		公称尺寸			轴 t_1		毂 t_2	
传递扭矩用	定位用	b(h9)	h(h11)	d_1(h12)	公称尺寸	极限偏差	公称尺寸	极限偏差
自 3～4	自 3～4	1	1.4	4	1		0.6	
>4～5	>4～6	1.5	2.6	7	2	+0.1 0	0.8	
>5～6	>6～8	2	2.6	7	1.8		1	
>6～7	>8～10	2	3.7	10	2.9		1	
>7～8	>10～12	2.5	3.7	10	2.7		1.2	
>8～10	>12～15	3	5	13	3.8		1.4	+0.1 0
>10～12	>15～18	3	6.5	16	5.3		1.4	
>12～14	>18～20	4	6.5	16	5		1.8	
>14～16	>20～22	4	7.5	19	6	+0.2 0	1.8	
>16～18	>22～25	5	6.5	16	4.5		2.3	
>18～20	>25～28	5	7.5	19	5.5		2.3	
>20～22	>28～32	5	9	22	7		2.3	
>22～25	>32～36	6	9	22	6.5		2.8	
>25～28	>36～40	6	10	25	7.5	+0.3 0	2.8	+0.2 0
>28～32	—	8	11	28	8		3.3	
>32～38	—	10	13	32	10		3.3	

注:(1)在工作图中,轴槽深用 t_1 或 $(d-t_1)$ 标注;轮毂槽深用 $(d+t_2)$ 标注。$(d-t_1)$ 和 $(d+t_2)$ 两个组合尺寸的极限偏差按相应的 t_1 和 t_2 的极限偏差选取,但对于 $(d-t_1)$ 极限偏差应注意取负值。

　　(2)键与键槽配合较紧时,轴与毂的键槽宽度 b 的公差带代号均为 P9;一般情况下分别为 N9 和 Js9。

五、销

1. 圆柱销(淬硬钢和马氏体不锈钢)(GB/T 119.2—2000)

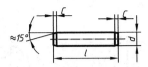

标记示例:

销 GB/T 119.1　6 m6×30(公称直径 d＝6 mm,公差为 m6,公称长度 l＝30 mm,材料为钢,不经淬火、不经表面处理的圆柱销)

销 GB/T 119.2　6 m6×30(公称直径 d＝6 mm,公差为 m6,公称长度 l＝30 mm,材料为钢,普通淬火(A 型)、表面氧化处理的圆柱销)

附表 19　　　　　　　　　　　　　　　　　(mm)

d(m6)	1	1.5	2	2.5	3	4	5	6	8	10	12	16	20
C≈	0.2	0.3	0.35	0.4	0.5	0.63	0.8	1.2	1.6	2	2.5	3	3.5
l　1)	4～10	4～16	6～20	6～24	8～30	8～40	10～50	12～60	14～80	18～95	22～140	26～180	35～200
2)	3～10	4～16	5～20	6～24	8～30	10～40	12～50	14～60	18～80	22～100	26～100	40～100	50～100

注:(1)长度系列为 3、4、5、6、8、10、12、14、16、18、20、22、24、26、28、30、32、35、40、45、50、55、60、65、70、75、80、85、90、95、100,公称长度大于 100 mm,按 20 mm 递增。

(2)1)由 GB/T 119.1 规定,2)由 GB/T 119.2 规定。

(3)GB/T 119.1 规定的圆柱销,公差为 m6 和 h8,GB/T 119.2 规定的圆柱销,公差为 m6;其他公差由供需双方协议。

2. 圆锥销(GB/T 117—2000)

A 型(磨削)锥面表面结构要求 R_a＝0.8 μm　　　　B 型(切削或冷镦)锥面表面结构要求 Ra＝3.2 μm

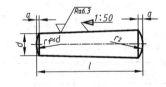

$r_2 \approx a/2 + d + (0.21)^2/(8a)$

标记示例:

销 GB/T 117　6×30(公称直径 d＝6 mm,公称长度 l＝30 mm,材料为 35 钢,热处理硬度 28～38HRC,表面氧化处理的 A 型圆锥销)

附表 20　　　　　　　　　　　　　　　　　(mm)

d(m10)	1	1.5	2	2.5	3	4	5	6	8	10	12	16	20
a≈	0.12	0.2	0.25	0.3	0.4	0.5	0.63	0.8	1	1.2	1.6	2	2.5
l	6～16	8～24	10～35	10～35	12～45	14～55	18～60	22～90	22～120	26～160	32～180	40～200	45～200

注:(1)长度系列为 6、8、10、12、14、16、18、20、22、24、26、28、30、32、35、40、45、50、55、60、65、70、75、80、85、90、95、100、120、140、160、180、200,公称长度大于 200 mm,按 20 mm 递增。

(2)其他公差由供需双方协议。

六、一般标准

1.回转面砂轮越程槽尺寸(GB/T 6403.5—2008)

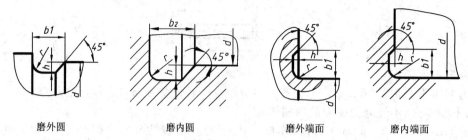

磨外圆　　　　　磨内圆　　　　　磨外端面　　　　　磨内端面

附表 21 (mm)

b_1	0.6	1.0	1.6	2.0	3.0	4.0	5.0	8.0	10
b_2	2.0	3.0		4.0		5.0		8.0	10
h	0.1	0.2		0.3	0.4		0.6	0.8	1.2
r	0.2	0.5		0.8	1.0		1.6	2.0	3.0
d	~10			>10~50		>50~100		>100	

2.倒角与倒圆推荐值(GB/T 6403.4—2008)

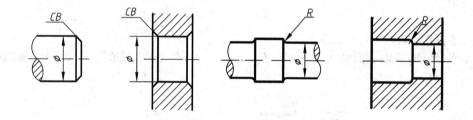

附表 22 (mm)

ϕ	~3	>3~6	>6~10	>10~18	>18~30	>30~50	>50~80	>80~120	>120~180
B 或 R	0.2	0.4	0.6	0.8	1.0	1.6	2.0	2.5	3.0

七、极限与配合

附表 23　标准公差数值（GB/T 1800.3—1998）

基本尺寸 mm		公差等级																
大于	至	IT1	IT2	IT3	IT4	IT5	IT6	IT7	IT8	IT9	IT10	IT11	IT12	IT13	IT14	IT15	IT16	IT17	IT18
		μm											mm						
—	3	0.8	1.2	2	3	4	6	10	14	25	40	60	0.10	0.14	0.25	0.40	0.60	1.0	1.4
3	6	1	1.5	2.5	4	5	8	12	18	30	48	75	0.12	0.18	0.30	0.48	0.75	1.2	1.3
6	10	1	1.5	2.5	4	6	9	15	22	36	58	90	0.15	0.22	0.36	0.58	0.90	1.5	2.2
10	18	1.2	2	3	5	8	11	18	27	43	70	110	0.18	0.27	0.43	0.70	1.10	1.8	2.7
18	30	1.5	2.5	4	6	9	13	21	33	52	84	130	0.21	0.33	0.52	0.84	1.30	2.1	3.3
30	50	1.5	2.5	4	7	11	16	25	39	62	100	160	0.25	0.39	0.62	1.00	1.60	2.5	3.9
50	80	2	3	5	8	13	19	30	46	74	120	190	0.30	0.45	0.74	1.20	1.90	3.0	4.6
80	120	2.5	4	6	10	15	22	35	54	87	140	220	0.35	0.54	0.87	1.40	2.20	3.5	5.4
120	180	3.5	5	8	12	18	25	40	63	100	160	250	0.40	0.63	1.00	1.60	2.50	4.0	6.3
180	250	4.5	7	10	14	20	29	43	72	115	185	290	0.43	0.72	1.15	1.85	2.90	4.6	7.2
250	315	6	8	12	16	23	32	52	81	130	210	320	0.52	0.81	1.30	2.10	3.20	5.2	8.1
315	400	7	9	13	18	25	36	57	89	140	230	360	0.57	0.89	1.40	2.30	3.60	5.7	8.9
400	500	8	10	15	20	27	40	63	97	155	250	400	0.68	0.97	1.55	2.50	4.00	6.3	9.7

注：基本尺寸小于 1 mm 时，无 IT14 至 IT18。

附表 24　基本尺寸小于 500 mm 孔的基本偏差（GB/T 1800.3—1998）

P 至 ZC（≤7）：在 >7 级的相应数值上增加一个 Δ 值。

基本尺寸 /mm 大于	至	A	B	E	F	G	H	JS	J 6	J 7	J 8	K ≤8	K >8	M ≤8	M >8	N ≤8	N >8	P >7	R >7	S >7	Δ 3	Δ 4	Δ 5	Δ 6	Δ 7	Δ 8
—	3	+270	+140	+14	+6	+2	0		+2	+4	+6	0	0	−2	−2	−4	−4	−6	−10	−14	0	0	0	0	0	0
3	6	+270	+140	+20	+10	+4	0		+5	+6	+10	−1+Δ	—	−4+Δ	−4	−8+Δ	0	−12	−15	−19	1	1.5	1	3	4	6
6	10	+280	+150	+25	+13	+5	0		+5	+8	+12	−1+Δ	—	−6+Δ	−6	−10+Δ	0	−15	−19	−23	1	1.5	2	3	6	7
10	14	+290	+150	+32	+16	+6	0		+6	+10	+15	−1+Δ	—	−7+Δ	−7	−12+Δ	0	−18	−23	−28	1	2	3	3	7	9
14	18	+290	+150	+32	+16	+6	0		+6	+10	+15	−1+Δ	—	−7+Δ	−7	−12+Δ	0	−18	−23	−28	1	2	3	3	7	9
18	24	+300	+160	+40	+20	+7	0		+8	+12	+20	−2+Δ	—	−8+Δ	−8	−15+Δ	0	−22	−28	−35	1.5	2	3	4	8	12
24	30	+300	+160	+40	+20	+7	0		+8	+12	+20	−2+Δ	—	−8+Δ	−8	−15+Δ	0	−22	−28	−35	1.5	2	3	4	8	12
30	40	+310	+170	+50	+25	+9	0		+10	+14	+24	−2+Δ	—	−9+Δ	−9	−17+Δ	0	−26	−34	−43	1.5	3	4	5	9	14
40	50	+320	+180	+50	+25	+9	0		+10	+14	+24	−2+Δ	—	−9+Δ	−9	−17+Δ	0	−26	−34	−43	1.5	3	4	5	9	14
50	65	+340	+190	+60	+30	+10	0		+13	+18	+28	−2+Δ	—	−11+Δ	−11	−20+Δ	0	−32	−41	−53	2	3	5	6	11	16
65	80	+360	+200	+60	+30	+10	0		+13	+18	+28	−2+Δ	—	−11+Δ	−11	−20+Δ	0	−32	−43	−59	2	3	5	6	11	16
80	100	+380	+220	+72	+36	+12	0		+16	+22	+34	−3+Δ	—	−13+Δ	−13	−23+Δ	0	−37	−51	−71	2	4	5	7	13	19
100	120	+410	+240	+72	+36	+12	0		+16	+22	+34	−3+Δ	—	−13+Δ	−13	−23+Δ	0	−37	−54	−79	2	4	5	7	13	19
120	140	+460	+260	+85	+43	+14	0		+18	+26	+41	−3+Δ	—	−15+Δ	−15	−27+Δ	0	−43	−63	−92	3	4	6	7	15	23
140	160	+520	+280	+85	+43	+14	0		+18	+26	+41	−3+Δ	—	−15+Δ	−15	−27+Δ	0	−43	−65	−100	3	4	6	7	15	23
160	180	+580	+310	+85	+43	+14	0		+18	+26	+41	−3+Δ	—	−15+Δ	−15	−27+Δ	0	−43	−68	−108	3	4	6	7	15	23
180	200	+660	+340	+100	+50	+15	0		+22	+30	+47	−4+Δ	—	−17+Δ	−17	−31+Δ	0	−50	−77	−122	3	4	6	9	17	26
200	225	+740	+380	+100	+50	+15	0		+22	+30	+47	−4+Δ	—	−17+Δ	−17	−31+Δ	0	−50	−80	−130	3	4	6	9	17	26
225	250	+820	+420	+100	+50	+15	0		+22	+30	+47	−4+Δ	—	−17+Δ	−17	−31+Δ	0	−50	−84	−140	3	4	6	9	17	26
250	280	+920	+480	+110	+56	+17	0		+25	+36	+55	−4+Δ	—	−20+Δ	−20	−34+Δ	0	−56	−94	−158	4	4	7	9	20	29
280	315	+1 050	+540	+110	+56	+17	0		+25	+36	+55	−4+Δ	—	−20+Δ	−20	−34+Δ	0	−56	−98	−170	4	4	7	9	20	29
315	355	+1 200	+600	+125	+62	+18	0		+29	+39	+60	−4+Δ	—	−21+Δ	−21	−37+Δ	0	−62	−108	−190	4	5	7	11	21	32
355	400	+1 350	+680	+125	+62	+18	0		+29	+39	+60	−4+Δ	—	−21+Δ	−21	−37+Δ	0	−62	−114	−208	4	5	7	11	21	32
400	450	+1 500	+760	+135	+68	+20	0		+33	+43	+66	−5+Δ	—	−23+Δ	−23	−40+Δ	0	−68	−126	−232	5	5	7	13	23	34
450	500	+1 650	+840	+135	+68	+20	0		+33	+43	+66	−5+Δ	—	−23+Δ	−23	−40+Δ	0	−68	−132	−252	5	5	7	13	23	34

注：(1) 基本尺寸小于 1 mm，各级的 A 和 B 及大于 IT8 级的 N 均不采用。

(2) JS 的数值：对 IT7 至 IT11，若 IT 的数值（μm）为奇数，则取 JS=±$\frac{IT-1}{2}$，为偶数时，偏差=±$\frac{IT}{2}$。

(3) 特殊情况：当基本尺寸大于 250 至 315 mm 时，M6 的 ES 等于−9（不等于−11）。

(4) 对小于等于 IT8 的 K、M、N 和小于等于 IT7 的 P 至 ZC，所需 Δ 值从表内右侧选取。例如：大于 6 至 10 mm 的 P6，Δ=3，所以 ES=−15+3=−12 μm。

附表 25 基本尺寸小于 500 mm 轴的基本偏差（GB/T 1800.3—1999）

(μm)

基本尺寸(mm) 大于	至	a	b	d	e	f	g	h	js	j 5,6	j 7	j 8	k 4至7	k ≤3>7	m	n	p	r	s	t	u
—	3	−270	−140	−20	−14	−6	−2	0		−2	−4	−6	0	0	+2	+4	+6	+10	+14	—	+18
3	6	−270	−140	−30	−20	−10	−4	0		−2	−4	—	+1	0	+4	+8	+12	+15	+19	—	+23
6	10	−280	−150	−40	−25	−13	−5	0		−2	−5	—	+1	0	+6	+10	+15	+19	+23	—	+28
10	14	−290	−150	−50	−32	−16	−6	0		−3	−6	—	+1	0	+7	+12	+18	+23	+28	—	+33
14	18	−290	−150	−50	−32	−16	−6	0		−3	−6	—	+1	0	+7	+12	+18	+23	+28	—	+33
18	24	−300	−160	−65	−40	−20	−7	0		−4	−8	—	+2	0	+8	+15	+22	+28	+35	—	+41
24	30	−300	−160	−65	−40	−20	−7	0		−4	−8	—	+2	0	+8	+15	+22	+28	+35	+41	+48
30	40	−310	−170	−80	−50	−25	−9	0		−5	−10	—	+2	0	+9	+17	+26	+34	+43	+48	+60
40	50	−320	−180	−80	−50	−25	−9	0		−5	−10	—	+2	0	+9	+17	+26	+34	+43	+54	+70
50	65	−340	−190	−100	−60	−30	−10	0		−7	−12	—	+2	0	+11	+20	+32	+41	+53	+66	+87
65	80	−360	−200	−100	−60	−30	−10	0		−7	−12	—	+2	0	+11	+20	+32	+43	+59	+75	+102
80	100	−380	−220	−120	−72	−36	−12	0		−9	−15	—	+3	0	+13	+23	+37	+51	+71	+91	+124
100	120	−410	−240	−120	−72	−36	−12	0		−9	−15	—	+3	0	+13	+23	+37	+54	+79	+104	+144
120	140	−460	−260	−145	−85	−43	−14	0		−11	−18	—	+3	0	+15	+27	+43	+63	+92	+122	+170
140	160	−520	−280	−145	−85	−43	−14	0		−11	−18	—	+3	0	+15	+27	+43	+65	+100	+134	+190
160	180	−580	−310	−145	−85	−43	−14	0		−11	−18	—	+3	0	+15	+27	+43	+68	+108	+146	+210
180	200	−660	−340	−170	−100	−50	−15	0		−13	−21	—	+4	0	+17	+31	+50	+77	+122	+166	+236
200	225	−740	−380	−170	−100	−50	−15	0		−13	−21	—	+4	0	+17	+31	+50	+80	+130	+180	+258
225	250	−820	−420	−170	−100	−50	−15	0		−13	−21	—	+4	0	+17	+31	+50	+84	+140	+196	+284
250	280	−920	−480	−190	−110	−56	−17	0		−16	−26	—	+4	0	+20	+34	+56	+94	+158	+218	+315
280	315	−1 050	−540	−190	−110	−56	−17	0		−16	−26	—	+4	0	+20	+34	+56	+98	+170	+240	+350
315	355	−1 200	−600	−210	−125	−62	−18	0		−18	−28	—	+4	0	+21	+37	+62	+108	+190	+268	+390
355	400	−1 350	−680	−210	−125	−62	−18	0		−18	−28	—	+4	0	+21	+37	+62	+114	+208	+294	+435
400	450	−1 500	−760	−230	−135	−68	−20	0		−20	−32	—	+5	0	+23	+40	+68	+126	+232	+330	+490
450	500	−1 650	−840	−230	−135	−68	−20	0		−20	−32	—	+5	0	+23	+40	+68	+132	+252	+360	+540

a, b, d, e, f, g, h, js 为上偏差(es)，所有等级；j 为公差等级 5,6 / 7 / 8；k 为等级 4至7 / ≤3>7；m, n, p, r, s, t, u 为下偏差(ei)，所有等级。

注:(1)基本尺寸小于 1 mm,各级的 a 和 b 均不采用。

(2)对 IT7 至 IT11,若 IT 的数值(μm)为奇数,则取 $js=\pm\dfrac{IT-1}{2}$;为偶数时,偏差 $=\pm\dfrac{IT}{2}$。

附表 26　孔的极限偏差(GB/T 1800.4—1999)(常用优先公差带) (μm)

基本尺寸 (mm)		公差带									
		C	D	F	G	H					
大于	至	11	9	8	7	5	6	7	8	9	10
—	3	+120 / +60	+45 / +20	+20 / +6	+12 / +2	+4 / 0	+6 / 0	+10 / 0	+14 / 0	+25 / 0	+40 / 0
3	6	+115 / +70	+60 / +30	+28 / +10	+16 / +4	+5 / 0	+8 / 0	+12 / 0	+18 / 0	+30 / 0	+48 / 0
6	10	+170 / +80	+76 / +40	+35 / +13	+20 / +5	+6 / 0	+9 / 0	+15 / 0	+22 / 0	+36 / 0	+58 / 0
10	14	+205 / +95	+93 / +50	+43 / +16	+24 / +6	+8 / 0	+11 / 0	+18 / 0	+27 / 0	+43 / 0	+70 / 0
14	18										
18	24	+240 / +110	+117 / +65	+53 / +20	+28 / +7	+9 / 0	+13 / 0	+21 / 0	+33 / 0	+52 / 0	+84 / 0
24	30										
30	40	+280 / +120	+142 / +80	+64 / +25	+34 / +9	+11 / 0	+16 / 0	+25 / 0	+39 / 0	+62 / 0	+100 / 0
40	50	+290 / +130									
50	65	+330 / +140	+174 / +100	+76 / +30	+40 / +10	+13 / 0	+19 / 0	+30 / 0	+46 / 0	+74 / 0	+120 / 0
65	80	+340 / +150									
80	100	+390 / +170	+207 / +120	+90 / +36	+47 / +12	+15 / 0	+22 / 0	+35 / 0	+54 / 0	+87 / 0	+140 / 0
100	120	+400 / +180									
120	140	+450 / +200	+245 / +145	+106 / +43	+54 / +14	+18 / 0	+25 / 0	+40 / 0	+63 / 0	+100 / 0	+160 / 0
140	160	+460 / +210									
160	180	+480 / +230									
180	200	+530 / +240	+285 / +170	+122 / +50	+61 / +15	+20 / 0	+29 / 0	+46 / 0	+72 / 0	+115 / 0	+185 / 0
200	225	+550 / +260									
225	250	+570 / +280									
250	280	+620 / +300	+320 / +190	+317 / +56	+69 / +17	+23 / 0	+32 / 0	+52 / 0	+81 / 0	+130 / 0	+210 / 0
280	315	+650 / +330									
315	355	+720 / +360	+350 / +210	+151 / +62	+75 / +18	+25 / 0	+36 / 0	+57 / 0	+89 / 0	+140 / 0	+230 / 0
355	400	+760 / +400									
400	450	+840 / +440	+385 / +230	+165 / +68	+83 / +20	+27 / 0	+40 / 0	+63 / 0	+97 / 0	+155 / 0	+250 / 0
450	500	+880 / +480									

基本尺寸（mm）		公 差 带							
		H			K	N	P	S	U
大于	至	11	12	13	7	9	7	7	7
—	3	+60 0	+100 0	+140 0	0 −10	−4 −29	−6 −16	−14 −24	−18 −28
3	6	+75 0	+120 0	+180 0	+3 −9	0 −30	−8 −20	−15 −27	−19 −31
6	10	+90 0	+150 0	+220 0	+5 −10	0 −36	−9 −24	−17 −32	−22 −37
10	14	+110 0	+180 0	+270 0	+6 −12	0 −43	−11 −29	−21 −39	−26 −44
14	18								
18	24	+130 0	+210 0	+330 0	+6 −15	0 −52	−14 −35	−27 −48	−33 −54
24	30								−40 −61
30	40	+160 0	+250 0	+390 0	+7 −18	0 −62	−17 −42	−34 −59	−51 −76
40	50								−61 −86
50	65	+190 0	+300 0	+460 0	+9 −21	0 −74	−21 −52	−42 −72	−76 −106
65	80							−48 −78	−91 −121
80	100	+220 0	+350 0	+540 0	+10 −25	0 −87	−24 −59	−59 −93	−111 −146
100	120							−66 −101	−131 −166
120	140	+250 0	+400 0	+630 0	+12 −28	0 −100	−28 −68	−77 −117	−155 −195
140	160							−85 −125	−175 −215
160	180							−93 −133	−195 −235
180	200	+290 0	+460 0	+720 0	+13 −33	0 −115	−33 −79	−105 −151	−219 −265
200	225							−113 −159	−241 −287
225	250							−123 −169	−267 −313
250	280	+320 0	+520 0	+810 0	+16 −36	0 −130	−36 −88	−138 −190	−295 −347
280	315							−150 −202	−330 −382
315	355	+360 0	+570 0	+890 0	+17 −40	0 −140	−41 −98	−169 −226	−369 −426
355	400							−187 −244	−414 −471
400	450	+400 0	+630 0	+970 0	+18 −45	0 −155	−45 −108	−209 −272	−467 −530
450	500							−229 −292	−517 −580

附表27 轴的极限偏差(GB/T 1800.4—1999)(常用优先公差带)　　　　(μm)

基本尺寸 (mm) 大于	至	e8	e9	f5	f6	f7	f8	f9	g5	g6	g7	h5	h6
—	3	−14	−14	−6	−6	−6	−6	−6	−2	−2	−2	0	0
		−28	−39	−10	−12	−16	−20	−31	−6	−8	−12	−4	−6
3	6	−20	−20	−10	−10	−10	−10	−10	−4	−4	−4	0	0
		−38	−50	−15	−18	−22	−28	−40	−9	−12	−16	−5	−8
6	10	−25	−25	−13	−13	−13	−13	−13	−5	−5	−5	0	0
		−47	−61	−19	−22	−28	−25	−49	−11	−14	−20	−6	−9
10	14	−32	−32	−16	−16	−16	−16	−16	−6	−6	−6	0	0
14	18	−59	−75	−24	−27	−34	−43	−59	−14	−17	−24	−8	−11
18	24	−40	−40	−20	−20	−20	−20	−20	−7	−7	−7	0	0
24	30	−73	−92	−29	−33	−41	−53	−72	−16	−20	−28	−9	−13
30	40	−50	−50	−25	−25	−25	−25	−25	−9	−9	−9	0	0
40	50	−89	−112	−36	−41	−50	−64	−87	−20	−25	−34	−11	−16
50	65	−60	−60	−30	−30	−30	−30	−30	−10	−10	−10	0	0
65	80	−106	−134	−43	−49	−60	−76	−104	−23	−29	−40	−13	−19
80	100	−72	−72	−36	−36	−36	−36	−36	−12	−12	−12	0	0
100	120	−126	−159	−51	−58	−71	−90	−123	−27	−34	−47	−15	−22
120	140	−85	−85	−43	−43	−43	−43	−43	−14	−14	−14	0	0
140	160												
160	180	−148	−185	−61	−68	−83	−106	−143	−32	−39	−54	−18	−25
180	200	−100	−100	−50	−50	−50	−50	−50	−15	−15	−15	0	0
200	225												
225	250	−172	−215	−70	−79	−96	−122	−165	−35	−44	−61	−20	−29
250	280	−110	−110	−56	−56	−56	−56	−56	−17	−17	−17	0	0
280	315	−191	−240	−79	−88	−108	−137	−186	−40	−49	−69	−23	−32
315	355	−125	−125	−62	−62	−62	−62	−62	−18	−18	−18	0	0
355	400	−214	−265	−87	−98	−119	−151	−202	−43	−54	−75	−25	−36
400	450	−135	−135	−68	−68	−68	−68	−68	−20	−20	−20	0	0
450	500	−232	−290	−95	−108	−131	−165	−223	−47	−60	−83	−27	−40

318

基本尺寸 (mm)		公 差 带											
		h						js			k		
大于	至	7	8	9	10	11	12	5	6	7	5	6	7
—	3	0 / −10	0 / −14	0 / −25	0 / −40	0 / −60	0 / −100	±2	±3	±5	+4 / 0	+6 / 0	+10 / 0
3	6	0 / −12	0 / −18	0 / −30	0 / −48	0 / −75	0 / −120	±2.5	±4	±6	+6 / +1	+9 / +1	+13 / +1
6	10	0 / −15	0 / −22	0 / −36	0 / −58	0 / −90	0 / −150	±3	±4.5	±7	+7 / +1	+10 / +1	+16 / +1
10	14	0 / −18	0 / −27	0 / −43	0 / −70	0 / −110	0 / −180	±4	±5.5	±9	+9 / +1	+12 / +1	+19 / +1
14	18												
18	24	0 / −21	0 / −33	0 / −52	0 / −84	0 / −130	0 / −210	±4.5	±6.5	±10	+11 / +2	+15 / +2	+23 / +2
24	30												
30	40	0 / −25	0 / −39	0 / −62	0 / −100	0 / −160	0 / −250	±5.5	±8	±12	+13 / +2	+18 / +2	+27 / +2
40	50												
50	65	0 / −30	0 / −46	0 / −74	0 / −120	0 / −190	0 / −300	±6.5	±9.5	±15	+15 / +2	+21 / +2	+32 / +2
65	80												
80	100	0 / −35	0 / −54	0 / −87	0 / −140	0 / −220	0 / −350	±7.5	±11	±17	+18 / +3	+25 / +3	+38 / +3
100	120												
120	140	0 / −40	0 / −63	0 / −100	0 / −160	0 / −250	0 / −400	±9	±12.5	±20	+21 / +3	+28 / +3	+43 / +3
140	160												
160	180												
180	200	0 / −46	0 / −72	0 / −115	0 / −185	0 / −290	0 / −460	±10	±14.5	±23	+24 / +4	+33 / +4	+50 / +4
200	225												
225	250												
250	280	0 / −52	0 / −81	0 / −130	0 / −210	0 / −320	0 / −520	±11.5	±16	±26	+27 / +4	+36 / +4	+56 / +4
280	315												
315	355	0 / −57	0 / −89	0 / −140	0 / −230	0 / −360	0 / −570	±12.5	±18	±28	+29 / +4	+40 / +4	+61 / +4
355	400												
400	450	0 / −63	0 / −97	0 / −155	0 / −250	0 / −400	0 / −630	±13.5	±20	±31	+32 / +5	+45 / +5	+68 / +5
450	500												

附表 28 **基孔制优先、常用配合**(GB/T 1801—2009)

基准孔	轴																				
	a	b	c	d	e	f	g	h	js	k	m	n	p	r	s	t	u	v	x	y	z
	间隙配合								过渡配合			过盈配合									
H6						$\frac{H6}{f5}$	$\frac{H6}{g5}$	$\frac{H6}{h5}$	$\frac{H6}{js5}$	$\frac{H6}{k5}$	$\frac{H6}{m5}$	$\frac{H6}{n5}$	$\frac{H6}{p5}$	$\frac{H6}{r5}$	$\frac{H6}{s5}$	$\frac{H6}{t5}$					
H7						$\frac{H7}{f6}$▶	$\frac{H7}{g6}$	$\frac{H7}{h6}$▶	$\frac{H7}{js6}$	$\frac{H7}{k6}$▶	$\frac{H7}{m6}$	$\frac{H7}{n6}$▶	$\frac{H7}{p6}$▶	$\frac{H7}{r6}$	$\frac{H7}{s6}$▶	$\frac{H7}{t6}$	$\frac{H7}{u6}$▶	$\frac{H7}{v6}$	$\frac{H7}{x6}$	$\frac{H7}{y6}$	$\frac{H7}{z6}$
H8					$\frac{H8}{e7}$	$\frac{H8}{f7}$▶	$\frac{H8}{g7}$	$\frac{H8}{h7}$▶	$\frac{H8}{js7}$	$\frac{H8}{k7}$	$\frac{H8}{m7}$	$\frac{H8}{n7}$	$\frac{H8}{p7}$	$\frac{H8}{r7}$	$\frac{H8}{s7}$	$\frac{H8}{t7}$	$\frac{H8}{u7}$				
				$\frac{H8}{d8}$	$\frac{H8}{e8}$	$\frac{H8}{f8}$		$\frac{H8}{h8}$													
H9				$\frac{H9}{c9}$▶	$\frac{H9}{d9}$	$\frac{H9}{e9}$	$\frac{H9}{f9}$	$\frac{H9}{h9}$▶													
H10			$\frac{H10}{c10}$	$\frac{H10}{d10}$				$\frac{H10}{h10}$													
H11	$\frac{H11}{a11}$	$\frac{H11}{b11}$	$\frac{H11}{c11}$▶	$\frac{H11}{d11}$				$\frac{H11}{h11}$▶													
H12		$\frac{H12}{b12}$						$\frac{H12}{h12}$													

注:标注 ▶ 的配合为优先配合。

附表 29 **基轴制优先、常用配合**(GB/T 1801—2009)

基准轴	孔																				
	A	B	C	D	E	F	G	H	JS	K	M	N	P	R	S	T	U	V	X	Y	Z
	间隙配合								过渡配合			过盈配合									
h5						$\frac{F6}{h5}$	$\frac{G6}{h5}$	$\frac{H6}{h5}$	$\frac{JS6}{h5}$	$\frac{K6}{h5}$	$\frac{M6}{h5}$	$\frac{N6}{h5}$	$\frac{P6}{h5}$	$\frac{R6}{h5}$	$\frac{S6}{h5}$	$\frac{T6}{h5}$					
h6						$\frac{F7}{h6}$▶	$\frac{G7}{h6}$▶	$\frac{H7}{h6}$▶	$\frac{JS7}{h6}$▶	$\frac{K7}{h6}$	$\frac{M7}{h6}$	$\frac{N7}{h6}$▶	$\frac{P7}{h6}$▶	$\frac{R7}{h6}$	$\frac{S7}{h6}$▶	$\frac{T7}{h6}$	$\frac{U7}{h6}$▶				
h7					$\frac{E8}{h7}$	$\frac{F8}{h7}$▶		$\frac{H8}{h7}$▶	$\frac{JS8}{h7}$	$\frac{K8}{h7}$	$\frac{M8}{h7}$	$\frac{N8}{h7}$									
h8				$\frac{D8}{h8}$	$\frac{E8}{h8}$	$\frac{F8}{h8}$		$\frac{H8}{h8}$													
h9				$\frac{D9}{h9}$▶	$\frac{E9}{h9}$	$\frac{F9}{h9}$		$\frac{H9}{h9}$▶													
h10				$\frac{D10}{h10}$				$\frac{H10}{h10}$													
h11	$\frac{A11}{h11}$	$\frac{B11}{h11}$	$\frac{C11}{h11}$▶	$\frac{D11}{h11}$				$\frac{H11}{h11}$▶													
h12		$\frac{B12}{h12}$						$\frac{H12}{h12}$													

注:标注 ▶ 的配合为优先配合。

320